中国科学院青年创新促进会
国家自然科学基金项目(41575088)　　共同资助
成都信息工程大学科研基金项目(KYTZ201602、PAEKL2016Y3)

NCL 图形分析语言入门到精通

陈　栋　黄　平　刘　永　编著

气象出版社
China Meteorological Press

内 容 简 介

本书在 NCAR/NCEP 的《NCL 用户使用手册》基础上，同时结合几位作者多年丰富的科研和教学经验，佐以切身的学习体验和使用经验及技巧加以精炼，配合典型的科研实例循序渐进地、系统全面地介绍 NCL 图形分析语言的关键内容和应用方法，以方便读者快捷地掌握此科学分析和可视化工具，并运用于科研和业务实践中。

本书以 NCL 图形分析语言（版本 6.4.0）的主要架构为主线，将软件安装设置、科学数据处理、语言基础、图形基础、可视化控制、科研实战分析绘图和高级绘图分析七个方面内容融会贯通，同时突出重点和实际应用需求，让读者渐进式地快速掌握该语言的基本科学分析和可视化方法，并引导进阶高级阶段内容。全书内容系统全面，层次逻辑清晰，重点递进突出，易学易懂易用。

本书可作为高等院校大气科学类相关专业的本科和研究生阶段专用的科学分析和可视化语言课程学习教材，也可以作为气象、海洋、水文、航空等部门科研和业务人员的参考用书。

图书在版编目（CIP）数据

NCL 图形分析语言入门到精通 / 陈栋，黄平，刘永编著. — 北京 ：气象出版社，2017.11
ISBN 978-7-5029-6686-7

Ⅰ.①N… Ⅱ.①陈… ②黄… ③刘… Ⅲ.①气象观测-计算机制图-应用软件 Ⅳ.①P41-39

中国版本图书馆 CIP 数据核字（2017）第 284409 号

NCL 图形分析语言入门到精通

出版发行：气象出版社
地　　址：北京市海淀区中关村南大街 46 号　　**邮政编码**：100081
电　　话：010-68407112（总编室）　010-68408042（发行部）
网　　址：http://www.qxcbs.com　　**E-mail**：qxcbs@cma.gov.cn
责任编辑：郑乐乡　黄红丽　　**终　　审**：吴晓鹏
责任校对：王丽梅　　**责任技编**：赵相宁
封面设计：博雅思企划
印　　刷：三河市百盛印装有限公司
开　　本：720 mm×960 mm　1/16　　**印　　张**：19.5
字　　数：393 千字
版　　次：2017 年 11 月第 1 版　　**印　　次**：2017 年 11 月第 1 次印刷
定　　价：48.00 元

前　言

随着大数据信息时代的到来，大气科学领域的发展越来越依赖于技术手段和研发平台的进步。同时，在全球海－陆－气观测体系和全球耦合数值模式预报的快速发展和完善下，如何更便捷高效地对海量大气科学数据挖掘分析和可视化则成为了首要的问题。因此，熟练掌握一种易于学习并能加速科学理论分析和结果展现过程的专业图形分析工具是开展科学研究之前的重要准备。

那么，何谓 NCL（NCAR Command Language）图形分析语言呢？首先，它是 NCAR（National Center for Atmospheric Research）专门针对科学数据分析和可视化过程的解释性语言，尤其是大气科学领域（气候变化、数值模式等）的应用。其次，它是便携、强大和自由的开放源代码软件，支持几乎所有的操作系统且安装便捷，提供交互式运行方式（可自由调用系统命令）和独有的功能支持：元数据操作、几乎全部大气科学数据的输入、图形配置和数组操作。最后，具有灵活和强大的可扩展性：支持 FORTRAN、C 和 Python 语言的代码植入，支持用户代码引用和归档收入内建函数库。“工欲善其事，必先利其器”，NCL 图形分析语言已经在大气科学研究领域被广泛接受并应用，而对地球科学其他相关领域的理论分析研究也推荐使用此辅助工具。

本书分七章，主要由成都信息工程大学讲师陈栋编撰完成，并特别邀请具有丰富科研实践经验的中国科学院大气物理研究所季风中心黄平研究员、刘永助理研究员共同参与本书第 6～7 章编著及全书的结构内容设计和修订的部分工作。此外，为了保证全书的可读性和实用性，故在本书编写之初征询了部分学生的建议，特向他们表示感谢。

本书的撰写和出版得到了成都信息工程大学大气科学学院和中国科学院大气物理研究所季风中心的大力支持。这里，特别感谢中国科学院青年创新促进会、国家自然科学基金项目（41575088）和成都信息工程大学科研基金项目（KYTZ201602、PAEKL2016Y3）对本书编著的联合资助。

最后，本书以推动大气科学专业的课程建设为主旨撰写，衷心希望广大学子能够更早地叩开科学之门，摆脱单一枯燥的课堂理论学习，在实践中不断探索大气科学的神秘之境。此外，也希望更多气象工作者在本书的帮助下将宝贵的实践经验和理论发表出来，共同推动学科的发展。由于编者们的水平所限，难免挂一漏万，还望大家指正。

陈栋　黄平　刘永
2017年10月于成都

目　录

第 1 章　语言介绍

NCL(NCAR Command Language)语言是 NCEP/NCAR(美国气象环境预报中心与国家大气研究中心)专门为科学数据分析和可视化图形应用而开发的开放源代码解释性程序语言,其针对科学数据分析具有强大的读、写、操作和可视化功能。NCL 语言主要使用 netCDF 变量模型构造的科学数据格式,除此以外,其还支持大量的其他数据格式,例如:netCDF3,netCDF4,GRIB1,GRIB2,HDF-SDS,HDF-EOS,HDF5,FORTRAN/C binary,shapefiles 和 ASCII。

【小贴士】netCDF(network Common Data Form)网络通用数据格式是由美国大学大气研究协会(University Corporation for Atmospheric Research,UCAR)的 Unidata 项目科学家针对科学数据的特点开发的,是一种面向数组型并适于网络共享的数据的描述和编码标准。目前,netCDF 广泛应用于大气科学、水文、海洋学、环境模拟、地球物理等诸多领域。用户可以借助多种方式方便地管理和操作 netCDF 数据集。

1.1　学习目的

伴随着大数据信息时代的快速推进,针对大气科学领域的可视化图形分析语言工具也不断换代升级,其发展更趋向于科学数据格式标准化、计算分析并行通用化、函数过程开源化和规范的可视化等方面。

1.1.1　了解 NCL 语言

NCL 图形分析语言是由美国国家大气研究中心(NCAR)下的计算和信息系统中心开发的科学数据分析可视化软件,其基于 NCAR 的图形系统(NCAR Graphics)而来,但有所不同。

NCAR Graphics 的构成如下:

- FORTRAN 和 C 语言的大量图形绘制函数库
- ANSI/ISO 标准的计算机图形显示核心并允许 FORTRAN 和 C 语言访问
- FORTRAN 和 C 语言编写的内插和近似计算三维以下数据的数学函数库
- 显示、编辑和控制图形输出的应用

- 地图数据库
- FORTRAN 和 C 语言程序示例
- 演示程序
- 编译程序脚本

因此,NCAR Graphics 从根本上来说是包含有限的数据分析的图形软件包,其以程序库形式存在并依靠 FORTRAN 或 C 程序调用。而 NCL 语言是由 NCAR 的图形系统发展而来的,集合了图形、数据分析和数据文件输入及输出为一体的开源解释性程序语言,具有自有的程序语言脚本,相对于科学应用的功能性及其图形绘制方法较易掌握。

NCL 语言的可视化效果具有世界一流水平,并且根据用户的需求具有高度的可定制性和扩展性。NCL 软件和 NCAR Graphics 符合开源软件特征,都以源代码软件包或预编译软件包形式提供给用户,这极大地方便了程序工作组收集各种贡献代码以丰富和推动 NCL 语言的发展和完善。NCL 可广泛地运行于类 UNIX 操作平台上,例如:Linux、MacOS 或者 Windows 虚拟机 Cygwin/X 上,并且支持各类服务器的并行处理过程。此外,NCL 语言的程序脚本提供交互执行模式,可实现在命令行中对脚本程序逐条解释运行并控制参数和变量的可选项。

除了可以调用操作系统的系统命令外,NCL 语言还提供了一些有用的系统命令行工具支持:

ncl_filedump → 输出所支持的格式文件的内容信息

ncl_convert2nc → 转换一个或多个 GRIB1、GRIB2、HDF4/5、HDF-EOS2/5 或地理信息轮廓文件为 netCDF 文件

WRAPIT → 允许用户封装 FORTRAN77/90 形式代码并被调用

对于用户而言,NCL 语言强大的功能性和易用性表现在三个方面:

- 数据文件的输入和输出
- 数据科学分析
- 可视化

NCL 语言具有与现代程序语言类似的大量功能性特征,包括类、变量、运算符、表达式、条件声明、循环和功能过程函数。不仅如此,NCL 语言还提供了大量针对科学研究使用的其他商业化软件欠缺的独有功能,包括:元数据的操作、可视化效果的配置、不同科学数据格式的输入和输出支持及数组运算的数学支持等。

针对科学研究需要,NCL 语言不断丰富发展的内建函数和过程已达 600 多个,主要包括以下几个方面:

- 针对气候和模式数据的特殊函数过程
- 经验正交函数、傅立叶系数、奇异值分解、平均值、标准差等

- 检索和转换日期信息
- 基本绘图(线、区域填充和标记)、风杆、天气符号图、标准面和其他
- 强大的文件处理能力
- 1 维、2 维和 3 维数组的插值、近似和重新格点化
- 全球标量和矢量物理量场的便捷计算及分析
- 反演环境变量和执行系统命令

此外,NCL 语言还支持 FORTRAN 和 C 语言代码的调用,同时提供 Python 程序接口,还可以使用大量公众开放源代码库辅助工作,这些都体现出 NCL 语言的强大扩展性。

1.1.2　其他可用的语言

可视化的图形分析语言经历着一个不断推陈出新的过程,例如目前仍在使用的 GrADS 图形分析语言、统计学及数学建模上强大的 MATLAB 软件和未来计算机应用发展的新力量 Python 语言。

GrADS(Grid Analysis and Display System)是美国马里兰大学气象系开发的一款免费的数据处理和显示软件系统,从 20 世纪 90 年代至今仍广泛被使用。GrADS 在设计初期考虑更多的是气象数据的可视化功能,因此,在数据处理上往往需要配合 FORTRAN 语言进行计算分析,然后根据数据特征按照严格定义的数据描述格式匹配数据描述文件(.ctl 文件)。此外,在绘图过程中图形效果的控制自由度取决于用户的习惯,常造成图形的显示标准不唯一。偏向于交互式的脚本语言(.gs)方式也增加了图形可视化调试的复杂程度,脚本的解释运行效率不高,对用户的学习和掌握的要求较高。

MATLAB 软件是 Mathworks 公司推出的一套高性能数值计算和统计分析建模的可视化商业软件,被誉为准确、可靠的科学计算标准软件。MATLAB 可以满足用户在软件平台上集成的完成程序设计、数值计算、图形绘制和输入输出等操作流程,具有一体化和方便灵活的特性,给用户提供了丰富的库函数和工具支持,提高了用户的使用效率。可以说,MATLAB 的数学功能极其强大,是数学领域和统计领域的重要工具之一。对于大气科学领域来说,MATLAB 能够胜任所有的数据分析工作,但正是其整合了大量的功能陡增了学习和掌握如此庞大的工具的难度,尤其对于专业学科的应用需求显得过犹不及。同时,MATLAB 提供的基础绘图功能并不针对大气科学领域,需要补充的工具箱支持,且其绘图过程过于复杂,对于用户需要相当长的时间深入学习才能掌握。

Python 语言是一种面向对象的解释性计算机程序设计语言,由荷兰人 Guido van Rossum 于 1989 年发明,第一个公开发行版发行于 1991 年。Python 语言是纯

粹的自由软件,源代码和解释器 CPython 遵循 GPL(GNU General Public License)协议。Python 语言语法简洁清晰,具有丰富和强大的库,它常被称为"胶水语言",能够把用其他语言制作的各种模块很轻松地联结在一起。由于 Python 语言的简洁性、易读性以及可扩展性,在国外用 Python 做科学计算的研究机构日益增多,一些知名大学已经采用 Python 来教授程序设计课程。Python 专用的科学计算扩展库丰富,例如:NumPy、SciPy 和 Matplotlib 等,它们分别为 Python 提供了快速数组处理、数值运算以及绘图功能。因此,Python 语言及其众多的扩展库所构成的开发环境十分适合工程技术、科研人员处理实验数据、制作图表,甚至开发科学计算应用程序。

上面列出了一些广泛用于科学计算和可视化的语言工具,每一种都各有所长,随着信息技术的不断飞速发展,必然还会有更优秀的语言涌现出来。从现阶段的对比来看,GrADS 绘图分析软件对数据的预处理过程和绘图控制的整合性不足;MATLAB 除了为商业软件外,其更突出强大的统计及计算分析功能而导致学习难度较大和对大气科学专业领域支持不足。综合来看,美国大气研究中心全力发展的致力于大气科学领域科学计算和可视化分析需求的 NCL 图形分析语言基于开源代码平台,具有更好的整合性、易用性和高效性,并且其版本的更新紧跟其 WRF 模式的发展而递进,对用户的学习体验和支持也给予了大量的技术支持和帮助。此外,NCL 语言的标准化图形效果控制能够帮助用户快捷地完成出版级别的图形输出,最新版本还提供了对 Python 语言的支持,这些都将极大地提高用户进行科学数据分析和可视化过程的工作效率。

1.2 有关文档

【小贴士】本书中涉及大量的学习 NCL 图形分析语言有关内容的网址,为了方便用户学习和查阅,特别提供二维码支持,用户可使用手机扫描书中对应的二维码快速跳转相关网址或者实例。此外,还有一些说明事项:本书程序脚本中的函数和过程名、特殊操作符和强调部分等以加粗字体表示,";"及其后斜体内容为注释,"/"为换行符,书中其他示例后的"→"之后为注释。

两种打印格式的 PDF 手册,以及简化手册:

图形手册下载:

(1)

http://www.ncl.ucar.edu/Document/Manuals/graphics_man.pdf **(1)**

语言手册下载：

http://www.ncl.ucar.edu/Document/Manuals/language_man.pdf　**(2)**

手册网址：

http://www.ncl.ucar.edu/Document/Manuals/　**(3)**

新手指引：

http://www.ncl.ucar.edu/Document/Manuals/Getting_Started/　**(4)**

参考手册：

http://www.ncl.ucar.edu/Document/Manuals/Ref_Manual/　**(5)**

(2)　(3)　(4)　(5)

应用实例：

http://www.ncl.ucar.edu/Document/Manuals/Getting_Started/examples.shtml　**(6)**

此外，还有其他文档。

在线文档：

http://www.ncl.ucar.edu/Document/　**(7)**

常见问题(FAQ)：

http://www.ncl.ucar.edu/FAQ/　**(8)**

(6)　(7)　(8)

1.3　示例程序脚本和数据

本书中使用的示例程序脚本主要基于 NCL 语言 6.4.0 版本，并且大部分的示例数据在 NCL 官网上提供下载。

示例脚本：$NCARG_ROOT/lib/ncarg/nclex/nug/

或者

(9)

http://www.ncl.ucar.edu/Document/Manuals/NCL_User_Guide/Scripts/　**(9)**

示例数据：$NCARG_ROOT/lib/ncarg/nclex/nug/

或者

http://www.ncl.ucar.edu/Document/Manuals/NCL_User_Guide/Data/　**(10)**

(10)

1.4 技术支持

NCAR 专门负责 NCL 语言的技术团队提供两类邮件方式的专业支持：一类是安装条目支持，另一类是一般性问题、交换信息和软件漏洞报告。可参见：

http://www.ncl.ucar.edu/Support/email_lists.shtml **(11)**

使用上述邮件技术支持前，请参阅使用指引：

http://www.ncl.ucar.edu/Support/posting_guidelines.shtml **(12)**

(11) (12)

1.5 程序安装

有关在 UNIX 为基础环境的操作系统(包括 Linux，MacOS 和 Cygwin/X)中下载并安装 NCL 的具体流程可参见：

http://www.ncl.ucar.edu/Download/ **(13)**

(13)

NCL 语言的安装包分为三种类型：源代码形式为嵌入地球格点模拟系统使用(不推荐)、提供 OPeNDAP 支持的预编译二进制形式和不提供 OPeNDAP 支持的二进制形式。这里，除非特殊使用用户外推荐使用预编译版本进行安装。

【小贴士】OPeNDAP 是一个专门为本地系统透明的访问远程数据的客户端服务器系统，采用此系统客户端无需知道服务器端的存储格式、架构以及所采用的环境。

1.5.1 Linux 系统下安装

可供 Linux 系统安装的 NCL 语言预编译安装包比较多，其压缩文件名包含了所支持的 Linux 版本类型、计算位数以及所需 GNU 或 INTEL 编译器版本，安装文件名的解释示例如下：

```
ncl_ncarg-6.4.0.Linux_RHEL6.4_x86_64_gnu472.tar.gz
NCL6.4.0 版本  Linux 红帽子 6.4 INTEL 架构 64 位 GNU4.7.2 编译版本
```

假如无法确定 Linux 所需的预编译安装包版本，推荐尝试支持 OPeNDAP 的 NCL 语言安装包：

ncl_ncarg-6.4.0-CentOS6.8_64bit_gnu447.tar.gz

ncl_ncarg-6.4.0-RHEL6.4_64bit_gnu447.tar.gz

或者不支持 OPeNDAP 的 NCL 安装包：

ncl_ncarg-6.4.0-CentOS6.8_64bit_nodap_gnu447.tar.gz

ncl_ncarg-6.4.0-RHEL6.4_64bit_nodap_gnu447.tar.gz

可以通过在已安装的 Linux(RedHat/RHEL，Debian，CentOS 等)中键入命令获得当前系统版本和位数信息，以及对应支持的 gcc 或 gfortran 版本，如下：

```
uname -m
cat /etc/issue
lsb_release -d
gcc --version
```

需要注意，系统支持位数(32/64 位)是必须第一位满足的条件，即在当前 NCL 语言预安装包选择时：首先选择对应的系统支持位数，随后选择 Linux 版本，如果无对应 Linux 版本，可尝试其余版本，不可改变位数支持。

【小贴士】Linux 是一类 Unix 计算机操作系统的统称，其得名于计算机业余爱好者 Linus Torvalds，Linux 操作系统的内核的名字也是“Linux”，是自由软件和开放源代码发展中最著名的例子。严格来讲，Linux 这个词本身只表示 Linux 系统的内核，但在实际上人们已经习惯了用 Linux 来形容整个基于 Linux 内核的系统，包括使用 GNU 工程的各种工具和数据库的操作系统。Linux 的发行版本可以大体分为两类：一类是商业公司维护的发行版本；一类是社区组织维护的发行版本。前者以著名的 Redhat(RHEL)为代表，后者以 Debian 为代表。发行版为许多不同的目的而制作，包括对不同计算机结构的支持，对一个具体区域或语言的本地化，实时应用和嵌入式系统，甚至许多版本故意只加入免费软件。已经有超过 300 个发行版被积极的开发，最普遍被使用的发行版有大约 12 个。

选择好对应的安装包后只需要解压缩到指定的安装目录即可完成 NCL 的安装，安装后会生成“lib”“bin”和“include”三个文件夹在当前安装目录下，例如：

在终端命令行窗口安装已下载的预安装包到目录“/usr/local/ncl-6.4.0”。

```
mkdir /usr/local/ncl-6.4.0
cd /usr/local/ncl-6.4.0
tar -zxf ncl_ncarg-6.4.0-RHEL6.4_64bit_nodap_gnu447.tar.gz
```

需要注意的是：

(1) NCL 软件的二进制安装包是使用特定版本的 gcc 或 gfortran 编制的，如果出现类似"libgfortran. so. x"缺失的错误提示，说明本机已安装的 gcc 或 gfortran 与安装包编制版本冲突；

(2)如果选择了 OPeNDAP 支持的 NCL 安装包则需要“OpenSSL”软件的支持，否则会出现类似“libxxx. so”文件缺失的错误提示；

(3)此外，还需要 X11 服务软件和 cairo 软件支持图形显示和代码编译，可参照如下方式下载安装：

```
apt-get install x11-dev
apt-get install xorg-dev
apt-get install libx11-dev
apt-get install libcairo-devel
yum install libX11-devel
yum install cairo-devel
```

(4)如果需要 tcsh 或 csh 命令解释环境，可参照如下安装构建：

```
apt-get install csh
或
yum install tcsh
```

1.5.2 MacOS 系统下安装

MacOS(即苹果计算机操作系统)下的安装与 Linux 系统安装类似。

首先，需要安装 NCL 语言的图形输出支持软件，与 Linux 安装的 X11 不同，MacOS 有专门使用的 XQuartz 软件作为支持，测试本机是否安装好 XQuartz 图形显示支持可在终端窗口输入如下代码：

```
ng4ex xy01n -clean
```

如果出现类似 X11 的弹出窗口并显示出示例的二维坐标折线图，则说明 XQuartz 安装已完成。否则，可参照如下网址下载安装：

http://xquartz. macosforge. org/ **(14)**

(14)

其次，NCL 语言的脚本代码编译需要 gcc 和 gfortran 的支持，测试本机是否安装对应的版本可在终端窗口输入如下命令：

```
which gcc
which gfortran
gcc --version
gfortran --version
```

如果没有上述两种编译器进行支持，可在如下网址下载相应文件“gcc-x. y. bin. tar. gz”并安装：

http://hpc. sourceforge. net/　**(15)**

(15)

然后与 Linux 下安装一致，选择下载适合本机的 NCL 语言预安装包，可通过终端窗口输入如下命令确定本机所需版本：

```
sw_vers -productVersion
uname -m
```

例如，返回信息显示如下：

```
10.11.6
x86_64
```

表明需要下载的安装包为：

ncl_ncarg-6. 4. 0. MacOS_10. 11_64bit_gnu540. tar. gz

需要注意：MacOS 所有系统都是 64 位的，即便文件名含有“i386”。

最后，安装可能出现的问题：

(1)运行 NCL 语言出现错误提示如下：

```
dyld: Symbol not found: __ZdaPvm
    Referenced from: /usr/local/bin/ncl
    Expected in: /usr/lib/libstdc++.6.dylib
    in /usr/local/bin/ncl
```

表明已下载安装的 NCL 语言安装包为 GUN6. 1. 0 版本编译，但本机 GUN 版本较低，可下载较低版本 GUN 支持的 NCL 安装包解决此问题。

(2)假如错误信息如下：

```
Incompatible library version: ncl requires version 11.0.0 or later, but
    libfontconfig.1.dylib provides version 10.0.0
```

表明 XQuartz 版本不对应，请重新下载安装。

(3)假如错误信息如下：

```
dyld: lazy symbol binding failed: Symbol not found: ___emutls_get_address
```

表明本机已安装的 gcc 和 gfortran 版本较低，错误提示更多则表示本机未安装 gcc 和 gfortran。

(4)如果运行简单的 NCL 语言脚本出现内存分段错误“segmentation faults”，可根据不同的 MacOS 的编译环境增加堆栈大小。

对于 bash 环境，在“.profile”文件写入：

```
ulimit -s unlimited
```

对于 csh/tcsh 环境，在“.cshrc”或“.tcshrc”文件写入：

```
limit stacksize unlimited
```

1.5.3 Windows 系统的 Unix 虚拟机(Cygwin/X)下安装

目前使用比较广泛的微软 Windows 操作系统下安装 NCL 软件有两种方式：第一种是安装 Linux 双系统，另一种是安装 Unix 虚拟机 Cygwin/X。这里，强烈推荐在 Windows 系统基础上安装 Linux 的方法来支持 NCL 软件的安装运行。

Cygwin 下载地址：

http://www.lasg.ac.cn/xglm/2009/2/wnx45afnq7.htm **(16)**

(16)

【小贴士】Cygwin 是许多自由软件的集合，最初由 Cygnus Solutions 开发，目前由 Red Hat 等负责维护用于各种版本的 Microsoft Windows 上，以运行 UNIX 类系统。Cygwin 的主要目的是通过重新编译，可将 POSIX 系统(例如 Linux、BSD，以及其他 Unix 系统)上的软件移植到 Windows 上。

1.6　运行环境路径设置

NCL 软件在本机安装完成后，必须根据系统类型配置 NCL 软件的运行路径。例如，NCL 软件安装在“/opt/local/ncl6.2.1”，参照如下方式配置环境路径变量：

对于 sh：

```
NCARG_ROOT="/opt/local/ncl-6.2.1"
export NCARG_ROOT
PATH=$NCARG_ROOT/bin:$PATH
```

对于 bash 或 ksh：

```
export NCARG_ROOT="/opt/local/ncl-6.2.1"
export
PATH=$NCARG_ROOT/bin:$PATH
```

对于 csh 和 tcsh：

```
setenv NCARG_ROOT "/opt/local/ncl-6.2.1"
setenv PATH "$NCARG_ROOT/bin:$PATH"
```

1.7　图形环境设置

NCL 语言具有默认的图形环境设置，可通过终端命令在目录“/home”中输入“ls -a”查询隐藏环境设置文件“.hlursfile”，修改此文件可改变图形配置，以下列出了该文件的主要设置内容：

```
! White background/black foreground (the default)
*wkForegroundColor : (/0.,0.,0./)
*wkBackgroundColor : (/1.,1.,1./)
! Color map (default is ncl_default)
*wkColorMap : rainbow
! Font stuff (default is helvetica)
*Font : helvetica
! Function code [Default is a tilde]
*FuncCode : :
! X11 window size
*windowWorkstationClass*wkWidth : 1200
```

```
*windowWorkstationClass*wkHeight : 1200
! PNG pixel size (default is 1024x1024)
*imageWorkstationClass*wkWidth : 1500
*imageWorkstationClass*wkHeight : 1500
```

1.8 代码编辑工具

具有特殊符号和函数高亮显示的代码编辑器可极大提高 NCL 语言代码脚本书写和使用的效率，其针对 NCL 语言的特殊名、资源名、内建功能函数和过程使用不同颜色区别并高亮显示，使代码的可读性和编辑性更强。此外，其还可以定义代码自动完成功能，从而免去了记忆大量语言中的关键词、函数名和参数的过程，极大地提高了使用便捷性。

高亮显示的代码编辑器有很多，例如：Emacs，NEdit，VIM，JED，TextMate，jEdit，Atom，Aquamacs，NetBeans，TextWrangler，Kate，Sublime Text 和 Notepad＋＋等，具体的使用请参看网址：

http://www.ncl.ucar.edu/Applications/editor.shtml **(17)**

(17)

这里，推荐使用交互界面更友好更强大的 UltraEdit 编辑器，其可以方便在 Windows 平台和 Linux 服务器端完成跨平台的脚本代码交换运行服务，用户也可以下载基于 UNIX 核心的 UltraEdit 版本直接使用。

1.8.1 常用代码编辑器

Emacs 是一个可移植、可扩展、免费的文本编辑器。Emacs 提供了一些命令来管理语句和段落，高亮的语法使得源代码更易于阅读，以及“键盘宏”的方式来执行用户定义的编辑命令。Emacs 可以在若干个操作系统上运行，无论使用的是哪一种机器类型，这让程序员非常受用。如果用户使用的是通用的编程语言，Emacs 还会提供模式以及相应的排版和布局，使编辑代码更加方便。Emacs 或许不是最简单的工具，但它绝对是最强大的编辑器之一。相较于 VIM，Emacs 的启动时间更长，所需要的内存也更多，但它是高度可定制的，并且包括了大量的功能。

官方网站：http://www.gnu.org/software/emacs/ **(18)**

(18)

VIM 是一个可高度自由配置的文本编辑器。它是 vi 编辑器的改进版，同时也是免费软件。该应用程序的建立是为了处理代码以及更多事情，不仅只为写电子邮件或打开配置文件。它也允许用户编辑文本并保存简单的文本文件，但它主要功能还是编辑代码。它支持语法高亮显示和行编号，用户也可以改变界面颜色以便增加代码的可视性。对于文本编辑，VIM 这个程序囊括了多种语言的拼写检查器，并有更正拼写错误的能力，因为该应用程序会检查不被识别的代码文本，VIM 是程序员和开发人员应对各种文本编辑的最佳选择。

官方网站：http://www.vim.org/　**(19)**

(19)

jEdit 是一个免费的 Java 编写的文本编辑器，可以运行在任何操作系统上，包括 BSD、Linux、MacOS X 和 Windows。jEdit 以它强大的功能和便捷的用法超越了很多昂贵的开发工具，并且它还是拥有完整源代码的免费软件。jEdit 是高度可定制的，可以用 BeanShell、Jython、JavaScript 和一些其他的脚本语言编写的宏进行扩展。总而言之，它是一款通用的文本编辑工具，不但可用于简单的纯文本编辑，也可以用于检查各种代码类型。

官方网址：http://jedit.org/　**(20)**

(20)

Atom 是一款由 GitHub 开发的，支持用 Node.js 编写插件和嵌入 Git Contral，面向 MacOS X、GNU/ Linux 和 Windows 的免费的开源文本和源代码编辑器。Atom 预装了所有文本编辑器所应该具备的一切功能，从而避免将时间浪费在配置编辑器上面。而且，Atom 还配备了标签式界面、多窗格布局、简单的文件浏览器、易于学习的曲线图表，便于用户快速上手。

官方网址：https://atom.io/　**(21)**

(21)

NOTEPAD＋＋是一款免费又优秀的文本编辑器，支持在 MS Windows 中文环境下运行的多种编程语言。NOTEPAD＋＋支持超过 50 种编程、脚本和标记语言的语法高亮显示和代码折叠，能让用户迅速减小或扩大代码段以便查阅整个文档。用户也可以手动设置当前语言，覆盖默认语言。此外，该程序还支持自动完成某些编程语言的 API 子集。

官方网址：http://notepad-plus-plus.org/　**(22)**

(22)

UltraEdit 是 Windows 旗下一款流行的老牌文本/HEX 编辑器（非开源），可以编辑文本、十六进制、ASCII 码，完全可以取代记事本（如果电脑配置足够强大）。其内建英文单字检查、C＋＋ 及 VB 指令突显，可同时编辑多个文件，而且即使开启大于 2GB 的文件速度也不会慢。UltraEdit 也被移植到 Linux 和 MacOS X 平台，该移植名为 UEX，意即 UltraEdit for Linux。UEX 具有原生的 Linux 外观，其界面、配置、热键等与 Windows 版并无二致。UltraEdit 提供了友好界面的编程编辑器，支持语法高亮，代码折叠和宏，具备无所不能的功能。此外，其还内置了对 HTML、PHP 和 JavaScript 等语法的支持，可进行 64 位文件处理（标准），Unicode 支持基于磁盘的文本编辑和大文件处理（支持超过 4GB 的文件），即使是数兆字节的文件也只占用极少的内存。

官方网址：http://www.ultraedit.com　**(23)**

(23)

1.8.2 高亮脚本定义

不同的代码编辑器具有特定的高亮脚本定义格式，上面提到的有些代码编辑器可以直接下载得到 NCL 语言的语法高亮脚本，有些则需要用户自己编写或者改写。由于 NCL 语言版本的更新，常有一些新的函数或者过程加入其中。因此，通常需要定期对高亮脚本进行升级，以方便使用。

为了帮助用户创建自定义的高亮显示脚本，可以使用高亮脚本函数包“gen_editor_utils. ncl”辅助生成 NCL 语言所有的函数和过程、关键词、操作运算符和图形属性资源名的列表，供用户改写代码编辑器的高亮脚本。具体可参看：

(24)

http://www.ncl.ucar.edu/Applications/Files/gen_editor_utils.ncl （24）

辅助工具代码使用示例如下：

```
load "gen_editor_utils.ncl"        ;-- 下载保存该脚本到本地供调用
begin
  fp_names=get_ncl_procs_and_funcs()              ;-- 仅过程函数
  fp_names=get_ncl_procs_and_funcs_by_cat()       ;-- 分类过程函数
  res_names=get_ncl_resources()                   ;-- 图形属性资源名
  key_names=get_ncl_keywords()                    ;-- 关键词
  op_names=get_ncl_operators()                    ;-- 操作运算符

  [输出…]

end
```

高亮脚本生成后导入代码编辑器中即可使用，通常需要用户重新定义不同代码部分的显示格式、颜色和代码自动完成方式。这样，免去了对 NCL 大量的函数和过程名、图形属性资源名和字符串参数的复杂记忆过程，保证了代码书写的高效性和准确性。因此，强烈推荐用户选择使用一种代码编辑器及其 NCL 语言高亮显示脚本来提高工作效率。

UltraEdit 脚本编辑器的高亮显示脚本改写示例如下：

```
/L19"NCL6.3" Line Comment = ; String Chars= " Escape Char = \
File Extensions = ncl

/Colors = 0,8421504,8421504,16711808,8388863,
```

```
/Colors Back = 16777215,16777215,16777215,16777215,16777215,
/Colors Auto Back = 1,1,1,1,1,

/Font Style = 0,2,0,0,0,
/Delimiters =  ~^[]{}()<>.,+ *|/'  "` @ & !

/Function String = "%[ ^t]++^(function[ ^t]+[a-z0-9_.]+^)[ ^p^r^n]"
/Function String 1 = "%[ ^t]++^(procedure[ ^t]+[a-z0-9_.]+^)[ ^p^r^n]"
/Function String 2 = "%[ ^t]++^(def[ ^t]+[a-z0-9_.]+^)[ ^p^r^n(]"

/Open Fold Strings = "if" "else if" "do" "start res" " do while"
/Close Fold Strings = "elseif" "end if" "end do" "end res"

/Indent Strings = "begin" "do " "if " "else"
/Unindent Strings = "end" "else"

/C1"Keywords" Colors = 16711680 Colors Back = 16777215 Colors Auto Back = 1
Font Style = 1
begin
end
break
continue
stop
return
……
[添加所有的关键词]

/C2"Resource" Colors = 8388863 Colors Back = 16777215 Colors Auto Back = 1
Font Style = 0
amDataXF amDataYF amJust amOn amOrthogonalPosF amParallelPosF
……
[添加所有的图形属性资源名]
/C3"Function" Colors = 255 Colors Back = 16777215 Colors Auto Back = 1
Font Style = 0
abs acos add90LatX …
betainc boxplot byte2flt …
z2geouv zonal_mpsi zonal_mpsi_Wrap zonalAve
……
```

```
[添加所有的函数和过程名]
/C4"type" Colors = 16384 Colors Back = 16777215 Colors Auto Back = 1
Font Style = 0
byte character double float logical integer
long numeric record file short string
……
[添加所有的数据类型名]
/C5"Operator" Colors = 4210816 Colors Back = 16777215 Colors Auto Back = 1
Font Style = 0
! ! =
% %= %Q %W %q %w
& && &=
*  *=
+ += +@
- -= -@
.
// / /=
::
< <=
= == ===
> >=
@
Comparisons
[
] ]=
^ ^=
……
[添加所有的运算操作符]

/C6"Others" ...
……
[可继续定义其他类]
```

第 2 章　程序语言基础

相对于其他程序语言来说，NCL 程序语言架构专门针对地球科学领域设计而且相对简单明了。NCL 语言的底层还是来源于 FORTRAN 语言，因此，对于用户的学习具有一定的通用性，也便于理解。此外，NCL 语言基于开放源代码式的程序结构形式，主要包括基础语言规则、常规函数库、科学计算分析函数库、可视化函数库和图形控制属性资源五个主要组成部分，各成员相辅相成且互为补充。

2.1　运行测试方式

NCL 语言专门为科学数据分析和可视化设计，特别是区域大气模式，大量的大气科学分析和可视化的功能函数被转化集成进 NCL 语言中。为了方便分析绘图程序的测试，NCL 提供两种方式的运行测试：第一种是交互方式，即每输入一条命令就解释执行一次；另一种是脚本文件方式，即将批量程序执行命令写入脚本文件，执行脚本文件一次完成所有命令的解释运行。

交互方式通过在终端输入命令，进入方式如下：

```
ncl
ncl 0>          进入交互模式并等待第一条命令输入
```

记录交互模式命令为脚本文件“my_script. ncl”，如下：

```
ncl 0> record "my_script.ncl"
ncl 1> statements
...
ncl 8> stop record
ncl 9> quit
```

退出交互模式使用命令：quit 或 exit。

NCL 语言的命令行运行的一些特殊选择项查看方式如下：

```
ncl -h
Usage: ncl -fhnpxV <args> <file.ncl>
        -f: Use New File Structure, and NetCDF4 features
        -n: don't enumerate values in print ()
        -p: don't page output from the system () command
        -o: retain former behavior for certain
            backwards-incompatible changes
        -x: echo NCL commands
        -V: print NCL version and exit
        -h: print this message and exit
```

如果有大量的命令需要执行，推荐将所有命令放入脚本文件批量处理，运行脚本文件如下：

```
ncl -n my_script.ncl | tail -1
```

这里选择项"-n"在输出结果中将不显示 NCL 软件版本信息，"tail -1"将在结果输出中只显示最后一行。

2.2 输入、输出数据和图形文件支持

NCL 语言支持的数据输入格式：

- netCDF3，netCDF4
- HDF4-SDS，HDF2-EOS HDF5，HDF5-EOS
- GRIB 1，GRIB 2
- CCM History Tape
- shapefiles
- binary
- ASCII

NCL 语言能够输出的数据格式：

- netCDF3，netCDF4
- HDF4，HDF5
- Binary (flat or fortran sequential; big or little endian)
- ASCII

NCL 语言支持输出的图形格式：

PS，EPS，EPSI

PDF

PNG

SVG (good for web usage)

NCGM (an older format that is generally not recommended)

X11 (graphics output only to a X11 window)

本书使用的数据样本下载地址：　(25)

http://www.ncl.ucar.edu/Document/Manuals/NCL_User_Guide/Data/　(**25**)

或者在 NCL 软件的安装目录下：$NCARG_ROOT/lib/ncarg/data/nug/ 。

数据处理阶段非常重要的工作就是先弄清当前数据的内容和存放格式，可参照如下命令进行查询：

对于 netCDF-3/4，GRIB-1/2 或 HDF-4/5 格式的数据输入：

ncl_filedump ＜*文件名*＞

仅对于 netCDF-3/4 格式的数据可输入：

ncdump -h ＜*文件名*＞

2.3　字符符号

NCL 语言具有自己的字符符号功能定义，并且不同于其他程序语言，尤其是针对数组类的字符符号(见表 2.1)。

表 2.1　NCL 语言的常规字符符号及其功能

符号	说明
=	赋值符号
:=	重新赋值操作符
;	行注释符号
/;...;/	块注释符号
@	标记或引用属性符号
!	标记或引用维数符号
&	标记或引用坐标符号
$...$	通过“addfile”命令输入输出封装字符串符号
{...}	使用坐标值的数组下标
[...]	变量类型列表的下标
(/.../)	数组构造器

续表

符号	说明
[/.../]	列表构造器
:	数组分隔符
|	命名数组维的分隔符
\	长行的换行连接符
::	调用外部代码的分隔符
->	输入输出数据格式符号

NCL 语言中的一些特定的字符符号将在后面章节中通过具体示例给出意义和用法。

2.4 数据类型和表达式

NCL 语言支持几乎全部的数据类型，同时还在运算表达式和逻辑表达式以外，重点发展了支持数组操作的表达式和提供程序扩展的功能函数和过程。这些数据类型的支持和表达式的定义都紧紧围绕科学计算和分析的需要而产生，具有强大的专业应用扩展能力。

2.4.1 数据类型

NCL 语言的数据类型分为以下三类：

(1)数值型数据类型

- double 双精度型 (64 位)
- float 浮点型或实型 (32 位)
- long 有符号长整型 (32 位或 64 位，有符号+/-)
- integer 有符号整型 (32 位，有符号+/-)
- short 有符号短整型 (16 位，有符号+/-)
- byte 有符号字节型 (8 位，有符号+/-)
- complex 不支持该类型

(2)精确数值型数据类型

- int64 有符号 64 位整型
- uint64 无符号 64 位整形
- uint 无符号 32 位整形
- ulong 无符号 32 位长整型
- ushort 无符号 16 位短整型

- ubyte 无符号 8 位字节型

(3)非数值型数据类型

- string 字符串型
- character 字符型
- graphic 图形型
- file 文件型
- logical 逻辑型
- list 列表型

表达式的本质特征表现为:被执行后,将返回结果。

除了功能函数和过程以外,NCL 语言还有三种不同类型的表达式:

- 运算表达式
- 逻辑表达式
- 数组表达式

其中,数组表达式是 NCL 的重要内容之一。

2.4.2 运算操作符

NCL 语言支持基本运算法则,因而也提供了用于基本运算类的常规运算操作符功能(见表 2.2),用户在使用过程中需要注意与 FORTRAN 语言中运算操作符的差异。

表 2.2 NCL 语言的常规运算操作符及其功能

运算操作符	功能
+	加/正号,字符串连接符
−	减 / 负号
*	乘号
/	除号
%	取整 (仅整型)
>	大于
<	小于
^	幂
#	矩阵乘

一些注意事项:

(1)使用括号来改变运算优先级。

```
x=(2+3)*3            →   15
print(-(3+2)^2)      →   25
```

print(－((3＋2)^2))　　→　－25

(2)符号“＋/－”是重载运算符，当为正负号时具有最高的优先级别。

加法：x ＝ 2.3＋5.8　　→　x ＝ 8.1

字符串连接："Value："＋12.7　　→　"Value：12.7"

负号：x ＝－3^2 相当于 x＝(－3)^2　　→　9

减法：x ＝ 8－3^2　　→　－1

2.4.3 逻辑运算符

与 FORTRAN 语言不同，NCL 语言为了区别逻辑运算和算术运算的差异，NCL 语言提供的逻辑运算符整合了关系运算符和逻辑运算符(见表 2.3)。因此，在使用逻辑表达式时一定不要混淆使用 FORTRAN 语言定义的关系运算符，例如：“<”“>=”或“/=”等。

表 2.3 NCL 语言的常规逻辑运算符及其功能

逻辑运算符	功能
.lt.	小于
.le.	小于等于
.eq.	等于
.ne.	不等于
.ge.	大于等于
.gt.	大于
.and.	逻辑和
.or.	逻辑或
.xor.	逻辑异或
.not.	逻辑非

逻辑表达式运算时遵循“从左至右”的规则，因此，如果出现错误请按照从左至右的顺序检查。

逻辑运算符使用示例如下：

```
if( x .gt. 3 .and. x .lt. 7) then
    [statement(s)]
    …
end if
```

2.4.4 数组表达式

NCL 的数组运算过程与 FORTRAN90、Matlab、IDL 等程序的数组基本一致，其数学运算(加减、乘除、对比等)过程可以与标量一样运算,但是在运算过程中必须保证运算的数组具有相同的大小和维数。

必须记住:数组维数的起始索引下标和 C 语言一样从“0”开始。

示例如下:

```
a = (/4, 2, 1, 3 /)         →  4 个元素 1 维,下标 0~3
b = (/0, 1, 1, 0/)          →  4 个元素 1 维,下标 0~3
c = a + b                   →  c = (/ 4, 3, 2, 3 /)
c = a - b                   →  c = (/ 4, 1, 0, 3 /)
c= a * b                    →  c = (/ 0, 2, 1, 0 /)
c = a / (b+0.1)             →  c = (/ 40, 1.818182, 0.909090, 30 /)
```

NCL 语言的数组与 C 语言的数组一样,遵循“行×列”的结构,并且对于多维数组来说,左边维的变化慢于右边维,即先完成最右维的所有元素计算再逐渐向左边维递进计算,对于二维数组则是先计算右边所有“列”再变换“行”。

T(12, 5, 4)	左边维	数组维索引“0”包含 12 个元素(变化最慢)
	中间维	数组维索引“1”包含 5 个元素
	右边维	数组维索引“2”包含 4 个元素(变化最快)

NCL 声明或定义一个新数组使用函数“new”:

new (数组大小,数据类型,[缺省值])

定义数组示例如下:

```
n=new(4, integer)                        →  1 维 4 个整型元素
m=new(12, float)                         →  1 维 12 个浮点型元素
q=new((/2 ,3, 5/), float)                →  3 维 2×3×5 个浮点型元素
k=new(100, float, 1e20)                  →  1 维 100 个浮点型元素,缺省值 1e20
l=new(100, float, "No_FillValue")        →  1 维 100 个浮点型元素,无缺省值
p=new(dimsizes(pr), double)              →  与 pr 数组大小一致,双精度型元素
cities=new(20, string)                   →  20 个字符的字符串数组
```

使用函数“new”声明的数组将自动使用默认缺省值填充数组,除非已定义特殊缺省值。

NCL 语言使用标准下标索引来引用数组元素,其必须为整型,格式如下:

m : n : i　→　表示下标从 m 到 n 且步长为 i(m、n 和 i 都为整型)

如果定义数组 a = (/ 0, 1, 2, 3, 4, 5, 6, 7, 8, 9 /),下标索引的使用示例如下:

```
a1 = a            →  数组 a1 与数组 a 一致
a2 = a (3)        →  a2 = 3
a3 = a (1:4)      →  a3 = (/1, 2, 3, 4/)
```

```
a4 = a (0:9:3)          →  a4 = (/0, 3, 6, 9/)
a5 = a (:5)             →  a5 = (/0, 1, 2, 3, 4, 5/)
a6 = a (7:)             →  a6 = (/7, 8, 9/)
a7 = a (1:6:-1)         →  a7 = (/6, 5, 4, 3, 2, 1/)
a8 = a (8:4)            →  a8 =(/8, 7, 6, 5, 4/),注意:不需要设置步长为-1
a9 = a (::-1)           →  a9 = (9:0)
```

对于三维数组 T = (12, 100, 120) 的下标示例如下：

```
T1 = T(0:11:3, :19, :)     →  表示截取 4×20×120 的数组
```

命名数组的下标将允许对数组元素重新排序，但仅适用于数组所有维都已命名的情况。例如，二维气压数据放入数组第一维为经度大小 21，第二维为纬度大小 40，如下：

```
pres (21, 40)     →  pres (lat, lon)
```

对数组进行重排序，如下：

```
p_reord1 = pres (lon|:, lat|:)   →  p_reord1 (40, 21) ~ p_reord1 (lon, lat)
p_reord2 = pres (lon|19:38, lat|0:9)   →  截取 20×10 放入
                                          数组 p_reord2 (20, 10)
```

其中，符号"|"为数组维名称和下标间的分隔符。

那么，如何将数组的下标和维名称建立对应关系呢？NCL 语言通过以下方式来命名数组维：

```
m = (/-5.0, 10.0, 15.0, 20.0, 25.0, 30.0/)   →  示例数组 m
m!0 = "lat"                                  →  命名数组第一维为"lat"
m&lat = m                  →  数组第 1 维"lat"的坐标对应 m 的元素
mw = m ({-5.0:25.0:2})     →  mw = (/-5.0, 15.0, 25.0/)
```

全球气象网格数据通常命名二维数组的第一维与纬度网格坐标对应，第二维与经度网格坐标对应。这样，在绘图中就能准确定位数组中每个数据元素的空间坐标位置。当然，目前大气科学的数据大量使用四维数组来表示数据的时空分布，例如：

温度(时间,层次,纬度,经度) → **T (time, level, latitude, longitude)**

图 2.1 给出了全球格点场数据二维数组 T (lat, lon)分别在标准格点下标引用、命名的经纬度下标引用和混合引用三种常用情况下的数组下标引用方式的示意图。

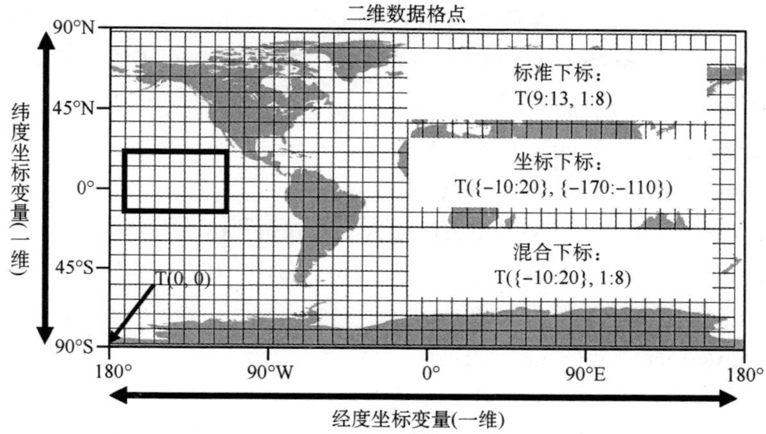

图 2.1　基于全球二维格点场的数组下标引用方式示意图

2.5　变量

NCL 语言下的变量名是区分大小写的，例如：变量 T2M 不同于变量 t2m。下面给出了一些变量定义示例：

```
x = 1                                      →  整型
y = 2.6                                    →  浮点型
z = 20.d                                   →  双精度型
title = "This is the title string"         →  字符串型
a = (/1, 3, 2, 4/)                         →  整型 1 维数组
b = (/1, 2.0, 3.0, 4./)                    →  浮点型 1 维数组
c = (/1., 2, 3., 4.0/) * 1d5               →  双精度型 1 维数组
d = (/"green", "red"/)                     →  字符串型 1 维数组
e = (/True, False, False, True/)           →  逻辑型 1 维数组
f = (/ (/1, 2/), (/3, 6/), (/4, 2/) /)     →  整型 2 维数组
```

NCL 语言的变量可以在其上附加一些额外的信息，则称这种变量为元数据(与 netCDF 元数据一样)。而作为元数据通常附加三种类型的信息，包括：属性、维名称和坐标变量。

2.5.1　元数据和属性

元数据的本质是数据文件或变量又与文本化或数字化的信息相结合，可以形象的比喻为“商品和商品标签”的结合体，“商品”即数据本身，而“商品标签”提供了商品

的信息。典型的元数据的属性信息包括:"units""long_name" "standard_name""coordinates""scale_factor""add_offset""valid_min""valid_max"及"axis"。

对变量添加属性的示例如下:

```
var@units = "degK"
lon@units = "degrees_east"
t@long_name = "Near-Surface Air Temperature"
time@units = "days since 1949-12-01 00:00:00"
temp@_FillValue = 1e20
temp@missing_value = 1e20
title = varlong_name
```

当然,假设要获得一个元数据文件"file. nc"中变量"slp"的属性,可以使用 NCL 语言提供的内部函数"getfilevaratts":

```
fin = addfile ("file.nc", "r")
file_atts = getfilevaratts (fin, "slp")
```

如果在脚本中需要确定所使用变量是否具有属性,可以使用内部函数"isatt":

```
if(isatt(slp, "units")) then
  print (slp@units)
end if
```

需要注意:当设置变量缺省值时,变量属性的缺省值也必须与之保持一致。

2.5.2 维数命名

根据标准的 netCDF 数据格式要求,坐标变量必须是一维同名的数组,并且保证其无缺省值且单调增加或者减少(例如,常用的全球经纬度网格坐标)。

假设二维数组变量 temp (4,5),对应两个命名的数组"lat"和"lon",通过维命名符号"!"进行维命名,如下:

```
temp!0 = "lat"      →  左边维的名字
temp!1 = "lon"      →  右边维的名字
```

现在,分别定义纬度和经度的坐标"lon_pts"和"lat_pts",如下:

```
lon_pts = (/ 0., 15., 30., 45., 60. /)      →  大小为 5
lat_pts = (/ 30., 40., 50., 60. /)          →  大小为 4
```

同样,还需通过变量属性添加符号"@"给出对应经纬度坐标的单位属性来指示坐标的方向信息,如下:

```
lon_pts@units = "degrees_east"      →  单位"度"指向东
lat_pts@units = "degrees_north"     →  单位"度"指向北
```

最后，只需要使用坐标名赋值符号“&”将数据变量“temp”和其对应的坐标变量“lon_pts”和“lat_pts”分别建立赋值连接，使变量“temp”中的每一个元素都获得对应的坐标定位，如下：

```
temp&lon = lon_pts
temp&lat = lat_pts
```

一些规则如下：

(1)坐标变量数组必须与其对应的数据数组的指定维具有一样的大小，即一一对应；

(2)坐标变量名必须与其对应的维名称一致，如：lat (lat)，time (time)；

(3)坐标数组中的元素值一定是单调增加或者减少的；

(4)任何数值型数据类型的值可以作为坐标变量数组的数元。

按照上述步骤，将数据数组变量“temp”的每一维都指定了对应的坐标数组，也就是数组的每一个元素不仅具有值，并且具有该值所对应的坐标位置。对于大气科学的数据来说，这个过程实现了对数组中数据元的时空坐标定位。

2.5.3 字符串引用

有时在脚本书写时无法获得属性名和坐标名，或者这些名字在不同变量间各不相同。为了解决这个问题，通过一对引用符号“$”定义的字符串变量可以方便地调用属性名和坐标名，如下：

```
dimnames = (/"frtime", "lat", "lon"/)
attnames = (/"_FillValue", "long_name"/)
```

直接调用属性：

```
att0 = temperature@$attnames(0) $
```

下面是通过内部函数“iscoord”调用数组名的方式：

```
if (iscoord (dimnames(0)))then
  coord0 = temperature&$temperature!0$
end if
```

2.5.4 变量列表

变量列表像一个容器用来存放一系列不同类型不同大小的变量，也可以理解为一个存放变量的堆栈或者序列。

有两种方式来定义变量列表：静态方式和动态方式。

静态方式使用列表符号“[/…/]”来构建，如下：

```
i = (/(/1,2,3/), (/4,5,6/), (/7,8,9/)/)    →  二维整型数组
```

```
x = 5.0                                    → 浮点型标量
d = (/100000.d, 283457.23d/)               → 一维双精度数组
s = "abcde"                                → 字符串
c = stringtochar("abcde")                  → 字符
v1 = [/i, x, d, c, s/]                     → 上述不同变量赋予列
                                             表变量 v1
```

动态方式是使用函数“NewList”来定义列表变量，然后通过函数“ListPush”动态添加变量进入已定义的列表变量，如下：

```
x = (/1, 2, 3, 4/)
x@attr = "integer array"
y = (/6., 7., 8., 9./)
y@attr = "float array"
s = (/"one", "two", "three"/)
s@attr = "string array"
my_list =NewList ("lifo")          → 定义列表变量 my_list
ListPush (my_list, x)              → 放入变量 x
ListPush (my_list, y)              → 放入变量 y
ListPush (my_list, s)              → 放入变量 s
```

需要注意：当使用“ListPush”添加变量进入列表时，新添加的变量总是出现在列表的头部或顶部。

2.6 变量赋值

NCL 语言中的变量的赋值声明过程是需要着重理解的重要内容之一。赋值声明的方式取决于当前需要被赋值的变量是否已经被定义类型，同时也取决于赋值声明右边是包含变量还是具体数值。

第一种情况：如果变量仅在赋值声明的左边且之前未被单独定义(包括定义后删除)，那么该变量将被定义为与右边数据的类型和结构一致。

第二种情况：如果变量在赋值声明左边且已定义其数据类型和结构，则赋值声明右边必须保证或者被强制转换为与赋值声明左边变量具有一致的数据类型和结构。

2.6.1 数值赋值

数值直接赋值给变量是最直接的一种方式，即赋值声明的右边不存在其他变量，仅为数值计算表达式或者数值。这种情况下：

(1)赋值声明左边变量之前未定义时，其数据类型和结构完全取决于右边的数据类型和结构，且除了缺省值以外，数组维名称、坐标变量和属性都未赋值给左边变量，如果赋值声明右边的数值无缺省值，则变量也无缺省值。

(2)赋值声明左边变量之前已定义时，赋值声明右边数值赋给左边变量，如果左边变量为已知数组的一部分截取引用(下标引用)，则赋值声明右边的元素数目和类型必须与之完全符合，赋值声明左边变量为元数据时，其原来的属性、坐标变量和数组维名称不发生变化。

数值赋值示例如下：

```
a = (/1, 2, 3, 4, 5, 6, 7, 8, 9, 10/)
a (0:3) = -1          →  标量数值-1 被赋给了数组 a 的前 4 个元素
print (a)
```

输出如下：

```
Variable: a
Type: integer
Total Size: 40 bytes
            10 values
Number of Dimensions: 1
Dimensions and sizes: [10]
Coordinates:
(0)    -1
(1)    -1
(2)    -1
(3)    -1
(4)    5
(5)    6
(6)    7
(7)    8
(8)    9
(9)    10
```

2.6.2 变量间赋值

变量对变量进行赋值时，除了实际上的多维数组的值进行传递，还将传递变量自身的属性、坐标变量和维名称信息。因此，在讨论变量间赋值时特别引入数组构造符号“(/”和“/)”的配对使用，以此控制变量仅传递其内部的数值，这就转化成了数值对变量的赋值方式。

使用数组构造器以强制转化变量对变量的赋值为数值对变量的赋值形式，格式如下：

variable1＝(/ variable2 /)　→　variable2 仅将自身的值传递给 variable1，不传递绑定的信息(属性、坐标和维名称)

那么，变量对变量的赋值可能出现两种情况：

(1)赋值前左边变量未定义，实际上产生一个右边变量的副本或仅传递值；

(2)赋值前左边变量已定义且必须与右边变量具有一样的结构，但其绑定的属性、坐标变量和维名称可能有不同之处。那么，如果直接赋值将出现警告提示，并且上述绑定信息项可能被覆盖或程序报错。

情况(1)示例，首先创建一个带绑定信息的数组，如下：

```
b = (/ (/1.0,2.0,3.0/), (/4.0,5.0,6.0/), (/7.0,8.0,9.0/) /)
b!0 = "dim0"                    → 定义第一维名称
b!1 = "dim1"                    → 定义第二维名称
b@units = "none"                → 定义数组 b 的单位属性
b&dim0 = (/.1,.2,.3/)           → 第 1 维坐标变量数组 dim0 赋值
b&dim1 = (/10,100,1000/)        → 第 2 维坐标变量数组 dim1 赋值
```

左边变量未定义时，建立数据副本的赋值，如下：

```
a = b      → a 与 b 完全一样，包括值和其绑定的信息
print (a)
```

输出如下：

```
Variable: a
Type: float
Total Size: 36 bytes
            9 values
Number of Dimensions: 2
Dimensions and sizes:   [dim0 | 3] x [dim1 | 3]
Coordinates:
        dim0: [0.1..0.3]
        dim1: [10..1000]
Number Of Attributes: 1
  units :     none
(0,0)   1
(0,1)   2
```

```
(0,2)  3
(1,0)  4
(1,1)  5
(1,2)  6
(2,0)  7
(2,1)  8
(2,2)  9
```

左边变量未定义，但仅传递数值，如下：

```
c = (/b/)      →  c与b具有一致的结构和值，但自身的信息不变
print (c)
```

输出如下：

```
Variable: c
Type: float
Total Size: 36 bytes
                    9 values
Number of Dimensions: 2
Dimensions and sizes:    [3] x [3]
Coordinates:
(0,0)  1
(0,1)  2
(0,2)  3
(1,0)  4
(1,1)  5
(1,2)  6
(2,0)  7
(2,1)  8
(2,2)  9
```

情况(2)示例：左边变量已定义就会涉及除了右边变量的值传递以外的绑定信息(属性、坐标变量和维名称)的传递。

首先，给出两个具有相同结构的数组“a”和“b”，但二者的绑定信息有所不同，如下：

```
a = (/ (/1.1,1.2,1.3/), (/2.1,2.2,2.3/), (/3.1,3.2,3.3/) /)
a!0 = "test0"
a!1 = "test1"
a@units = "Degrees"
```

```
a@long_name = "A"
b = (/ (/1.0,2.0,3.0/), (/4.0,5.0,6.0/), (/7.0,8.0,9.0/) /)
                                      →  与 a 结构相同
b!0 = "dim0"                          →  第一维名称不同
b!1 = "dim1"                          →  第二维名称不同
b@units = "none"                      →  属性单位不同
b&dim0 = (/.1,.2,.3/)                 →  第一维坐标变量
b&dim1 = (/10,100,1000/)              →  第二维坐标变量
```

当数组“a”和“b”进行赋值时，维名称将发生改变，坐标变量将赋与“a”数组，并且其属性被替代。如下：

```
a = b
print (a)
```

输出如下：

```
Variable: a
Type: float
Total Size: 36 bytes
            9 values
Number of Dimensions: 2
Dimensions and sizes:    [dim0 | 3] x [dim1 | 3]
Coordinates:
dim0: [0.1..0.3]
dim1: [10..1000]
Number Of Attributes:  2
units :        none
long_name :    A
(0,0)    1
(0,1)    2
(0,2)    3
(1,0)    4
(1,1)    5
(1,2)    6
(2,0)    7
(2,1)    8
(2,2)    9
```

当左边变量已被定义且左右变量数据结构相同时，如果左边变量的绑定信息项与右边变量不同，传递规则如下：

(1)相同项信息不同则被右边信息替代，包括属性、维名称和坐标变量；

(2)左边变量的信息项少于右边变量，则右边变量的多余信息项赋予左边变量；

(3)使用中如果要避免改变原数组的绑定信息，请使用赋值符号“(/”和“/)”仅进行值传递。

当左边变量已被定义并且数组只有一部分被赋值时，值传递规则不变，但绑定的信息中的坐标变量也仅替换赋值元素对应的坐标变量，如果未赋值部分已有坐标对应则保持不变，如果没有则用缺省值赋给坐标。

首先，定义示例数组“a”和“b”，“b”数组坐标变量未赋值，“a”数组元素少于“b”数组但绑定了赋值的维坐标变量。

```
b = (/ 1.0,2.0,3.0,4.0,5.0,6.0,7.0,8.0,9.0/)
b!0 = "dim0"
a = (/ 1.1,1.2,1.3,2.1,2.2/)
a!0 = "dim0"
a&dim0 = (/.1,.2,.3,.4,.5/)
```

如果对数组“b”进行部分赋值，如下：

```
b (::2) = a (:)
```

那么，“b”数组中未被赋值的元素对应的坐标由缺省值赋值：

```
print (b&dim0)
```

输出如下：

```
Variable: dim0 (coordinate)
Type: float
Total Size: 36 bytes
            9 values
Number of Dimensions: 1
Dimensions and sizes:[dim0 | 9]
Coordinates:
Number Of Attributes: 1
  _FillValue:  -999
(0) 0.1
(1) -999
(2) 0.2
(3) -999
```

(4) 0.3

(5) －999

(6) 0.4

(7) －999

(8) 0.5

最后，如果变量对变量赋值中，仅左右两个变量的维名称不同，右边变量的维名称将替换左边变量的，并且编译时出现警告信息。

2.6.3 变量的重赋值

当变量需要被重新使用时，通常有两种方式解决其重新赋值问题：

第一种，使用重赋值符号"：＝"重新赋值，适用于希望保留原变量数组的结构但改变其数据类型和绑定信息时；

第二种，就是使用变量删除函数"delete"删除变量并重新定义同名变量，适用于循环过程中变量的重置。

上述两种情况原变量重赋值后的数据类型及其绑定的信息都取决于右边的新变量。

这里，简单的示例如下：

```
a = (/1,2,3,4,5,6,7,8,9,10/)
a := (/(/"I", "am"/), (/"string", "now"/)/)   →  重赋值符号"：＝"
print (a)
```

输出如下：

```
Variable: a
Type: string
Total Size: 32 bytes
            4 values
Number of Dimensions: 2
Dimensions and sizes:  [2] x [2]
Coordinates:
(0,0)     I
(0,1)     am
(1,0)     string
(1,1)     now
```

2.7　程序脚本结构

NCL 语言的脚本结构与其他程序语言基本一致(FORTRAN90、C 语言等)，包括库加载、程序语句主体。程序主体是通过不同的声明块结构组成的，包括变量声明、程序语句、选择声明、循环声明和绘图程序语句。示例如下：

```
load " $NCARG_ROOT/lib/ncarg/nclscripts/csm/gsn_code.ncl "   ；加载库
begin                                                        ；程序体开始标志

   x = new (500, float)                                      ；变量数组声明
   data =asciiread("./data.asc", (/500, 6/), "float")        ；打开数据文件
   x = data (:, 1)                                           ；读取数据
   y = data (:, 4)
   res ="False"                                              ；关闭绘图属性设置
   wks =gsn_open_wks ("x11", "gsn_xy")                       ；打开绘图工作空间
   plot =gsn_xy (wks, x, y, False)                           ；绘图

end                                                          ；程序体结束标志
```

2.7.1　库文件及其载入

NCL 语言在不断的发展过程中针对大气科学领域逐渐吸收整理了大量的功能函数和过程函数，并根据不同的作用分类打包成为可以调用的外部库文件形式(见表 2.4)。因此，在使用 NCL 语言的内部函数或过程时，需要载入当前使用函数所在的库文件。

表 2.4　NCL 常用函数和过程的库文件分类和示例

类型	示例
Built-in functions	fspan, sin, dimsizes, eofunc, nice_mnmxintvl
bootstrap.ncl routines	bootstrap_correl, bootstrap_stat
contributed.ncl routines	printMinMax, short2flt, calcMonAnomLLLT, copy_VarAtts
crop.ncl routines	satvpr_mean_fao56, actvpr_tmin_fao56
diagnostics_cam.ncl routines	wkSpaceTime, wkSpaceTime_cam
ESMF_regridding.ncl routines	ESMF_regrid, ESMF_regrid_with_weights
extval.ncl routines	extval_gev, extval_gumbel

续表

类型	示例
gsn_code.ncl/gsn_csm.ncl routines	gsn_open_wks，gsn_contour，gsn_csm_contour_map，gsn_add_polyline
heat_stress.ncl routines	heat_discoi，head_index_nws
popRemap.ncl routines	PopLatLon，PopLatLonV
shea_util.ncl routines	drawNDCGrid，add90LatX，infoTimeStamp
skewt_func.ncl routines	skewT_BackGround，skewT_PlotData
User contributed routines	cd_convert，cd_string，calendar_decode2，run_cor
wind_rose.ncl routines	WindRoseBasic，WindRoseThickLine，WindRoseColor
WRFUserARW.ncl routines	wrf_contour，wrf_user_getvar，wrf_vector

当编写脚本时，必须在头部首先使用函数“load”载入需使用函数所在的库文件，否则程序解释编译时会提示无法找到该函数。

程序脚本中载入库文件的方式如下：

```
load "$NCARG_ROOT/lib/ncarg/nclscripts/csm/gsn_code.ncl"     GSN code lib
load "$NCARG_ROOT/lib/ncarg/nclscripts/csm/gsn_csm.ncl "     GSN csm lib
load "$HOME/NCL/mylib/funs_and_procs.ncl "                   User defined lib
begin
   statements
   ...
end
```

当然，用户也可以将自己建立的函数和过程放入自己定义的库中，如上面示例中调用的用户自定义库文件“funs_and_procs.ncl”。

用户自定义的函数和过程的结构示例：

(1)过程函数被用于完成一个任务(如绘图过程)。

```
undef ("procedure_name")                          →  定义过程名
procedure procedure_name (declaration_list)      →  过程参数声明
local local_variables                             →  定义局部过程变量
begin
   [statements]                                   →  过程程序体
   ...
end
```

(2)功能函数用于完成一个或多个任务并给父类程序返回执行结果值。

```
undef ("function_name")                      →  定义功能函数名
function function_name (declaration_list)    →  功能函数参数声明
local local_variables                        →  定义局部函数变量
begin
   [statements]                              →  函数程序体
   ...
   return (return_value)                     →  函数返回值
end
```

值得一提的是，如果需要将多个函数或者过程集合进一个用户定义的库文件，只需要将这些函数或过程直接放入即可。并且为了提高执行效率，使用的相关函数的所在库文件只需要在自定义库文件头部载入一次。

2.7.2　程序块

NCL 语言通过程序块的方式集合运行其中的所有声明语句，使用“begin”和“end”来界定程序块的起始，如下：

```
begin
   [statement 1]
   [statement 2]
   ...
end
```

2.7.3　选择语句

双重分支选择结构：

```
if (scalar_logical_expression) then
   [statement(s)]
else
   [statement(s)]
end if
```

多重分支选择结构：

```
if (scalar_logical_expression_A) then
   [statement(s)]
else if (scalar_logical_expression_B) then
   [statement(s)]
```

```
else if (scalar_logical_expression_C) then
  [statement(s)]
else
end if     →  C (包括"else")
end if     →  B
end if     →  A
```

2.7.4 循环语句

循环是有时需要使用的程序结构，但由于其效率低下应避免或者尽量少使用。为了提高程序代码的效率，多使用数组运算或者内建的函数（例如“where”）来完成任务。此外，更好的方式是使用 FORTRAN 或者 C 语言书写复杂代码并封装供 NCL 语言脚本调用。

(1)确定循环次数的结构：

```
do n = start, end[, stride]     →  整型，步长不能为负值
  [statement(s)]
end do
```

(2)确定条件的循环结构：

```
do while (scalar_logical_expression)     →  条件为逻辑表达式
  [statement(s)]
end do
```

(3)与循环操作有关的命令：

```
break     →  退出循环
continue  →  跳过并进入下一次循环
```

2.7.5 数据和变量信息输出

在脚本程序的执行和调试过程中，为了更好地追踪数据和变量的信息，NCL 语言提供了一些常用的调试命令，如下：

```
print (variable_or_expression)             →  输出变量或表达式的值
printVarSummary (data_variable)            →  输出变量信息总览
print_table (list)                         →  格式输出列表的所有元素
printMinMax (data_variable, 0)             →  输出变量的最大值和最小值
printFileVarSummary (file, varname)        →  输出文件中变量信息总览
```

2.7.6 保留关键词

在用户脚本的编写中，NCL 语言的保留关键词（见表 2.5）不能用于定义变量、数组、列表或函数的名称。

表 2.5　NCL 语言的常规保留关键词

begin	break	byte	character
continue	create	defaultapp	do
double	else	end	external
False	file	float	function
getvalues	graphic	if	integer
load	local	logical	long
new	noparent	numerical	procedure
quit	QUIT	record	reture
setvalues	short	string	then
True	undef	while	

此外，所有的内建函数和过程的名称也都是保留关键词。

2.8 字符串操作

在处理文本数据时，经常需要进行诸如字符串前导空格去除，字符大小写转换或者文本行信息截取等操作，NCL 语言提供了多种字符串处理函数，可参看：

(26)

http://www.ncl.ucar.edu/Document/Functions/string.shtml　**(26)**

(1)大小写转换和文本行单词头字母大写函数："str_lower""str_upper""str_switch""str_capital"。

示例如下：

```
str = "HELLO WORLD"
strlower =str_lower (str)      →  "hello world"
str = "good morning"
strupper = str_upper (str)     →  "GOOD MORNING"
str = "good MORNING"
strswitch =str_switch (str)    →  "GOOD morning"(大小写互换)
str = "good morning to everyone"
strcapital = str_capital (str) →  "Good Morning To Everyone"
```

(2)字符串中的空格去除(前导、结尾或全部)和使用空格替换(多空格或 TAB)函数:“str_left_strip”“str_right_strip”“str _strip”“str_squeeze”。

示例如下:

```
str = "  This is   the title   "
strnew = str_left_strip (str)    →  "This is   the title   "(去除前导)
strnew = str_right_strip (str)   →  "  This is   the title"(去除结尾)
strnew = str_strip (str)         →  "This is   the title"(去除前导和结尾)
strnew = str_squeeze (str)       →  "This is the title"(单空格替换)
```

(3)文本行字符串的字段计数和选择函数:“str_fields_count”“str_get_field”。

示例如下:

```
str = "This is a string"
nf =str_fields_count (str, " ")          →  nf = 4
str = "tas_domain_model_ensemble_version_starttime-endtime. nc"
delim = "_-. "→注意:多分隔符定义
nf =str_fields_count (str, delim)        →  nf = 8
str = "20130101000000 53. 33 10. 0 278. 32 t2m"
field_1 =str_get_field (str,1," ")       →  field_1 = “20130101000000”
field_5 =str_get_field (str,5," ")       →  field_5 = “t2m”
```

(4)使用定义分隔符拆分文本字符串函数:“str_split”“str_split_csv”。

示例如下:

```
str = "Using NCL makes a lot of fun"
strlist =str_split (str, " ")
qc = str_get_dq ()          →  返回单侧双引号函数
print (qc + strlist + qc)
```

输出如下:

```
(0) "Using"
(1) "NCL"
(2) "makes"
(3) "a"
(4) "lot"
(5) "of"
(6) "fun"
```

(5)CSV(Comma-Separated Values)格式的 Excel 数据输出为文本文件时,重复的分隔符逗号“,”间无数据值也将被填充缺省值。

需要注意:凡是类似"str_ * "的函数返回值都为字符串类型。因此,在计算前通常需要数值转换函数进行转换。例如:"tofloat""todouble""toint""toshort""tolong"等。

2.9 系统调用

NCL 语言支持在程序脚本或者交互方式下调用系统命令,如:"system""systemfunc""status_exit""getevn""sleep""get_cpu_time"等,可参考:

(27)

http://www.ncl.ucar.edu/Document/Functions/system.shtml　(27)

主要的一些调用函数如下:

(1)执行命令行的调用函数"system":

```
system ("rm -f tmp.asc")
system ("export NCARG_COLORMAPS=$HOME/NCL/Colors")
```

(2)执行命令行命令并返回输出的调用函数"systemfunc":

```
file_list = systemfunc ("ls t2m_ * . nc")
date_string =systemfunc ("date")
```

(3)退出脚本执行并返回整形值状态的函数"status_exit":

```
fin = addfile ("tas. nc", "r")
if (ismissing (fin)) then
  status_exit (99)
end if
```

(4)获得当前 shell 的环境信息的函数"getevn":

```
ret = getenv("SHELL")
```

输出如下:

```
Variable: ret
Type: string
Total Size: 8 bytes
            1 values
Number of Dimensions: 1
Dimensions and sizes: [1]
Coordinates:
(0) /usr/bin/tcsh
```

2.10 功能函数和过程

NCL 语言与其他程序语言一样(如 FORTRAN90,C 语言等)提供了丰富的内部函数和过程(见附录 F),同时针对大气科学的数据特征和诊断分析方法还提供了专业使用的大量函数和过程并集成在函数库中供用户调用(见表 2.6)。此外,在 NCL 语言不断的升级过程中,也汲取国内外用户的代码丰富自身的函数库,不断强化专业领域的适用性、高效性和准确性。

表 2.6 NCL 函数库主要功能分类列表

Visualization: Graphics routines Color Object manipulation Workstation	**General NCL routines:** *Array*: creation, manipulation, query *Group*: creation, query List routines String System Type conversion *Variable*: query, manipulation
Earth Science: Climatology CESM Crop Heat-stress Date Drought Lat/lon functions Metadata/missing values Meteorology Oceanography RIP functions WRF functions	**Math and statistics:** General applied math Bootstrap Cumulative distribution functions Empirical orthogonal functions ESMF regridding Extreme values Heat stress Interpolation Ngmath routines Random number generators Regridding Singular value decomposition Spherical harmonics Statistics
Input/output: File input/output Printing	

内部函数和过程的具体使用请参照网址：

http://www.ncl.ucar.edu/Document/Functions/　**(28)**

(28)

此外，调用 NCL 语言提供的内部函数或过程需在脚本起始行加载对应的内部库文件(对应关系可参看相应的函数或过程说明)，示例如下：

load " *$NCARG_ROOT/lib/ncarg/nclscripts/csm/contributed.ncl* "

2.10.1　可视化类

可视化是 NCL 语言工具重要且突出的功能之一。针对地球科学领域的应用需求，NCL 提供了绘图工作空间定义、绘图规则、颜色控制和绘图对象操作等有关的大量函数和过程，不仅能够胜任一般的绘图需要，也提供对模式结果可视化分析的支持。此外，配合用户自定义或扩展绘图函数的发展，使可视化应用简单易用且具有统一的图形风格类型。

可视化类函数和过程主要包括：常规绘图、颜色、绘图对象操作和绘图空间四个部分(见表 2.7)。NCL 语言提供的常规绘图函数接近 200 种，涵盖了等值线、矢量场、流场、图元图层叠加、三维图形、天气图和 WRF 模式绘图等方面。颜色控制则包括了填色、颜色表定义和操作等函数和过程。通过灵活的绘图对象函数可以实现对图形表达内容的增减控制。绘图工作空间具有高效的管理机制，可以自由的创建、刷新、清除和摧毁。

表 2.7　可视化类函数和过程的功能和示例

功能	函数或过程示例
常规绘图 (等值线、矢量场、图元、图层、三维图、天气图和 WRF)	gsn_contour_map, gsn_csm_contour_map, gsn_csm_vector_scalar, gsn_add_annotation, overlay, tdcurv, wmbarb, wrf_contour
颜色控制	GetFillColor, gsn_contour_shade, gsn_define_colormap, read_colormap_file
绘图对象操控	create_graphic, NhlAddOverlay, get_isolines, NhlAddAnnotation, destroy
绘图工作空间	clear, frame, update

2.10.2　常规类

NCL 语言提供的常规函数和过程通常用于变量类型、列表、数组或者数据集群的创建、操作和检索工作，还包括对字符串的操作、系统命令行命令的执行以及数据类型的转换功能(见表 2.8)。

表 2.8　常规类函数和过程的功能和示例

功能	函数或过程示例
数组有关 (创建、操作、检索)	ispan，fspan，nice_mnmxintvl，venn2_union，generate_sample_indices，generate_unique_indices array_append_record，conform_dims，ind，mask，get1Dindex，reshape，ndtooned，where all，any，dim_maxind，region_ind，local_max_1d
列表	ListAppend，ListCount，ListIndex，ListGetType，ListPop，ListPush，NewList
字符串操作	changeCase，chartostring，get_file_suffix，print_table，sprintf，sprinti，str_fields_count，str_get_cols，str_get_field，str_index_of_substr，str_insert，str_match_ind，str_split_by_length，strlen，unique_string
系统相关	echo_off，exit，fileexists，get_cpu_time，get_ncl_version，getenv，loadscript，ncargpath，sleep，system，systemfunc
类型转换	byte2flt，charactertointeger，chartodouble，charactertostring，datatondc，floattoint，floattoshort，int2flt，inttoshort，short2flt，tofloat，toint64，toshort，tosigned，totype
变量(检索和操作)	is_string_numeric，isdefined，isfloat，isfunc，isgraphic，islogical，isshort，isstring，sizeof，typeof delete，new，merge_levels_sfc，rm_single_dims，table_attach_columns，table_attach_rows，undef

2.10.3　地球科学类

地球科学类函数的加入是 NCL 语言的重要特色之一，也是其强大功能的核心所在(见表 2.9)。NCL 语言提供支持的地球科学函数涉及了当前大气科学领域的主要研究内容，并且在开放的源代码架构下不断获得扩展和加强。

表 2.9　地球科学类函数和过程的功能和示例

功能	函数或过程示例
气候学	calcDayAnomTLL，calcMonAnomLLLT，calcMonAnomTLLL，clmDayTLLL，clmMon2clmDay，clmMonTLLL，month_to_season，month_to_seasonN，rmAnnCycle1D，rmMonAnnCycLLLT，smthClmDayTLL，stdMonLLLT，stdMonTLLL
CESM 模式	albedo_ccm，angmom_atm，band_pass_area_time，band_pass_hovmueller，band_pass_latlon_time，cz2ccm，decomposeSymAsym，depth_to_pres，dpres_hybrid_ccm，dpres_plevel_Wrap，mixed_layer_depth，mjo_cross_coh2pha，mjo_phase_background，omega_ccm，mjo_wavenum_freq_season，PopLatLon，pres_hybrid_jra55，vinth2p_ecmwf，wgt_vert_avg_beta，wgt_volave_ccm，wgt_volrmse_ccm，wkSpaceTime

续表

功能	函数或过程示例
农业气象（基于 FAO 56）	actvpr_mnmx_fao56，crop_water_need，daylight_fao56，netlw_fao56，netrad_fao56，prsatm_z_fao56，psychro_fao56，radsol_clrsky_fao56，refevt_turc_rh，rhum_fao56，satvpr_mean_fao56，soil_heatflux_month_fao56，tdew_actvpr_fao56，thornthwaite
热应力	fire_index_haines，heat_apptemp，heat_discoi，heat_esidx_moran，heat_humidex，heat_index_nws，heat_swamp_cooleff，heat_thic_thip，heat_wbgt_inout
时间相关	box_percentile_plot，calendar_decode2，cd_calendar，cd_convert，cd_inv_calendar，cd_string，day_of_year，days_in_month，isleapyear，jul2greg，monthday，time_to_newtime，ut_string，ut_calendar，yyyyddd_to_yyyymmdd，yyyymm_to_yyyyfrac，yyyymmddhh_time
干旱	dim_acumrun_n，dim_cumsum_n_Wrap，dim_gamfit_n，dim_numrun_n，dim_spi_n
经纬度	add90LatX，area_poly_sphere，bin_avg，bin_sum，gaus_lobat_wgt，gc_inout，getind_latlon2d，landsea_mask，latGlobeF，lonFlip，niceLatLon2D
元数据和缺省值	assignFillValue，copy_VarAtts，copyatt，copy_VarMeta，copy_VarCoords，default_fillvalue，delete_VarAtts，getFillValue，getvaratts，getVarDimNames，getvardims，isatt，ismissing
气象学	advect_variable，angmom_atm，brunt_vaisala_atm，coriolis_param，dewtemp_trh，epflux，fluxEddy，grad_latlon_cfd，kf_filter，latent_heat_water，lclvl，mixhum_ptd，omega_to_w，pot_temp_equiv，pres2hybrid，relhum，static_stability，uv2dv_cfd，uv2vr_cfd，vibeta，wind_component，zonal_mpsi
海洋学	depth_to_pres，mixed_layer_depth，pop_remap，PopLatLon，potmp_insitu_ocn，rho_mwjf
RIP 函数(CAPE)	rip_cape_2d，rip_cape_3d
WRF 模式函数	wrf_avo，wrf_cape_3d，wrf_contour，wrf_dbz，wrf_eth，wrf_helicity，wrf_interp_2d_xy，wrf_omega，wrf_pvo，wrf_slp，wrf_tk，wrf_user_vert_interp，wrf_uvmet，wrf_vector，wrf_wps_read_int

2.10.4　数学和统计类

尽管 NCL 语言并不是专门针对数理分析用途而发展的，但由于其具有良好的扩展性，除保留了 NCAR Graphic 的数学和统计学函数库外，NCL 语言还提供了大量用于大气科学领域研究分析有关的数理分析和统计函数（见表 2.10），并且伴随着理论研究的不断推进，更多的分析方法被收纳供用户学习使用。

表 2.10 数学和统计类函数和过程的功能和示例

功能	函数或过程示例
数学和统计学应用	abs, acos, avg, betainc, bw_bandpass_filter, calculate_monthly_values, cancor, cdft_p, ceemdan, ceil, center_finite_diff, chiinv, cos, cumsum, dim_avg_n_Wrap, dim_avg_wgt_n, dim_max, dim_pqsort, dim_rmsd, dim_rmvmed, dim_standardize_n_Wrap, dim_variance, dtrend_quadratic, esacr, esccr, ezfftb, ftest, get_pi, mod, regcoef, runave_n_Wrap, smth9, taylor_stats, trend_manken, ttest, wgt_areaave, zonalAve
辅助计算	bootstrap_correl, bootstrap_diff, bootstrap_estimate, bootstrap_regcoef, bootstrap_stat
累计分布函数	cdfbin_p, cdfbin_pr, cdfbin_s, cdfbin_xn, cdfchi_p, cdfchi_x, cdfgam_p, cdfgam_x, cdfnor_p, cdfnor_x
经验正交函数	eof2data, eof_varimax, eofcor, eofcor_ts, eofcov_Wrap, eofunc_n_Wrap, eofunc_north, eofunc_ts_n_Wrap, eofunc_varimax,eofunc_varimax_reorder, eofunc_Wrap
ESMF 重新格点化	curvilinear_to_SCRIP, ESMF_regrid_with_weights, latlon_to_SCRIP, rectilinear_to_SCRIP
极值	extval_frechet, extval_gev, extval_gumbel, extval_return_period, extval_return_prob
插值	area_conserve_remap, area_hi2lores, csa1xd, cssgrid, dsgrid2d, ftcurvd, int2p_n_Wrap, natgrid, obj_anal_ic_deprecated, poisson_grid_fill
Ngmath	csa3d, dspnt3s, ftkurvpd, nnpnt, shsetp
随机数生成	generate_2d_array, generate_unique_indices, rand, random_chi, random_gamma, srand
重新格点化	area_conserve_remap, f2fosh, rcm2points, triple2grid2d
奇异值分解	dgeevx_lapack, svd_lapack, svdcov, svdstd_sv
球谐函数	dv2uvF, dv2uvG_Wrap, exp_tapershC, gradsf, ilapsG_Wrap, sfvp2uvg, uv2dvg, uv2sfvpG, uv2vrf, vr2uvG_Wrap, vrdv2uvF

2.10.5 输入和输出类

数据文件的读取、处理和输出是科学分析类语言的基本功能,NCL 语言突出支持了科学应用的大量数据格式文件类型,包括地面资料、探空资料、遥感资料和模式分析资料等(见表 2.11)。同时,NCL 语言还提供针对不同可视化平台应用的文件输出支持,方便用户跨平台使用。

表 2.11　输入和输出类函数和过程的功能和示例

功能	函数或过程示例
文件的输入和输出	addfile, addfiles, asciiread, asciiwrite, cbinread, craybinnumrec, fbindirwrite, readAsciiHead, v5d_create, v5d_write_var, zwrf_wps_rddata_int
信息输出	print, printFileVarSummary, printMinMax, printVarSummary, show_ascii, write_matrix

【小贴士】用户在学习使用 NCL 语言提供的函数和过程时会发现很多规则与 FORTRAN 或 C 语言具有相近之处，这是 NCL 语言的底层构建决定的。但一定记住，NCL 语言是区分大小写的，函数和过程名也不例外。建议在应用分析时，多查阅 NCL 语言提供的函数和过程应用示例，重点掌握与自身研究相关的内容，这是学习积累的过程。

第 3 章　数据文件的输入和输出

NCL 语言提供了“addfile”和“addfiles”两个函数来打开和访问文件进行读写和创建操作。这两个函数的重要特点是：变量输出时，变量所在的原始文件数据格式(netCDF-3/4，HDF-4/5 GRIB-1/2)被忽略并被统一放入一致的变量模型中，以便于数据处理和通用函数的创建。具体来说，变量模型是基于 netCDF 变量模型的一种数据结构，其包含数组值及所有相关的能被 NCL 语言中众多功能函数和过程识别的元数据。

如图 3.1 所示，从数据文件“foo.nc”中读取变量“X”的过程。NCL 语言在调用标准函数“addfile”读取数据文件时，统一将文件中包含的变量的数组或数值及其绑定的属性信息、维名称和维坐标变量都作为一个对象来处理，极大地扩展了数据的信息量。

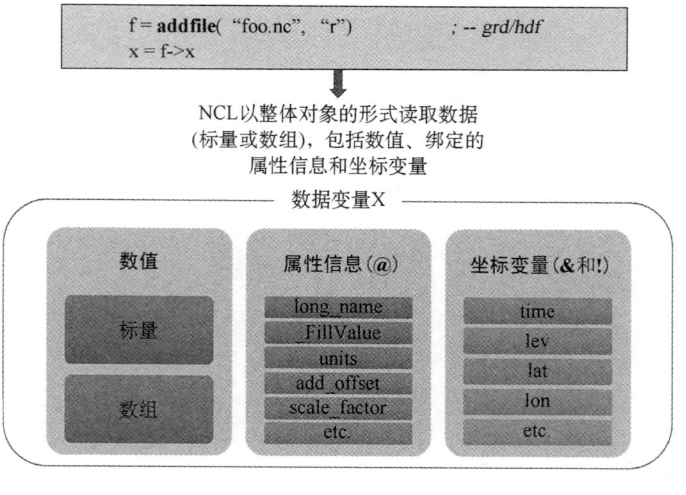

图 3.1　NetCDF 数据模型的特征示意图

因此，数据文件保存了一个或者多个变量，在 NCL 语言的读取过程中，都参照上面示意图中变量“X”的数据模型存放，即每个变量都包括数值部分(标量或数组形式)、变量的属性信息及变量中各元素的对应的坐标信息(坐标变量)。这些都区别于单纯的数值存储过程，数据的完整信息被最大化保留下来，属性信息有助于解释变量的物理意义，而与维名称对应的坐标信息有助于定位变量数值的网格位置。

3.1 单个文件的读取方式

函数“addfile”用于打开 NCL 语言所支持的单个已存在数据文件或者创建新的数据文件，其使用方法如下：

f = **addfile** (filename, status)

- f → 数据文件引用变量(变量数据类型“file”)
- filename → 打开的数据文件名(全路径或相对路径)
- status: → 文件的读写状态参数
  - r = 只读
  - w = 读和写 (已存在则覆盖)
  - c = 创建新文件

如果使用文件打开状态参数“c”，则创建一个新文件，但所创建的文件已经存在则出现标准输出错误信息提示。必须创建一个已经存在的新文件时，请先删除原文件再创建，示例如下：

system ("**rm** -f *new_data. nc* ")

打开文件操作的示例如下：

f = **addfile** ("data. nc", "r") → 只读方式打开当前目录的“data. nc”

g = **addfile** ("dataT. nc", "w") → 读写方式打开当前目录的“dataT. nc”

filename = "/tmp/dataT_new. nc"

system ("**rm** -f " + filename) → 若存在同名文件则删除

g = **addfile** (filename, "c") → 在目录“/temp”下创建新文件“dataT_new. nc”

打开文件后，可使用以下函数获得文件的更多信息。

- **getvaratts** → 返回文件内所有变量的属性信息列表
- **getfiledimsizes** → 返回文件内所有数组的大小列表
- **getfilevaratts** → 返回文件中指定变量的属性信息列表
- **getfilevardims** → 返回文件中指定变量的维名称列表
- **getfilevardimsizes** → 返回文件中指定变量各维的大小列表
- **getfilevarnames** → 返回文件中所有变量的名称列表
- **getfilevartypes** → 返回文件中所有变量的数据类型列表

读取所支持数据格式文件的一个变量的所有元数据信息的示例如下：

fin = **addfile** ("data. nc", "r") → 支持的文件格式：.grb,.hdf,.h5,.hdfeos,.shp

```
t = fin->T
```

使用操作符“/…/”时，仅读取变量值而舍弃除了缺省值属性以外的元数据的其他信息，如下：

```
fin = addfile ("data.nc", "r")
t = (/ fin->T /)                    →  仅将值赋给变量 t
```

必须注意，因为无法判断元数据是否发生改变，任何运算过程都将抹除元数据的原有绑定信息。因此，尽量使用保存元数据信息的函数和过程进行运算。

3.2 多个文件的读取方式

通常，对不同数值模拟或集合数值分析的结果进行对比时，需要同时打开多个数据文件，而函数“addfiles”针对打开大量的数据文件读写提供支持。

函数“addfiles”的声明格式如下：

```
file_list = addfiles (list_of_files, status)
  file_list         →  多文件引用列表
  list_of_files     →  存放多文件全路径或相对路径文件名的1维字
                       符串数组
  status:           →  读取状态参数
      r = 只读
      w = 读写
      c = 创建
```

需要注意函数“addfiles”与“addfile”的不同之处，如下：

(1)函数“addfiles”返回的是一个类型列表的变量，这个变量包含了每一个文件的引用点。因此，这样就产生出一个特殊的列表类型，即文件列表类型。例如：

```
files = systemfunc ("ls *.nc")   →  系统命令列表赋值给变量 files
f = addfiles (files, "r")        →  根据文件列表打开全部文件产生
                                    变量的类型列表
```

(2)当读取一个变量进入内存时，这里有两个参数项可以在过程函数“ListSetType”来声明：“cat”和“join”。“cat”选项是默认选项，其作用是集合所有文件中的同一个变量数据，列表变量的元素存取使用列表符号“[...]”。例如，构造3个变量“TEMP”数组的子集数组且分别为TEMP(1,10,20,30)、TEMP(22,10,20,30)和TEMP(4,10,20,30)构成的数据文件，输出包含所有元数据的变量TEMP，如下：

```
t = f[:]->TEMP              →  默认选项为“cat”
printVarSummary (t)         →  结果为 t(27,10,20,30)
```

如果将选项设为“join”，那么就要求各文件中的同一变量必须具有一致的数组结构，假设 3 个文件的变量都为 X(12,72,144)，如下：

```
ListSetType (f, "join")      →  按照变量列表进行数据连接
x = f[:]->X                  →  结果将导致增加一维：x(3,12,72,144)
```

(3)存取多个打开的文件有一些特殊处理方式。例如，可以在文件列表中每隔 2 个文件读取变量，那么首先要确定哪一个文件的变量需要被读取，假设存取变量“T”的第一个时间步长和第一个高度层次，并且“T”必须保证在每一个文件中具有相同的数据格式，如下：

```
T_all = f[:]->T(0, 0, :, :)
```

如果 12 个文件且每隔 2 个文件读一次，如下：

```
T_sec = f[0:12:2]->T(0, 0, :, :)
```

仅提取第一个文件的变量名作为变量列表名称，如下：

```
varnames = getfilevarnames (f[0])
```

仅将文件列表写入一个单独的文件中，如下：

```
f = addfiles (files, "w")
```

3.3 文件变量对变量的赋值

从一个数据文件中读取需要的数据变量并赋值的方式如下：

```
f = addfile ("dataT.nc", "r")
T = f->T                  →  将文件中的变量 T 赋值给同名变量 T
```

或者

```
T = f->T(0, :, :)  →  将文件中变量 T 的第一个步长的数据赋给 T
```

需要注意：如果文件变量名和其绑定的属性名、坐标变量名包含空格或连字符，那么在脚本编译时将报错并退出。为了避免上述情况，最好使用字符串变量来保存上述名字，然后通过字符串引用符号“$”进行调用，例如：

```
tnam = "RCP85 MPI-ESM tas"
var = f->$tnam$
lon = x&"lon-1"
```

3.4 文本(ASCII)数据文件读取

文本数据文件包含了整型或浮点型形态的文本格式(ASCII)数据，有时还包含字符串型的文件头。NCL 语言提供了函数“asciiread”来存取文本型的数据文件，具

体请参看：

http://ncl.ucar.edu/Applications/read_ascii.shtml (29)

(29)

这里，示例一个 14 行的短数据样本"asc1.txt"，如下：

```
1965
1970
1971
1973
1978
1980
1982
1985
1990
2000
2001
2002
2005
2008
```

读取上面文本文件的数据赋值给一维数组的示例脚本（read_ASCII_1.ncl）如下：

```
begin
;-- 数据读取进入一维整型数组 14 行
  data =asciiread ("asc1.txt", 14, "integer")
  npts =dimsizes (data)                    ;-- 值为 14
  print ("Number of values: "+npts)
  print (data)                             ;-- 打印所有数据
end
```

假如并不知道文本中有多少条数据，那么可以使用参数"－1"来定义数组维大小，读取时将采用"由左至右，自上而下"的顺序遍历文本文件，并将所有数值截取放入一维数组中，示例如下：

```
begin
;-- 数据读入未知大小的一维整型数组
  data = asciiread ("asc1.txt", -1, "integer")
  npts = dimsizes (data)                          ;-- 值仍为 14
  print ("Number of values: "+npts)
  print (data)                                    ;-- 输出显示所有数据
end
```

上述两种情况的输出结果相同，如下：

```
(0) Number of values: 14
Variable: data
Type: integer
Total Size: 56 bytes
            14 values
Number of Dimensions: 1
Dimensions and sizes:  [14]
Coordinates:
Number Of Attributes: 1
   _FillValue :      -2147483647
(0) 1965
(1) 1970
(2) 1971
(3) 1973
(4) 1978
(5) 1980
(6) 1982
(7) 1985
(8) 1990
(9) 2000
(10) 2001
(11) 2002
(12) 2005
(13) 2008
```

通常文本数据文件在数据列前会出现数据信息描述的文件头，示例文本数据文件“asc2. txt”截取如下：

```
Estimated world population (in millions) taken from Wikipedia
1000   310
1750   791
1800   978
1850   1262
1900   1650
1950   2518.6
1955   2755.8
......
```

读取该文件时，文件头的字符串因无任何数字信息而被直接忽略。示例脚本(read_ASCII_2. ncl)如下：

```
begin
;-- 数据读入 17 x 2 的二维数组
  data =asciiread ("asc2. txt", (/17, 2/), "float")    ;-- 读入二维数组 data(17,2)
  print (data)
end
```

输出结果如下：

```
Variable: data
Type: float
Total Size: 136 bytes
     34 values
Number of Dimensions: 2
Dimensions and sizes:  [17] x [2]
Coordinates:
Number Of Attributes:1
     _FillValue :  9.96921e+36
(0,0) 1000
(0,1) 310
(1,0) 1750
(1,1) 791
```

```
(2,0) 1800
(2,1) 978
(3,0) 1850
(3,1) 1262
(4,0) 1900
(4,1) 1650
(5,0) 1950
(5,1) 2518.6
(6,0) 1955
(6,1) 2755.8
......
```

第三种情况：数据文本文件中有多列（空格分割）的整型、浮点型和字符串型的数据混合构成。示例数据文件“asc3.txt”如下：

```
200306130209    0.38    25.28 10088    233.95 6    92    9.99 9.99 99999.0 0.0
-9.99 167.9 p p p 1782 BOS ATL 3
200306130209 0.38    25.28 10088    233.95 6    92    9.99 9.99 99999.0 0.0
-9.99 167.9 p p p 1782 ORD ATL 3
200306122341 -45.10 168.70    914    279.35 4 272    9.99 9.99    1.1 0.0 0.01
-99.9 p p p 4552 DTW MSP 3
200306122341 -45.10 168.70    914    279.35 4 272    9.99 9.99    1.1 0.0 0.01
-99.9 p p p 4552 SDF MHR 3
```

上面数据文件中，第一列为时间，但需要通过切分字符串得到单独的年、月、日、时和分，同时还希望获得倒数第三列的站点名称信息。示例脚本（read_ASCII_3.ncl）如下：

```
begin
  fname = "asc3.txt"
  data = asciiread (fname, -1, "string")
  year = tofloat (str_get_cols (data, 1, 4))
  month = tofloat (str_get_cols (data, 5, 6))
  day = tofloat (str_get_cols (data, 7, 8))
  hour = tofloat (str_get_cols (data, 9, 10))
```

```
  minute =tofloat (str_get_cols (data, 11, 12))
;-- 读取站点名 (字段 18)
  ; sta =str_get_cols (data, 99, 101)      ;-- 需知道截取字符位置
  sta =str_get_field (data, 18, " ")      ;-- 需知道字段位置
  print ("Year: "+year+" month: "+month+" day: "+day+" hour: "+hour+\
  "minute: "+minute)
  print ("Data:")
  print (" "+sta)
end
```

输出结果如下：

```
(0) Year: 30 month: 61 day: 30 hour: 20 minute: 9
(1) Year: 30 month: 61 day: 30 hour: 20 minute: 9
(2) Year: 30 month: 61 day: 22 hour: 34 minute: 1
(3) Year: 30 month: 61 day: 22 hour: 34 minute: 1
(0) Data:
(0) BOS
(1) ORD
(2) DTW
(3) SDF
```

3.5 电子表格(Excel CSV)数据文件读取

电子表格数据能够被输出为由定界符分割的文本格式，这种类型的文本数据文件可以使用内建函数“asciiread”“str_fields_count”和“str_get_field”进行读取处理。

示例数据文件“Test_6h.csv”每行包含 0 时、6 时、12 时和 18 时的 4 个时次由“;”分割的数据值，如下：

```
2.00;3.50;5.10;8.20
2.40;3.10;4.80;8.90
2.60;3.70;5.30;10.10
2.75;3.90;5.55;10.25
3.00;4.10;6.05;10.50
```

将上面数据读入二维数组 val 的示例脚本(read_CSV_1. ncl)如下：

```
load "$NCARG_ROOT/lib/ncarg/nclex/gsun/gsn_code.ncl"
load "$NCARG_ROOT/lib/ncarg/nclex/gsun/gsn_csm.ncl"
begin
  diri ="./"
  fili ="Test_6h.csv"
;-- 读取数据进入字符串数组,然后利用分隔符“;”拆分
  delim = ";"
  data =asciiread (diri+fili, -1, "string")
  scount =str_fields_count (data(0), delim)
;-- 读取 6h 间隔的值
  nl =dimsizes (data)
  lines =new (nl, "string")
  cols =new (scount, "string")
  val =new ((/nl, scount/), float)
  do i = 0, nl-1
    do j = 1, scount
      value = tofloat (str_get_field (data(i), j, delim))
      val(i, j-1) = value
    end do
  end do
  print ("Val: " + val)
end
```

更为复杂的 CSV 示例数据文件“multiple_columns. csv”如下：

```
19747,01/20/2014,9:31:38,43.194,27.971,75,1011,64.23,2.291,0.969,0,
395.20,369.01,361.25,734.49,1209.62,NaN,NaN,NaN,NaN,NaN,1.0710,
1.0215,0.4918,0.6072,0.308,0.278,0.265,0.208,0.144,NaN
19747,01/20/2014,10:18:05,43.188,28.062,75,1008,63.28,2.216,0.969,0,
414.54,389.68,377.82,770.75,1216.23,NaN,NaN,NaN,NaN,NaN,1.0638,
1.0314,0.4902,0.6337,0.313,0.272,0.259,0.195,0.147,NaN
```

```
19747,01/20/2014,10:32:54,43.208,7.012,75,1008,65.32,2.384,0.969,0,
388.66,364.70,355.26,731.68,1171.65,NaN,NaN,NaN,NaN,NaN,1.0657,
1.0266,0.4855,0.6245,0.287,0.263,0.257,0.200,0.152,NaN
19747,01/20/2014,10:52:49,43.236,28.219,75,1007,63.83,2.258,0.969,0,
413.64,385.64,375.76,751.42,1184.56,NaN,NaN,NaN,NaN,NaN,1.0726,
1.0263,0.5001,0.6343,0.300,0.267,0.254,0.201,0.156,NaN
```

数据文件中的数据是以“;”(分号)进行分隔的,实际只有 4 行数据,示例脚本(read_CSV_2.ncl)如下:

```
begin
;-- 输入文件名
  fname = "multiple_columns.csv"
;-- 文件中的分隔符
  delim1 = ","
  delim2 = "/"
  delim3 = ":"
;-- 读取字符串数组,然后分离每行信息
  data =asciiread (fname, -1, "string")
  scount =str_fields_count (data(0), delim1)      ;-- 获得列数
;-- 读取变量 AOD (500)
  var =tofloat (str_get_field (data, 29, delim1))
;-- 读取日期并分离为年月日
  dat =str_get_field (data, 2, delim1)
  year =toint (str_get_field (dat, 3, delim2))
  month = toint (str_get_field (dat, 1, delim2))
  day =toint (str_get_field (dat, 2, delim2))
;-- 读取时间并拆分为时分秒
  tim = str_get_field (data, 3, delim1)
  hour = toint (str_get_field (tim, 1, delim3))
  minute = toint (str_get_field (tim, 2, delim3))
  second = toint (str_get_field (tim, 3, delim3))
```

```
;-- 转换 UT 时间格式为混合时间格式
   units = "hours since 2000-01-01 00:00:00"
   time2 =cd_inv_calendar (year, month, day, hour, minute, second, units, 0)
   time2!0 = "time"
end
```

3.6　二进制(binary)数据文件读取

二进制数据文件的数据存储形式为顺序的二进制位数字,即由"0"和"1"构成,包括字符串数据。有几种常用的二进制文件:一类是"扁平型"二进制文件,即数据内容中没有额外附加信息(文件头信息)的二进制文件,数据记录具有相同的大小,一般为C语言创建读写,如果使用FORTRAN语言则必须选择直接存取方式;另一类是默认情况下,FORTRAN语言创建并读写的文件,其中的数据记录具有不同的长度,称之为顺序存取二进制文件,其数据记录的长度描述内嵌于每一条记录中。

NCL 语言对不同的二进制文件有专门的函数进行存取,如下:

直接存取(Direct Access):　　data = **fbindirread** (path, rec, dim, type)

顺序存取(Sequential Access):　data = **fbinrecread** (path, rec, dim, type)

块数据流(Cray (C block IO write)):data = **cbinread** (path, dim, type)

顺序数据流(Cray sequential): data = **craybinrecread** (path, rec, dim, type)

需要注意:不同计算机具有不同的位数(32 或 64 位),因此,二进制文件的移植使用需要考虑数据描述是大端位存储还是小端位存储的问题。而 NCL 语言允许用户通过过程函数"setfileoption"来声明当前二进制数据的位顺序,如下:

```
setfileoption("bin", "ReadByteOrder", "LittleEndian")
v = cbinread("data.littleEndian.bin", -1, "float")
setfileoption ("bin", "WriteByteOrder", "BigEndian")
cbinwrite ("data.bigEndian.bin", v)
```

【小贴士】端模式(Endian)一词出自 Jonathan-Swift 写的《格列佛游记》。这本书根据将鸡蛋敲开的方法不同将所有的人分为两类:从圆头开始将鸡蛋敲开的人被归为 Big-Endian,从尖头开始将鸡蛋敲开的人被归为 Littile-Endian。小人国的内战就源于吃鸡蛋时是究竟从大头敲开还是从小头敲开。在计算机业 Big-Endian 和 Little-Endian 也几乎引起一场争论,Endian 表示数据在存储器中的存放顺序。采用大端方式(高字节在低地址,低字节在高地址)进行数据存放符合人类的正常思维,而采用小端方式(高字节在高地址,低字节在低地址)进行数据存放利于计算机处理。

大端位二进制数据文件“topo.bin”的读取示例脚本(read_Binary_1.ncl)如下:

```
begin
;-- 文件名和路径
  diri = "./"
  fname = "topo.bin"
;-- 设置为字节顺序
  setfileoption ("bin","ReadByteOrder","BigEndian")
;-- 读取二进制文件
  topo = fbindirread (diri+fname,0,(/293,343/),"float")
;-- 设置变量属性信息
  topo@units = "m"
  topo@long_name = "topography"
;-- 输出信息
  printVarSummary (topo)
  print ("Minimum value: "+min (topo))
  print ("Maximum value: "+max (topo))
end
```

对 GrADS 二进制数据文件的读取需要结合描述信息文件(.ctl),以提取数组时间维(TDEF)、纬度维(YDEF)和经度维(XDEF)的设置来构建存储数组。示例描述文件“ps_grads_model.ctl”如下:

```
DSET ^ps_grads_model.dat
OPTIONS little_endian
UNDEF -2.56E33
TITLE 5 Days of Sample Model Output
XDEF 73 LINEAR 0.0 5.0
```

```
YDEF 46 LINEAR -90.0 4.0
ZDEF 1 linear 1 1
TDEF 5   LINEAR 02JAN1987 1DY
VARS 1
PS    0 99 Surface Pressure
ENDVARS
```

读取上面示例数据的脚本(read_Binary_GrADS.ncl)如下：

```
load "$NCARG_ROOT/lib/ncarg/nclscripts/csm/gsn_code.ncl"
load "$NCARG_ROOT/lib/ncarg/nclscripts/csm/gsn_csm.ncl"
load "$NCARG_ROOT/lib/ncarg/nclscripts/csm/contributed.ncl"
begin
  diri = "./"
  fili = "ps_grads_model.dat"
;-- 读数据
  setfileoption("bin", "ReadByteOrder", "LittleEndian")
  ps =fbindirread (diri+fili, 0, (/ 5, 46, 73 /), "float")
  print ("-- read GrADS binary data -- done")
;-- 设置变量属性信息
  ps@long_name = "Surface Pressure"
  ps@units = "Pa"
;-- 输出变量信息
  printVarSummary (ps)
  print ("min(ps)="+min(ps))
  print ("max(ps)="+max(ps))
end
```

3.7　文本(ASCII)数据文件写入

NCL 语言提供 5 个重要函数用于文本数据文件的写入：

write_table　→　使用简单格式声明写入格式化的混合数据类型文件

write_matrix　→　写入格式化的整型、浮点型或双精度型 2 维数组

asciiwrite → 古老的局限性的按行写入函数，输出一维时间序列

sprintf → 转化浮点型或双精度型为格式化字符串

sprinti → 转化整型为格式化字符串

(30)

详细内容可参看：http://ncl.ucar.edu/Applications/o-ascii.shtml **(30)**

示例一：每一行写一个数据值到输出文件（write_ASCII_1.ncl）。

```
begin
;-- 构造 2x3x4 数组
  data = random_uniform (-5,5,(/2,3,4/))
;-- 写入文件
  asciiwrite ("file1.txt", data)
end
```

输出文件"file1.txt"的前几行如下：

```
-1.762895
-1.75608
-0.06612359
-2.112701
-1.469934
-3.460391
0.6621115
```

示例二：使用函数"write_table"写入混合型数据（整型、浮点型和字符串型，write_ASCII_2.ncl）。

```
load "$NCARG_ROOT/lib/ncarg/nclscripts/csm/contributed.ncl"
begin
;-- 随机生成一些整型和浮点型示例数据
  npts = 100
  i = ispan (1, npts, 1)
  j = generate_unique_indices (npts)
  k = generate_unique_indices (npts)
```

```
  x = random_uniform (-10, 10, npts)
  y = random_uniform (0, 1000., npts)
;-- 格式写入
  write_table ("file2.txt","w", [/j,x,i,y,k/], \
             "string_%03i %8.2f %4.0i %8.1f string_%03i")
end
```

输出文件"file2.txt"的前几行如下：

```
string_031    -0.11    1 269.1 string_040
string_074    5.17     2 798.3 string_018
string_015    8.73     3 408.6 string_082
string_037    2.14     4 546.1 string_054
string_016    -1.39    5 653.1 string_017
```

示例三：仍使用上面示例，但通过函数"sprintf"和"sprinti"来控制输出格式及函数"asciiwrite"输出格式字符串到文件（write_ASCII_3.ncl）。

```
load "$NCARG_ROOT/lib/ncarg/nclscripts/csm/contributed.ncl"
begin
;-- 生成示例随机数据
  npts = 100
  i = ispan (1, npts, 1)
  j = generate_unique_indices (npts)
  k = generate_unique_indices (npts)
  x = random_uniform (-10, 10, npts)
  y = random_uniform (0, 1000., npts)
;-- 先格式化数据(格式字符串)
  lines = "string_" +sprinti ("%03i", j) + " " + \
          sprintf ("%8.2f", x) + " " + \
          sprinti ("%4.0i", i) + " " + \
          sprintf ("%8.1f", y) + " " + \
          " string_" + sprinti ("%03i", k)
```

```
;-- 直接写入
  asciiwrite ("file3.txt", lines)
end
```

输出结果与示例二的一致。

示例四：写入三维数组到文本文件可以通过时间维的每一时刻分页成二维数组逐一添加，但不推荐将大数组写入文本文件，这将导致效率低下。

NCL 语言中只有函数“write_table”可以对已存在的文本文件进行添加操作，此函数需要数据为列表对象，因此，可通过拆分时间维不断放进剩余二维数组进入列表对象，并使用“append”选项完成数据写入。这种方法由于需要使用唯一变量完成每一次的二维数组追加操作，稍显笨拙，因而可使用函数“unique_string”生成唯一字符串序列及其属性信息。

示例脚本“write_ASCII_4.ncl”如下：

```
begin
;-- 随机三维示例数组
  nx = 200                    ;-- 块数
  ny = 100                    ;-- 行数
  nz = 10                     ;-- 列数
  data = random_uniform (-5, 5, (/nx, ny, nz/))
;-- 可使用注释脚本(;)的方法创建整齐的数据调试数据文件写入
;-- data = reshape (conform_dims((/200, ny * nz/), ispan(1, ny * nz, 1), 1),\
;--          (/nx, ny, nz/))+conform_dims((/nx, ny, nz/),ispan(1, nx, 1), 0)/1000.
;-- 删除文件(以防已存在)
  filename = "file4.txt"
  system ("rm -f " + filename)
;-- 写入文件头
  header = "This ASCII file contains " + nx + " blocks of " + ny + \
           " x " + nz + " arrays"
  write_table (filename, "w", [/header/], "%s")      ; 创建可“写”文件
;-- 创建行格式字符串("%7.3f")
  fmt_str = "%s" + str_concat (conform_dims (nz,"%8.3f", -1))
```

```
;-- 循环写入(每个行列构成的时间块数据)
  row_labels = "Row " +sprinti ("%3i", ispan (1,ny,1))
  dtmp =True          ;-- 临时属性变量

  do i = 0, nx-1

;-- 写入块序数(参数 "a" 表式添加)
    slist = [/"Block " + (i+1) + " of " + nx/]
    write_table (filename, "a", slist, "%s")

;-- 创建新的块数据列表
    dlist = NewList ("lifo")

;-- 反序循环写入
    do j = nz-1, 0, 1
      ListPush (dlist, (/data(i, :, j)/))
    end do

;-- 数组的头文件加入列表
    str = unique_string ("test")
    dtmp@$str$= row_labels
    ListPush (dlist, dtmp@$str$)

;-- 列表写入
    write_table (filename, "a", dlist, fmt_str)

  end do

end
```

写入的文本文件“file4.txt”的前几行截取如下：

```
This ASCII file contains 200 blocks of 100 x 10 arrays
Block 1 of 200
Row 1   -1.763   -1.756   -0.066   -2.113   -1.470   -3.460   0.662
        3.207    -1.745   -1.599
Row 2   3.952    -1.634   -2.150   0.034    2.735    -4.788   -4.630
        -2.094   -4.139   2.476
```

```
Row 3   -1.406  -2.919  -4.202  -3.521  2.082   -1.046  2.644
        1.459   -0.269  3.595
Row 4   -0.025  -4.976  4.233   2.525   -1.127  -0.600  3.011
        -4.735  -3.468  -4.152
```

示例五：使用函数“write_matrix”写入格式化的二维数值型数组数据到文本文件，以下分别给出所创建的浮点数据文本、整型数据文本和双精度数据文本的前部截取。

示例脚本“write_ASCII_5. ncl”如下：

```
begin
;-- 随机示例数据
  nrows = 5
  ncols = 7
  ave= 0.0
  std= 5.0
  xf= random_normal (ave, std, (/nrows, ncols/))          ;-- 浮点数
  xi= round (xf, 3)                                        ;-- 四舍五入取整
  xd= todouble (xf)
;-- 设置两个缺省值
  xf@_FillValue = 1e36
  xf(1,1) = xf@_FillValue
  xf(3,3) = xf@_FillValue
;-- 设置矩阵写入属性信息
  option= True
  option@row = False
  option@tspace = 0
;-- 浮点型输出
  option@fout = "file5. f. txt"
  option@title = "floating point data with two missing values"
  write_matrix (xf, "7f7. 2", option)
;-- 整型输出
  option@fout = "file5. i. txt"
```

```
  option@title = "integer data with no missing values"
  write_matrix (xi, "7i7", option)

;-- 双精度型输出
  option@fout = "file5.d.txt"
  option@title = "double precision data with no missing values"
  write_matrix (xd, "7f7.2", option)
end
```

输出文件“file5.f.txt”浮点型结构如下(包含 2 个缺省值)：

```
floating point data with two missing values
   4.35   4.36   9.73   4.91   1.77  -0.63  -4.29
   4.39*******  -5.84   4.59   3.68 -14.12   0.07
   0.27   3.77   0.89  -3.09   5.08  -2.51   5.85
  -3.35  -1.66   8.46*******   0.14   1.76   0.87
  -6.90   4.06  10.39   4.56  -5.63  -1.43   8.65
```

输出文件“file5.i.txt”整型结构如下(无缺省值)：

```
integer data with no missing values
      4      4     10      5      2     -1     -4
      4      5     -6      5      4    -14      0
      0      4      1     -3      5     -3      6
     -3     -2      8      8      0      2      1
     -7      4     10      5     -6     -1      9
```

输出文件“file5.d.txt”双精度型结构如下(无缺省值)：

```
double precision data with no missing values
   4.35   4.36   9.73   4.91   1.77  -0.63  -4.29
   4.39   4.66  -5.84   4.59   3.68 -14.12   0.07
   0.27   3.77   0.89  -3.09   5.08  -2.51   5.85
  -3.35  -1.66   8.46   7.55   0.14   1.76   0.87
  -6.90   4.06  10.39   4.56  -5.63  -1.43   8.65
```

3.8 CSV 数据文件写入

CSV(Comma-Separated-Values)文本文件的数据值由逗号“,”或者其他分隔符(分号、空格等)进行分隔。写入 CSV 数据文件的方法有两种:一种是使用函数“write_table”直接写入;另一种是定义自己的数据行格式描述,再利用函数“asciiwrite”写入。

示例脚本“write_CSV_1. ncl”如下:

```
begin
  filename = "example1a.csv"
  system ("rm -rf " + filename)
;-- 写入 CSV 的数组
  x1 = (/34, 36, 31, 29, 54, 42/)
  x2 = (/67, 87, 56, 67, 71, 65/)
  x3 = (/56, 78, 88, 92, 68, 82/)
;-- 写入 CSV 方法一: sprinti 和 asciiwrite.
  lines =sprinti ("%2i", x1) + "," + \
         sprinti ("%2i", x2) + "," + sprinti ("%2i", x3)
  asciiwrite (filename, lines)
  print ("===== " + filename + "=====")
  system ("cat " + filename)     ;-- 输出文件内容到屏幕
;-- 写入 CSV 方法二: write_table.
  filename = "example1b.csv"
  system ("rm -rf " + filename)
  write_table (filename,"w", [/x1, x2, x3/], "%2i, %2i, %2i")
  print ("===== " + filename + "===== ")
  system ("cat " + filename)     ;-- 输出文件内容到屏幕
end
```

3.9　二进制(binary)数据文件写入

NCL 语言提供了 4 个专门的数据处理函数用以向文件写入二进制数据：

fbinrecwrite　→　多条无格式顺序记录

fbindirwrite　→　特定的直接存取记录

fbinwrite　→　单条无格式顺序记录

cbinwrite　→　模仿 C 语言的块输入

(31)

详细内容可参看：http://ncl.ucar.edu/Applications/o-binary.shtml　(31)

示例一：读取 netCDF 数据文件，再使用函数“fbinrecwrite”写成 FORTRAN 语言支持的无格式二进制文件(示例脚本“write_Binary_1.ncl”)。

```
begin
;-- 设置路径和文件名
  diri = "./"
  fili = "rectilinear_grid_2D.nc"
  file_out = "example.bin"
;-- 读取 netCDF 文件获得变量数据
  fi = addfile(diri+fili, "r")
  t = fi->tsurf
  if (isfilepresent(file_out)) then
    system ("rm -rf "+fileout)      ;-- 判断文件是否存在
  end if
;-- 输出纬度
  fbinrecwrite (file_out, -1, (/ fi->lat /))
;-- 输出经度
  fbinrecwrite (file_out, -1, (/ fi->lon /))
;-- 输出:1st time step, 2nd latitude
  fbinrecwrite (file_out, -1, (/ t(0, 1, :) /))
end
```

示例二：使用函数“fbindirwrite”写入三个变量，然后再用函数“fbindirread”返读文件输出变量(示例脚本“write_Binary_2.ncl”)。

```
begin
;-- 创建随机示例数组
  nlev = 10
  nlat = 64
  nlon = 128

  t1 = random_uniform (0, 100, (/nlev, nlat, nlon/))
  t2 = random_uniform (0, 100, (/nlev, nlat, nlon/))
  t3 = random_uniform (0, 100, (/nlev, nlat, nlon/))

;-- 删除文件
  filename = "dummy_file.bin"
  system ("rm -f " + filename)

;-- 写入第一个变量
  fbindirwrite (filename, t1)
  system ("ls -l " + filename)

;-- 追加写入第二个变量
  fbindirwrite (filename, t2)
  system ("ls -l " + filename)

;-- 追加写入第三个变量
  fbindirwrite (filename, t3)
  system ("ls -l " + filename)

;-- 返读数据对比差异(应该等于 0)
  t1r = fbindirread (filename, 0, (/nlev, nlat, nlon/), "float")
  t2r = fbindirread (filename, 1, (/nlev, nlat, nlon/), "float")
  t3r = fbindirread (filename, 2, (/nlev, nlat, nlon/), "float")

  print (min (t1r-t1) + "/" + max (t1r-t1))
  print (min (t2r-t2) + "/" + max (t2r-t2))
  print (min (t3r-t3) + "/" + max (t3r-t3))
end
```

输出如下：

```
-rw-r--r-- 1 k204045 staff 327680 9 Jan 18:23 dummy_file.bin
-rw-r--r-- 1 k204045 staff 655360 9 Jan 18:23 dummy_file.bin
-rw-r--r-- 1 k204045 staff 983040 9 Jan 18:23 dummy_file.bin
(0)
(0) If the result below is 0/0 then everything is fine!
(0) 0/0
(0) 0/0
(0) 0/0
```

3.10 netCDF 数据文件写入

由于 netCDF 数据格式的自描述性(绑定描述信息)和独立性(不依赖于计算机和操作系统)使其在大气科学领域被广泛应用。目前,NCL 语言支持 4 种 netCDF 数据文件:传统型、64 位偏离型、netCDF-4 经典性和 netCDF-4 型。可以使用命令行输入"ncdump -k"来确定当前 netCDF 文件的具体类型。

写入 netCDF 文件前有些方法需要通过过程函数"setfileoption"进行参数设置。下面给出两个写入示例:第一个为简单方法但不高效;第二个是推荐的高效快捷的方法但代码较多。

示例一:简单方法示例脚本"write_netCDF_1.ncl"。

```
begin
  diri = "./"
  fili = "rectilinear_grid_2D.nc"
  outfile = "t_in_Celsius_1.nc"

  if (isfilepresent(outfile)) then
    system ("rm -rf "+outfile)                ;-- 如果文件已存在则删除
  end if

  fin =addfile (diri+fili, "r")               ;-- 打开数据源
  fout =addfile (outfile, "c")                ;-- 创建新文件(netcdf-3)

  filedimdef (fout,"time", -1, True)          ;-- 定义时间为无限制维(推荐)
```

```
  tK = fin->tsurf                          ;-- 从源文件读取数据变量
  tC = tK

  tC = tK - 273.15                         ;-- 转化为 Kelvin 温度
  tC@units = "degC"                        ;-- 新单位属性

  fout->tC = tC                            ;-- 变量写入新的 netCDF 文件
end
```

这里，没有详细写入绑定信息中的坐标变量，在终端窗口可以输入"ncdump -h t_in_Celsius_1.nc"查看输出结果，如下：

```
netcdf t_in_Celsius_1{
dimensions:
    time = UNLIMITED ; // (40 currently)
    lat = 96 ;
    lon = 192 ;
variables:
    float tC(time, lat, lon) ;
          tC:grid_type = "gaussian" ;
          tC:table = 128 ;
          tC:code = 169 ;
          tC:units = "degC" ;
          tC:long_name = "surface temperature" ;
    double time(time) ;
          time:calendar = "standard" ;
          time:units = "hours since 2001-01-01 00:00:00" ;
          time:standard_name = "time" ;
    double lat(lat) ;
          lat:axis = "Y" ;
          lat:units = "degrees_north" ;
          lat:long_name = "latitude" ;
          lat:standard_name = "latitude" ;
```

```
    double lon(lon) ;
        lon:axis = "X" ;
        lon:units = "degrees_east" ;
        lon:long_name = "longitude" ;
        lon:standard_name = "longitude" ;
}
```

示例二:高效方式但代码较多,示例脚本“write_netCDF_2. ncl”。

需要的一些函数说明如下:

setfileoption → 设置一些文件的数据格式的选项参数
fileattdef → 定义所支持文件格式的全球属性
filedimdef → 定义数组维名称、大小和无限制维
filevardef → 定义变量名、变量类型和变量维名称的列表
filevarattdef → 赋值输入变量的属性

```
begin
  diri = "./"
  fili = "rectilinear_grid_2D.nc"
  outfile = "t_in_Celsius_2.nc"
  if (isfilepresent(outfile)) then
    system ("rm -rf "+outfile)          ;-- 确认文件不存在
  end if

;-- 打开文件
  fin =addfile (diri+fili, " r ")

;-- 读取变量 t 并获得数组信息
  tK = fin->tsurf                   ;-- 获得数据变量
  time = fin->time                  ;-- 获得时间变量
  lat = fin->lat                    ;-- 获得纬度维数组
  lon = fin->lon                    ;-- 获得经度维数组

  ntim = dimsizes (time)            ;-- 时间点数
  nlat = dimsizes (lat)             ;-- 纬度格点数
  nlon = dimsizes (lon)             ;-- 经度格点数
```

```
  printVarSummary (tK)                      ;-- 屏幕输出变量信息
;-- 转换温度单位：Kelvin to Celsius
  tC = tK                                   ;-- 复制变量(包括坐标和属性)
  tC = tK -273.15                           ;-- 转换温度
  tC@units = "degC"                         ;-- 定义新单位属性
;-- 创建新的 netCDF 文件
  fout =addfile (outfile,"c")
;-- 文件输出设置
  setfileoption (fout,"DefineMode", True)   ;-- 定义文件的模式
;-- 创建文件全球属性
  fAtt = True                               ;-- 文件属性赋值
  fAtt@title = "NCL Efficient Approach to netCDF Creation"
  fAtt@source_file = fili
  fAtt@Conventions = "CF"
  fAtt@creation_date = systemfunc ("date")
  fAtt@history = "NCL script: NUG_write_netCDF_2.ncl"
  fAtt@comment = "Convert variable tsurf from degrees Kelvin"+ \
  " to degrees Celsius"
  fileattdef (fout, fAtt)                   ;-- 拷贝文件属性信息
;-- 重定义坐标变量和维
  dimNames = (/"time", "lat", "lon"/)
  dimSizes = (/ -1, nlat, nlon/)
  dimUnlim = (/ True, False, False/)
  filedimdef (fout, dimNames, dimSizes, dimUnlim)
;-- 重定义输出变量的数组属性
  filevardef (fout, "time", typeof (time), getvardims (time))
  filevardef (fout, "lat", typeof (lat), getvardims (lat))
  filevardef (fout, "lon", typeof (lon), getvardims (lon))
  filevardef (fout, "tC", typeof (tK), getvardims (tK))
```

```
;-- 拷贝变量属性信息
  filevarattdef (fout,"time", time)          ;-- 拷贝时间维属性
  filevarattdef (fout,"lat", lat)            ;-- 拷贝纬度维属性
  filevarattdef (fout,"lon", lon)            ;-- 拷贝经度维属性
  filevarattdef (fout,"tC", tC)              ;-- 拷贝变量属性

;-- 退出文件定义模式（可不用）
  setfileoption (fout, "DefineMode", False)

;-- 输出重定义变量( "(/.../)" 表示 NCL 只输出重定义变量的数据值)
  fout->time     = (/time/)      ;-- 写入时间数组至 netCDF 文件
  fout->lat      = (/lat/)       ;-- 同上,但为纬度
  fout->lon      = (/lon/)       ;-- 同上,但为经度
  fout->tC       = (/tC/)        ;-- 同上,但为变量
end
```

通过终端命令“ncdump -h t_in_Cesius_2.nc”显示如下：

```
netcdf t_in_Celsius_2 {
dimensions:
        time = UNLIMITED          ;-- 当前为 40
        lat = 96 ;
        lon = 192 ;
variables:
        double time(time) ;
                time:standard_name = "time" ;
                time:units = "hours since 2001-01-01 00:00:00" ;
                time:calendar = "standard" ;
        double lat(lat) ;
                lat:standard_name = "latitude" ;
                lat:long_name = "latitude" ;
                lat:units = "degrees_north" ;
                lat:axis = "Y" ;
```

```
    double lon(lon) ;
            lon:standard_name = "longitude" ;
            lon:long_name = "longitude" ;
            lon:units = "degrees_east" ;
            lon:axis = "X" ;
    float tC(time, lat, lon) ;
            tC:grid_type = "gaussian" ;
            tC:table = 128 ; tC:code = 169 ;
            tC:units = "degC" ;
            tC:long_name = "surface temperature" ;
// global attributes:
            :comment = "Convert variable tsurf from degrees Kelvin to de-
                    grees Celsius" ;
            :history = "NCL script: NUG_write_netCDF_2.ncl" ;
            :creation_date = "Fr 9 Jan 2015 17:38:36 CET" ;
            :Conventions = "CF" ;
            :source_file = "rectilinear_grid_2D.nc" ;
            :title = "NCL Efficient Approach to netCDF Creation" ;
}
```

第 4 章　图形分析基础

NCL 语言具有强大的绘图功能，其开源属性和扩展性利于不断的吸取更多专业用户编写的程序代码，尤其在气候和数值模式领域。由于完整的 NCL 语言绘图特性种类繁多并可衍生，因而重点通过实例介绍一些常用的、特点鲜明的绘图方法，主要包括：二维折线图、多时间序列图、等值线图（包括填色和线显示方法）、图形展板、图形叠加、地图投影及利用轮廓文件绘制地图等。

此外，NCL 官网给出了图形绘制的多种分类示例，用户在实际使用中可以根据自身需要进行引用和改写，网址如下：

(32)

http://www.ncl.ucar.edu/Applications/　　**(32)**

一个完整的 NCL 绘图过程脚本通常可以分为以下部分：

(1)加载内建或者自定义功能函数库；

(2)打开数据文件存取；

(3)定义变量和数据分析；

(4)打开绘图工作空间；

(5)定义绘图属性；

(6)绘图。

NCL 语言提供了强大的绘图属性来控制和管理图形的绘制，例如：图形注释、地图投影、绘图类型、颜色表、标签、多图页面、输出图形等，大多数的绘图属性都具有优化的默认设置（例如默认的颜色表），并且 NCL 语言的绘图属性还在不断的扩展。

绘图属性资源参阅如下：

(33)

http://www.ncl.ucar.edu/Document/Graphics/Resources/list_alpha_res.shtml　**(33)**

【小贴士】本书涉及大量的图形示例会使用不同的地图投影，由此会导致地图投影显示效果差异，具体可参看附录 B；从 NCL 语言的 6.1.0 版本以后，默认的颜色表已被更改，可能会导致旧版本的脚本所绘图形出现差异；此外，NCL 语言的 6.2.0 版本后，其内部常用库文件开始逐渐支持自动加载功能。

4.1 五步法绘图

一般来说，用户绘制需求的图形时，可以使用简单的模版进行代码完善或改写。这里，推荐使用 NCL 官网上的示例脚本直接进行修改，但注意将修改好的脚本放入用户指定路径进行编译，例如："$HOME/my_simple_plot.ncl"。

NCL 语言绘图的 5 个基本步骤如下：

(1)打开数据文件；

(2)数据文件中的变量引用，进行数据处理；

(3)打开图形输出工作空间；

(4)设置绘图属性；

(5)选择绘图函数进行绘图。

示例脚本"plot_in_5_steps.ncl"如下：

```
begin
;-- 第一步：打开数据文件
  f=addfile ("$NCARG_ROOT/lib/ncarg/data/cdf/uv300.nc", "r")

;-- 第二步：读取数据文件中变量(进行数据处理)
  var = f->U(1, :, :)

;-- 第三步：定义绘图空间，图形类型：x11、ps、eps、png 和输出文件名
  wks =gsn_open_wks ("x11", "plot_in_5_steps")

;-- 第四步：绘图属性设置
  res = True
  res@tiMainString = "NCL plot in 5 steps"

;-- 第五步：根据图形类型选择绘图函数绘图
  plot =gsn_csm_contour_map (wks, var, res)
end
```

如图 4.1 所示，仅需要简单的步骤就可以完成一幅美观的全球纬向风等值线图。

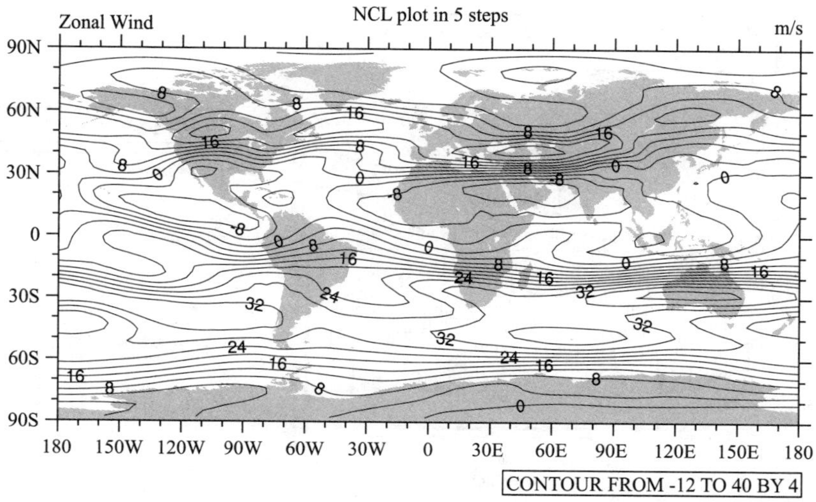

图 4.1　五步法绘图的示例图①

4.2　视图窗口(viewport)

NCL 图形分析语言绘制的图形在视图窗口的位置是通过标准显示设备坐标(NDC,normalized device coordinates)来设置的,即把显示设备的显示区域从左下至右上的按照坐标划分为 0～1 间的数值来表示,除了可以定位图形的显示位置,还能定义当前绘图区域所占显示区域的百分比。如果不做设置,系统会自动默认按最优方式(位置和纵横比)来显示,用户也可以通过相关的图形属性资源的设置来改变当前图形显示的大小、位置和文字等。

图 4.2 给出了 NDC 坐标格点的定义方式及通过绘图属性资源的视图窗口类(@vp,Viewport)来控制图形显示的初始坐标和大小的方法。

---

① 在使用 netCDF 格式的数据时(见图 2.1),数据的属性信息中坐标变量的单位通常为地图投影中的指向,例如,"degrees_north"或"degrees_east"。因此,绘图时格点坐标和地图经纬度的对应需要建立关联,例如,强制参数项"mpLimitMode"值为"LatLon",并设置当前地图投影与格点场对应的经纬度范围。否则,坐标轴标签只显示为格点坐标及其方向,例如图 4.1 所示的"45S""45N""90W""90E"。

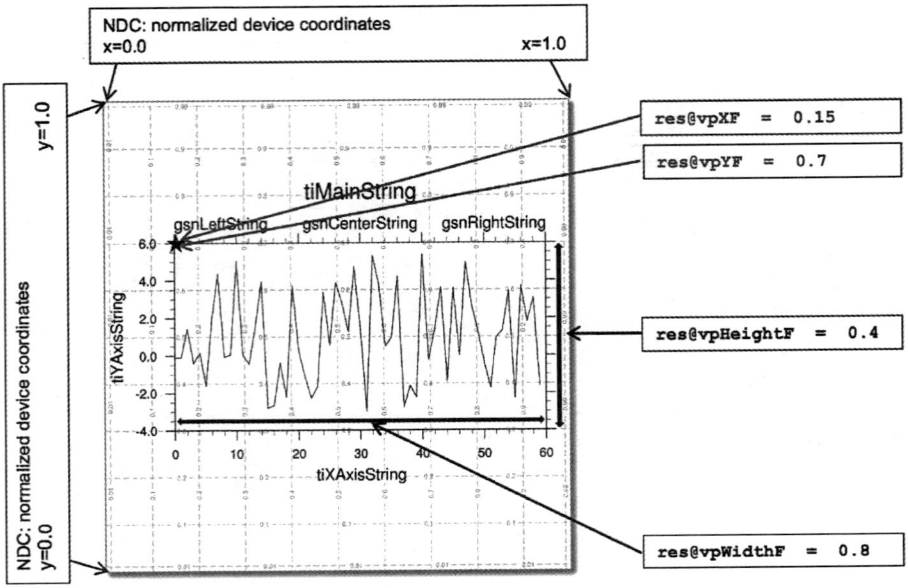

图 4.2 图形显示位置和纵横比的参数设置示意图

4.3 地图设置(maps)

NCL 语言支持大量不同的地图类型和投影方式。一般来说,各大洲陆地都是默认为浅灰色填色,也可以方便地通过图形属性资源的地图类(@mp,map)的参数项"mpLandFillColor"(NCL 语言中严格区分大小写)来改变填色效果,也可以通过设置参数项"mpFillOn"的值为"False"来关闭地图填色。

此外,地图显示的相关标示设置由图形属性资源的"@gsn"和"@tm"类的参数项控制。但除了圆柱形等距投影外,不是每一种图形资源类都能对地图投影设置起作用,这些可以参看 NCL 官网的相关示例部分,如下:

http://ncl.ucar.edu/Applications/mptick.shtml (**34**)

(**34**)

4.3.1 默认地图

NCL 语言绘图时,默认状态下的地图显示可在打开图形工作空间后,调用地图绘图函数"gsn_csm_map"来显示,示例脚本"plot_map_default.ncl"如下:

```
begin
  wks =gsn_open_wks ("png", "plot_map_default")          ;-- 打开绘图空间
  map =gsn_csm_map (wks, False)                           ;-- 绘制默认地图
end
```

运行脚本,“png”格式的图形文件将被保存在当前目录下,文件命名为“plot_map_default. png”,图形显示如图 4.3 所示。

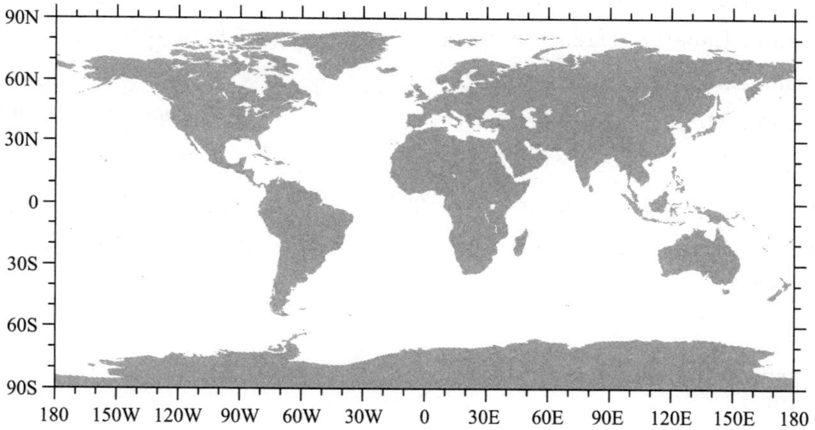

图 4.3　地图绘图函数的默认地图

4.3.2　地图网格和标示的设置

经纬度坐标轴下的地图网格线的主要刻度和最小刻度值的标示通常用不同的图形属性资源类(例如:“@gsn”,“@tm”和“@mp”)的一些参数项来控制。

示例脚本“map_grid_and_tickmark_settings. ncl”如下:

```
begin
;-- 定义绘图工作空间(包括绘图类型和名称)
  wks = gsn_open_wks ("x11", "plot_map_grid_and_tickmark_settings")
;-- 设置绘图属性
  res = True
  res@mpGridAndLimbOn = True              ;-- 绘制格点线
  res@mpGridLatSpacingF = 20              ;-- 格点线的纬度间隔
  res@mpGridLonSpacingF = 45              ;-- 格点线的经度间隔
```

```
  res@mpGridLineColor = "gray"             ;-- 格点线颜色
  res@mpGridLineThicknessF = 2             ;-- 格点线粗细
  res@mpGridLineDashPattern = 2            ;-- 格点线的线型（取 2 为点线）
;-- 纬度设置
  res@gsnMajorLatSpacing = 10              ;-- 设置主纬度标示刻度间隔值
  res@gsnMinorLatSpacing = 2.5             ;-- 设置次纬度标示刻度间隔值
  res@tmYLLabelStride = 3                  ;-- 标注字符间隔为 3
  res@tmYLLabelFontHeightF = 0.012         ;-- 设置标注字符大小
  res@tmYLMajorLengthF = 0.02              ;-- 设置主纬度刻度线长度
  res@tmYLMinorLengthF = 0.01              ;-- 设置次纬度刻度线长度
  res@tmYLMajorLineColor = "black"         ;-- 设置主纬度刻度线颜色
  res@tmYLMinorLineColor = "grey20"        ;-- 设置次纬度刻度线颜色
  res@tmYLLabelFontColor = "black"         ;-- 设置纬度刻度线标注字符颜色
;-- 经度设置
  res@gsnMajorLonSpacing =10
  res@gsnMinorLonSpacing = 2.5
  res@tmXBLabelStride = 4
  res@tmXBLabelFontHeightF = 0.018
  res@tmXBMajorLengthF = 0.015
  res@tmXBMinorLengthF = 0.01
  res@tmXBMajorLineColor = "black"
  res@tmXBMinorLineColor = "grey20"
  res@tmXBLabelFontColor = "grey5"
;-- 绘制默认地图
  map = gsn_csm_map (wks, res)
end
```

添加地图网格线、并分别对横坐标经度和纵坐标纬度进行不同设置后的效果如图 4.4 所示。

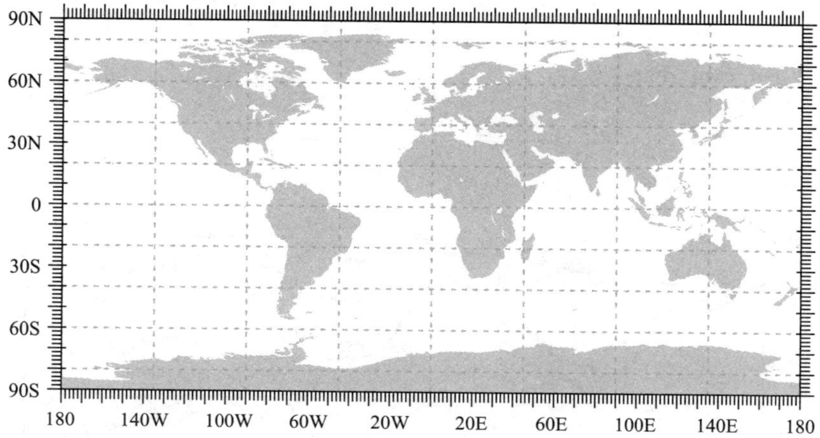

图 4.4　地图网格线及坐标刻度标示

4.3.3　地图内容设置

对于绘图时地图中的陆地、内陆水体和海洋区域，则由 NCL 语言的图形属性资源中类“@ mp”下的参数项“mpOceanFillColor”“mpInlandWaterFillColor”和“mpLandFillColor”分别控制。同样，地图地理轮廓线的颜色和线宽也可用对应类中的参数项进行控制。

示例脚本“map_land_ocean_settings. ncl”如下：

```
begin
;-- 定义绘图空间（类型：x11、ps、eps 等和输出文件名）
  wks = gsn_open_wks ("x11", "plot_map_land_ocean_settings")
;-- 图形属性设置
  res = True                                        ;-- 打开设置
  res@mpFillOn = True                               ;-- 陆地填充 (default: True)
  res@mpOutlineOn = True                            ;-- 绘制轮廓线 (default: False)
  res@mpOceanFillColor = "white"                    ;-- 海洋填色颜色
  res@mpInlandWaterFillColor = "white"              ;-- 内陆水体颜色
  res@mpLandFillColor = "grey90"                    ;-- 陆地颜色
  res@mpGeophysicalLineColor = "black"              ;-- 地理轮廓线颜色
  res@mpGeophysicalLineThicknessF = 2.0             ;-- 洲际线粗细
  res@mpDataBaseVersion = "MediumRes"               ;-- 地图分辨率
```

```
;-- 绘图
  map =gsn_csm_map (wks, res)
end
```

图形显示效果如图 4.5 所示。

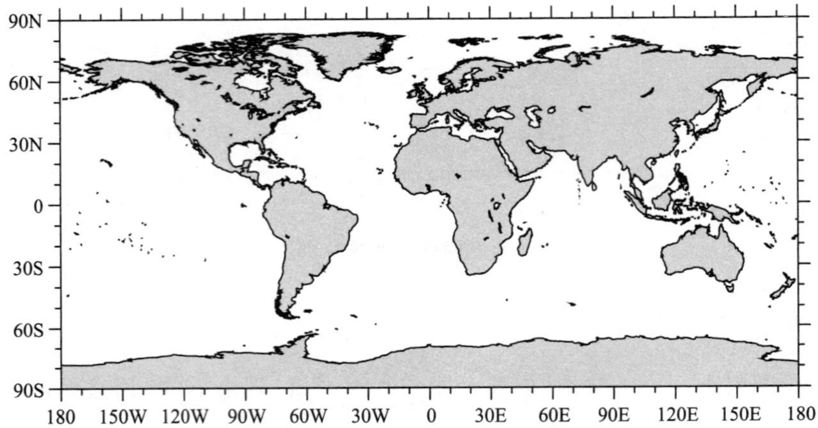

图 4.5　陆地、水体的填色和地理轮廓线

使用中等分辨率的地图数据库可以绘制默认洲际边界外的国家边界线，如果用户需要更高精度的边界（地区边界、河流等）可以使用地理信息系统中的边界轮廓文件（见第 4.12 节），开放的全球地理信息的边界可访问以下网址获取：

http:/www.gadm.org/　　(35)

(35)

中分辨率地图数据示例脚本“map_coutries.ncl”如下：

```
begin
;-- 定义绘图空间(类型和输出文件名)
  wks = gsn_open_wks ("x11", " plot_map_countries ")
;-- 图形属性设置
  res = True
  res@mpFillOn = True                          ;-- 陆地填色 (default: True)
  res@mpOutlineOn = True                       ;-- 陆地轮廓线 (default: False)
res@mpOutlineBoundarySets = "National"         ;-- 国界开关(中分辨率)
  res@mpOceanFillColor = "white"               ;-- 海洋颜色
```

```
  res@mpInlandWaterFillColor = "white"          ;-- 内陆水体颜色
  res@mpLandFillColor = "grey90"                ;-- 陆地颜色
  res@mpGeophysicalLineColor = "black"          ;-- 地理边界线颜色
  res@mpGeophysicalLineThicknessF = 2.0         ;-- 洲际线粗细
  res@mpDataBaseVersion = "MediumRes"           ;-- 地图分辨率
  map =gsn_csm_map (wks, res)
end
```

图形显示效果如图 4.6 所示。

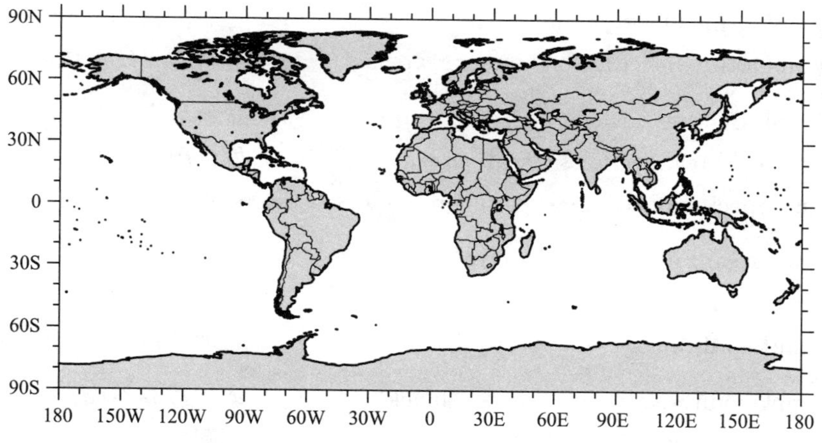

图 4.6　中分辨率地理边界的全球地图

NCL 图形分析语言提供的各种分辨率的地图被默认存放在 NCL 软件的安装目录下的“/lib/ncarg/database”中。地图数据“Earth..4”提供了加拿大、墨西哥和美国的省界或者州界，也提供其他国家的地图数据，如澳大利亚、巴西、中国和印度等。对于南极冰架则作为一个整体，可以控制显示或隐藏。

下面利用所提供的地图数据绘制欧洲区域的地图，一些国家的边界用不同颜色（灰度）线绘制，示例脚本“map_selected_countries.ncl”如下：

```
begin
  fill_colors = (/"grey20", "grey30", "white", "gray", \   ;-- "\"换行连接符
                  "grey40", "grey50", "grey60", "grey70"/)  ;-- 颜色表
  fill_areas = (/"Spain", "Italy", "Switzerland","Germany", "Latvia", \
                 "Ireland", "Norway", "Greece"/)             ;-- 国家列表
```

```
  outline_areas = (/"Belgium", "Croatia"/)            ;-- 国家边界线列表
  outline_areas := array_append_record (outline_areas, fill_areas, 0)
                                                        ;-- 合成数组
  outline_colors = (/"grey20", "grey30", "white", "gray", \
                     "grey40", "grey50", "grey60", "grey70"/)  ;-- 边界线颜色表
  wks = gsn_open_wks ("x11", "plot_map_select_countries")
;-- 设置图形属性
  res = True
  res@gsnMaximize = True
  res@mpOutlineOn = True                        ;-- 陆地轮廓 (default: False)
  res@mpOutlineSpecifiers = outline_areas       ;-- 绘制边界线的国家

  res@mpFillOn = True                           ;-- 陆地填色 (default: True)
  res@mpFillAreaSpecifiers = fill_areas         ;-- 填色国家
  res@mpSpecifiedFillColors = outline_colors    ;-- 边界线颜色

  res@mpOceanFillColor = "white"                ;-- 海洋颜色
  res@mpInlandWaterFillColor = "white"          ;-- 内陆水体颜色
  res@mpLandFillColor = "grey95"                ;-- 陆地颜色

  res@mpGeophysicalLineColor = "black"          ;-- 地理边界线颜色
  res@mpGeophysicalLineThicknessF = 2.0         ;-- 洲际线粗细
  res@mpDataBaseVersion = "MediumRes"           ;-- 地图分辨率
  res@mpDataSetName = "Earth..4"                ;-- 地图数据

  res@mpMinLatF = 30.0                          ;-- 地图范围(最小纬度)
  res@mpMaxLatF = 80.0                          ;-- 地图范围(最大纬度)
  res@mpMinLonF = -15.0                         ;-- 地图范围(最小经度)
  res@mpMaxLonF = 30.0                          ;-- 地图范围(最大经度)
  map = gsn_csm_map (wks, res)
end
```

灰度填色的效果如图 4.7 所示，用户也可以选择彩色填充方式。

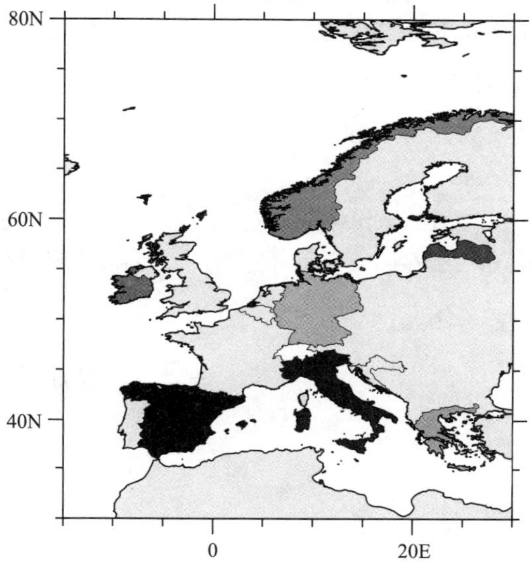

图 4.7　欧洲区域的国家填色地图

4.3.4　改变地图投影

NCL 语言绘图时除了支持基本的“Mercator”“Lambert”“Cylindrical”地图投影外还支持大量的其他地图投影类型(参看附录 B),可以在绘图资源的类“@mp”的参数项“mpProjection”中选择投影类型。这里,采用“Mollweide”投影的示例脚本“projections_Mollweide.ncl”如下:

```
;-- 在 NCL6.2.0 以后的版本下面库可自动加载
;load "$NCARG_ROOT/lib/ncarg/nclscripts/csm/gsn_code.ncl"
;load "$NCARG_ROOT/lib/ncarg/nclscripts/csm/gsn_csm.ncl"
begin
  a = addfile("atmos.nc", "r")
  t = a->TS(0, :, :)

  wks =gsn_open_wks("x11", "mollweide")       ;-- 绘图空间(格式和名称)

  res = True
  res@mpProjection = "Mollweide"               ;-- 选择地图投影类型
  res@mpGridAndLimbOn = True                   ;-- 打开经纬度网状线
  res@mpPerimOn = False                        ;-- 关闭图形框
```

```
  res@mpGridLatSpacingF = 30.                     ;-- 纬度网格间隔
  res@mpGridLonSpacingF = 30.                     ;-- 经度网格间隔
  res@mpFillOn = False

  res@cnFillOn = True                             ;-- 填色图
  res@cnFillPalette = "GrayWhiteGray"             ;-- 设置填色颜色表
  res@cnLineLabelsOn = False                      ;-- 关闭等值线

  res@txFontHeightF = 0.015                       ;-- 文本字体大小

  res@vpXF = 0.1                                  ;-- 设置图形大小
  res@vpYF = 0.9
  res@vpWidthF = 0.8
  res@vpHeightF = 0.8

  res@lbLabelFontHeightF = 0.015                  ;-- 标示样条字体大小

  res@tiMainString = "Example of Mollweide Projection"      ;-- 图题
  res@tiMainFontHeightF = .018                              ;-- 字体大小

  contour = gsn_csm_contour_map(wks, t, res)
end
```

图形效果显示如图 4.8 所示。

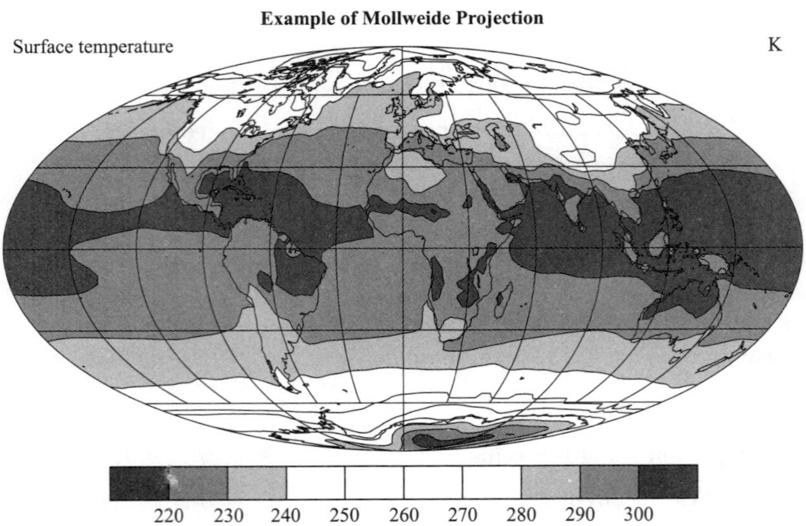

图 4.8 Mollweide 地图投影下的全球温度分布

如果需要改变地图投影类型，例如：将“Mollweide”改为“Robinson”，则需要改变绘图属性参数项“res@mpProjection”设置为“Robinson”，图形显示效果如图 4.9 所示。

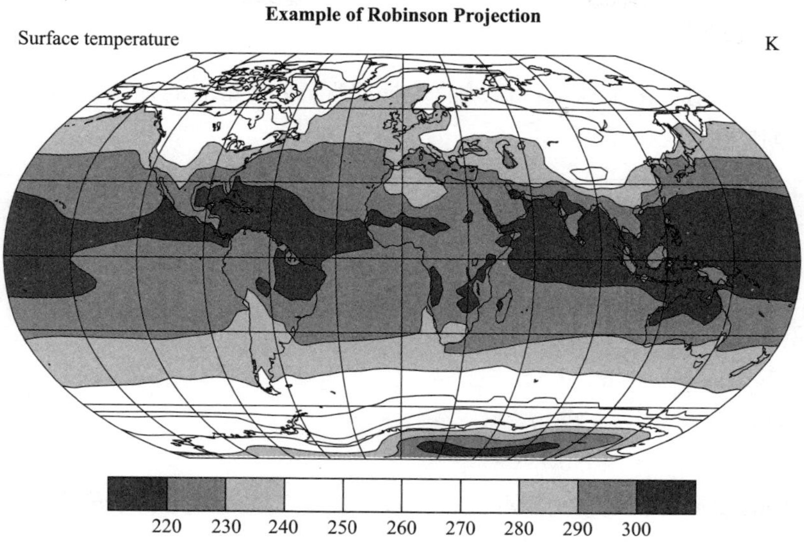

图 4.9　Robinson 地图投影下的全球温度分布

同样，还能选择圆柱等距投影，需要设置参数项“res@mpProjection”值为“CylindricalEquidistant”，则图形效果如图 4.10 所示。

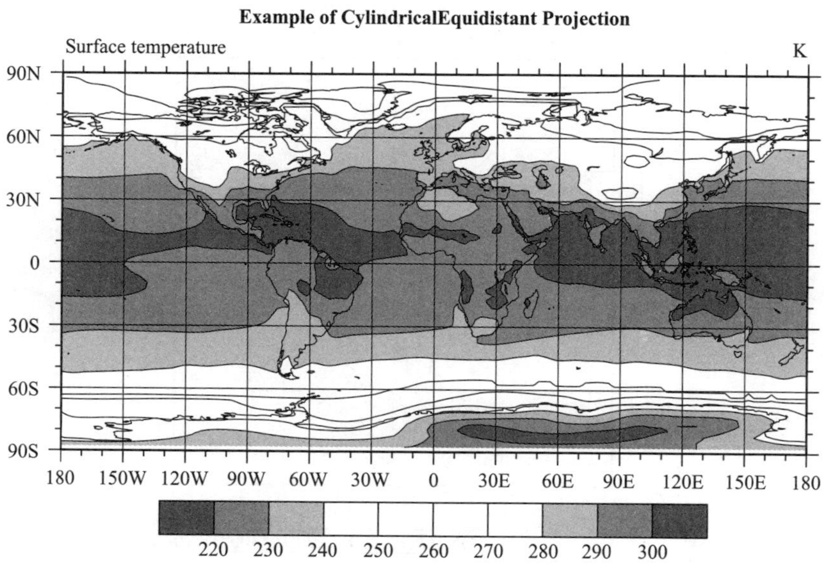

图 4.10　CylindricalEquidistant 地图投影下的全球温度分布

需要指出的是，针对不同的研究区域和对象常选择不同的地图投影类型来获得最优的图形描述，这也会导致相同的地区存在显示效果的差异。

4.3.5 区域地图

有时用户特别关注全球某一区域的数据状况，那么相应的地图设置可以参照以下的区域范围控制代码示例：

```
(请勿使用球面投影类型)
...
插入地图范围控制代码:区域范围和地图类型
res@mpMinLonF   = -20.0
res@mpMaxLonF   = 60.0
res@mpMinLatF   = -37.0
res@mpMaxLatF   = 40.0
res@mpDataBaseVersion = "MediumRes"        ;-- 更高的分辨率
...
```

控制地图的区域范围后的图形获得了更大的显示区域，这类似局部区域放大的截取效果，显示效果如图 4.11 所示。

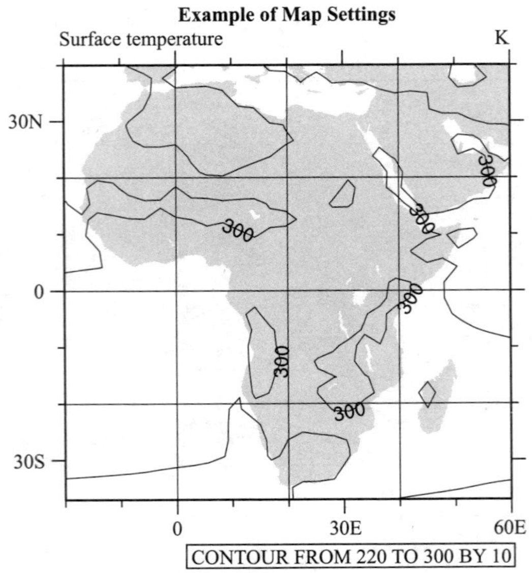

图 4.11　选定地图区域范围绘图

4.3.6　极地投影地图

北半球的极地投影地图通常用于对大尺度或行星尺度的系统进行绘图分析，其可通过绘图函数“gsn_csm_contour_map_polar”来实现，与之有关的一些地图属性资源的设置如下：

绘制北半球地图：　res@gnsPolar = "NH"　→　南半球为“SH”
标签与地图的距离：　res@gsnPolarLabelDistance = 1.1
标签字体大小：　res@gsnPolarLabelFontHeightF = 0.015
标签字体：　res@gsnPolarLabelFont = "helvetica－bold"

这里，自定义过程函数“polar_map_circle”用来绘制北半球极地投影地图的外围环绕粗线条以优化图形显示效果，示例脚本“Polar_NH.ncl”如下：

```
load "$NCARG_ROOT/lib/ncarg/nclscripts/csm/gsn_code.ncl"
load "$NCARG_ROOT/lib/ncarg/nclscripts/csm/gsn_csm.ncl"
load "$NCARG_ROOT/lib/ncarg/nclscripts/csm/contributed.ncl"
;-- 给极地地图外圈添加圆环(也可放入用户自定义库加载)
undef("polar_map_circle")          ;-- 子程序
procedure
polar_map_circle (wks, plot:graphic, wsize:integer, col:string, offset:numeric)
local degrad, degrees, xcos, xsin, xcenter, ycenter, radius, xc, yc
begin
  getvalues plot
    "vpXF" :x                     ;-- 视窗坐标获取(保证圆环位置不偏离)
    "vpYF" :y
    "vpWidthF" :w
    "vpHeightF" :h
  end getvalues

  degrad = 0.017453292519943           ;-- 度和弧度的转换
  degrees = ispan (0, 360, 1)
  xcos = cos (degrad * degrees)        ;-- 极坐标角度转换
  xsin = sin (degrad * degrees)
  xcenter = w/2 + x                    ;-- 极坐标原点位置
  ycenter = h/2 + (y-h)
  radius = w/2 + offset                ;-- 极坐标半径
```

```
  xc = xcenter + (radius * xcos)
  yc = ycenter + (radius * xsin)
;-- 设置外圈圆环属性并绘制
  lnres = True
  lnres@gsLineColor = col
  lnres@gsLineThicknessF = wsize
  gsn_polyline_ndc (wks, xc, yc, lnres)
end
begin                              ;-- 主程序
;-- 读数据和变量
  diri = "./"
  fili = "uvt.nc"
  f = addfile (diri+fili, "r")
  u = f->tsurf(0, :, :)
;-- 定义绘图空间
  wks = gsn_open_wks ("x11", "plot_polar_settings")
  gsn_define_colormap (wks, "GrayWhiteGray")     ;-- 默认颜色表

  res = True
  res@gsnDraw = False                            ;-- 暂不绘图
  res@gsnFrame = False                           ;-- 暂不输出
  res@gsnPolar = "NH"                            ;-- 北半球
  res@gsnPolarLabelSpacing = 15                  ;-- 格点标注间距
  res@gsnPolarLabelDistance = 1.1                ;-- 默认:1.04
  res@gsnPolarLabelFontHeightF = 0.015
  res@gsnPolarLabelFont = "helvetica-bold"
  res@gsnSpreadColorStart = 14          ;-- 截取颜色表开始索引
  res@gsnSpreadColorEnd = -8            ;-- 截取颜色表结束索引

  res@cnFillOn = True

  res@tiMainString = "Polar(NH)"

  res@gsnRightString ="K"
```

```
;-- 绘图
  plot = gsn_csm_contour_map_polar (wks, u, res)   ;-- 极地图
  draw (plot)

;-- 绘制外圈圆环: wsize=7, col="black", offset=0
;-- 使用自定义函数
  polar_map_circle (wks, plot, 7, "black", 0)

;-- 输出绘图空间内容
  frame (wks)
end
```

上面的示例脚本在主程序之前单独声明了一个用户自定义类型的过程函数"polar_map_circle"用于控制极地投影外圈轮廓线的显示效果(如图 4.12)。对于脚本内部的自定义函数不需要再通过"load"进行加载便可直接使用,这也是 NCL 语言中自定义函数的用法之一,与其他程序语言的子程序类似。当然,如果该过程函数需要经常在不同的脚本中使用时,也可以放入用户自定义的函数库中加载使用。

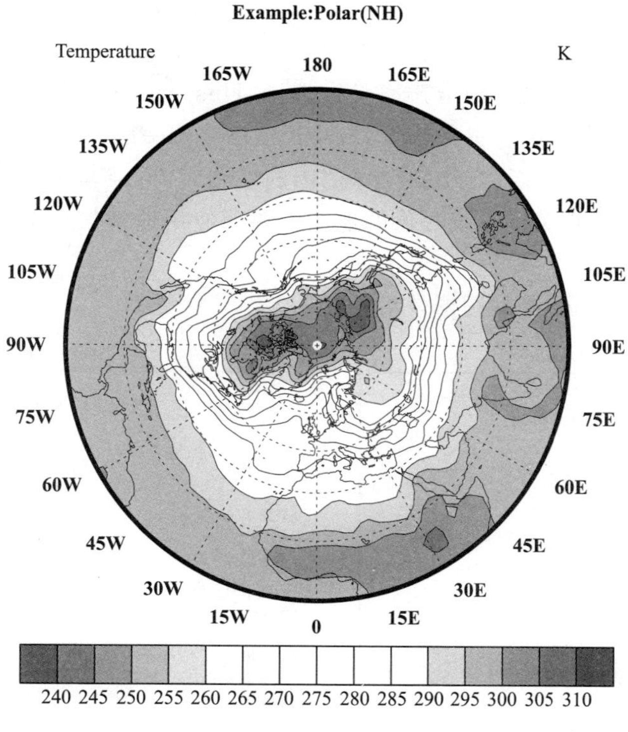

图 4.12　北半球极地投影地图下的温度场

4.3.7 地图分辨率

NCL 图形分析语言支持三种分辨率的地图数据，分别是：低分辨率地图资源(LowRes)、中分辨率地图资源(MediumRes)和高分辨率地图资源(HighRes)。前两种分辨率的地图资源都可以直接使用，而高分辨地图资源需要单独下载并安装，下载地址如下：

http://www.ncl.ucar.edu/Document/Graphics/rangs.shtml **(36)**

(36)

三种分辨率的地图资源设置方法如下所示：

低分辨率：**res@mpDataBaseVersion = "LowRes"** ;-- *默认值*

中分辨率：**res@mpDataBaseVersion = "MediumRes"**

高分辨率：高分辨率地图的使用设置不同于上两种，其还可以选择分辨率参数。

res@mpDataBaseVersion = "HighRes"

res@mpDataResolution = "<*resolution*>"

<*resolution*> : *Unspecified*

Coarsest

Coarse Medium

Fine

Finest

如果使用高分辨率地图时分辨率参数选择“Unspecified”，那么将根据选择区域的尺度来确定具体分辨率。一般来说，较小尺度的地图一般区域选择为“Coarse”，较大尺度的选择常为“Fine”。在绘制全球范围的地图时，不推荐使用高分辨率地图资源。此外，用户还可以关闭系统提供的地图资源而使用地理信息系统的边界轮廓文件绘制需要的地图。

不同分辨率地图绘制的图形效果见图 4.13。

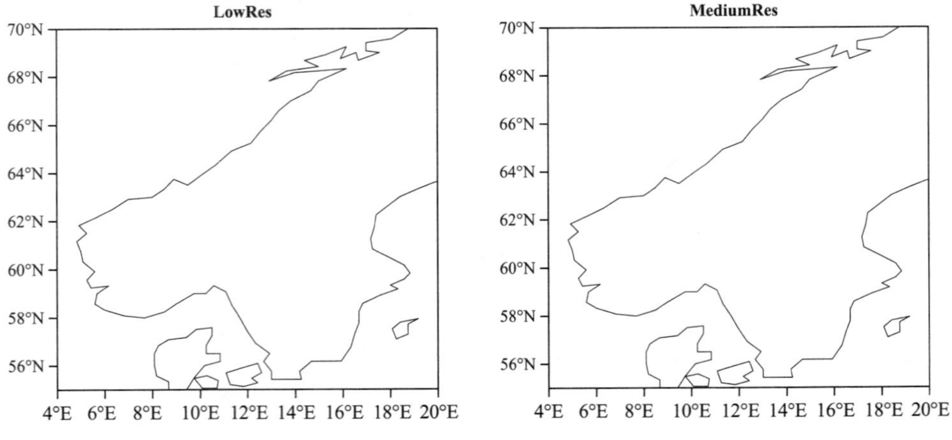

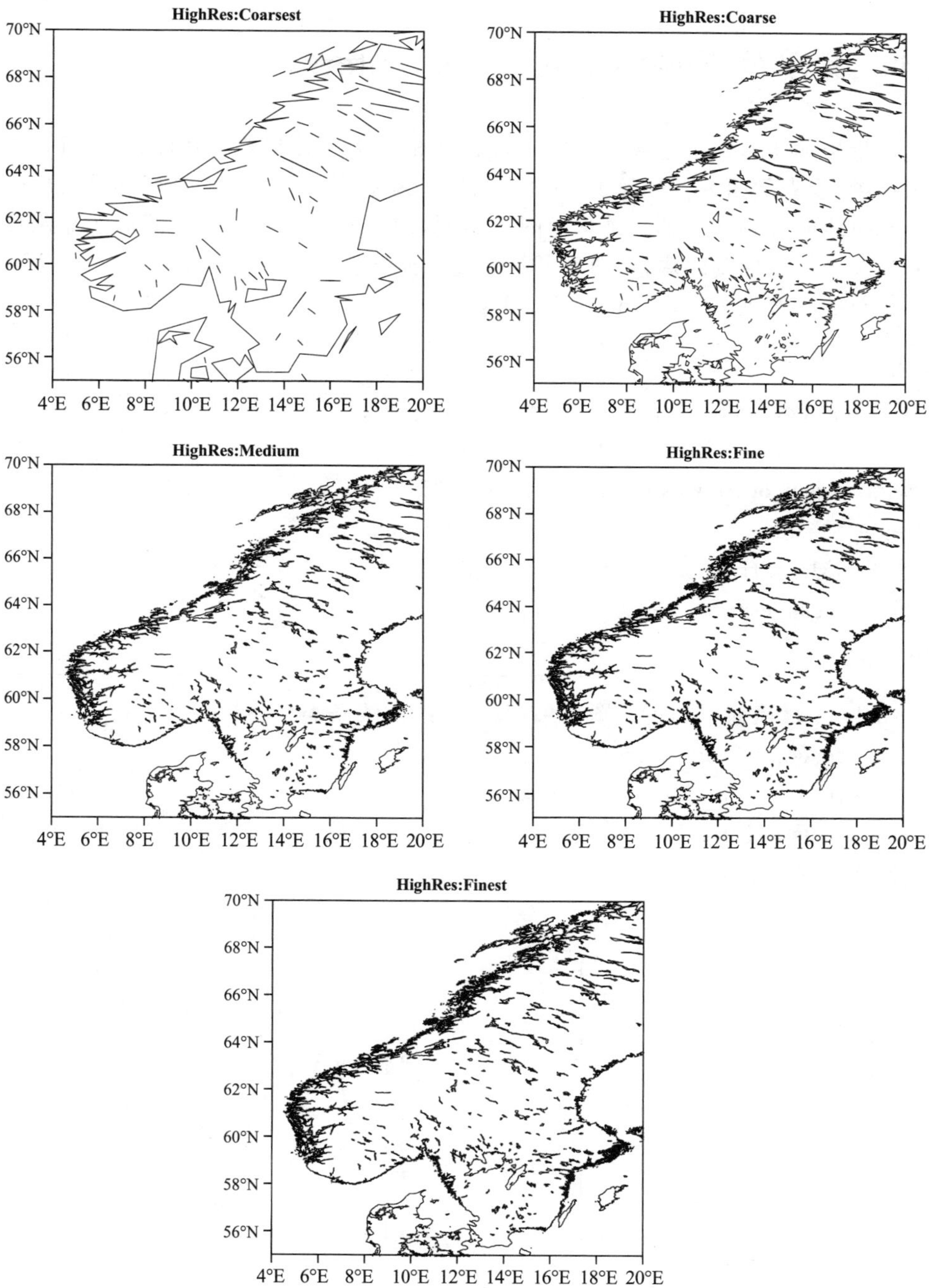

图 4.13　不同分辨率地图的图形效果

4.4 简单的双坐标二维图(XY-plots)

二维坐标图形即仅包含二维坐标的平面图形,其可以描绘折线图、平面等值线场和矢量场、垂直剖面等。NCL 绘图分析语言中最基本的一类二维坐标图是对仅包含曲线或折线的 x 轴和 y 轴二维坐标图形绘制,即 XY 折线图。这类图形的显示效果控制涉及坐标轴标刻的调整、图题、图例、线型种类及颜色几个方面。

简单的示例脚本“xy_plot. ncl”如下:

```
begin
  x = (/1,2,3,4,5,6,7,8,9,10/)
  y = (/3,7,4,9,2,1,8,8,4,2/)
  wks = gsn_open_wks ("x11", "xy_plot")
  res = True
  res@tiMainString = "Example: xy-plot"
  plot = gsn_csm_xy (wks, x, y, res)
end
```

图 4.14 是最简单的折线图效果,改变折线的线条类型、粗细和颜色,如下:

```
res@xyDashPattern = 1
res@xyLineColor = "black"
res@xyLineThicknessF = 5
```

改变后显示效果如图 4.15 所示。

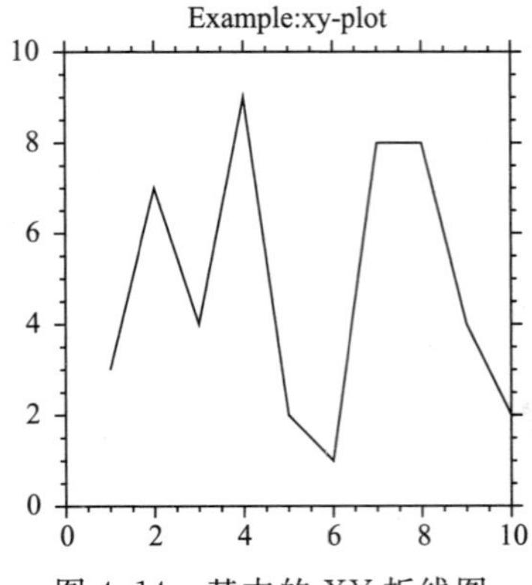

图 4.14 基本的 XY 折线图

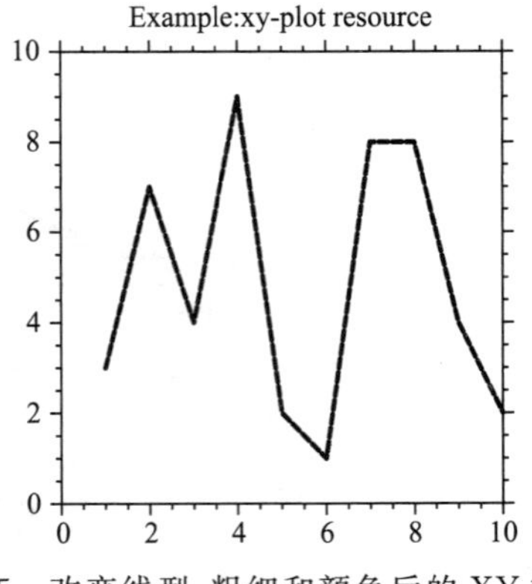

图 4.15 改变线型、粗细和颜色后的 XY 折线图

除了折线属性设置,两个坐标轴还可以标注各自的名称字符串,这由绘图属性资源类“@ti”(title)的参数项来控制,如果未设置则使用默认设置。此外,用户还可以对图

形上部的副标题进行设置:左边、中间和右边,由绘图资源类"@gsn"的参数项来控制。默认情况下,左边副标题为变量属性信息中的长名字(@long_name),右边副标题为单位(@units),中间副标题无默认值。图 4.16 给出了以上图形属性设置方法的示意图。

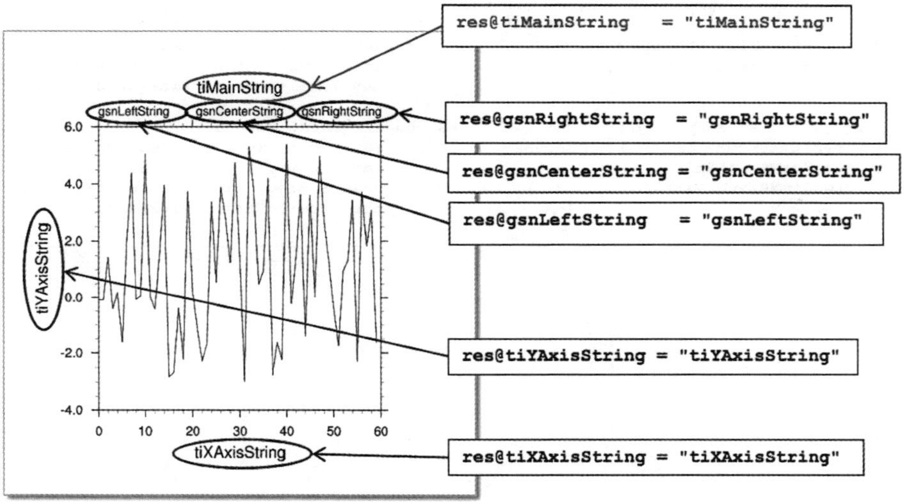

图 4.16　设置 XY 折线图的坐标轴名称、图形副标题和图题的示意图

4.4.1　坐标轴标记设定

对于 XY 折线图来说,NCL 语言绘图时会自动默认设置坐标绘制参数,但用户可以通过相应的绘图资源类参数修改坐标轴标记、取值间隔和坐标标签(见图 4.17)。

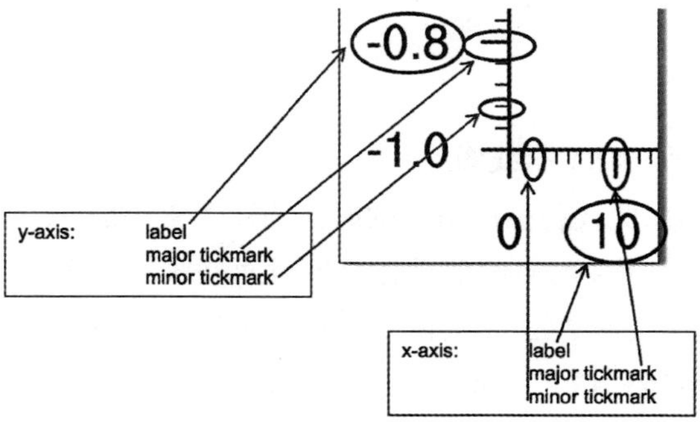

图 4.17　XY 折线图中有关坐标轴的参数设置示意图

二维坐标图的坐标刻度值设置一般由图形属性资源类"@tr"的参数项控制,而有关坐标刻度的标注及其他属性则由图形属性资源类"@tm"的参数项进行控制,如图 4.18 所示。

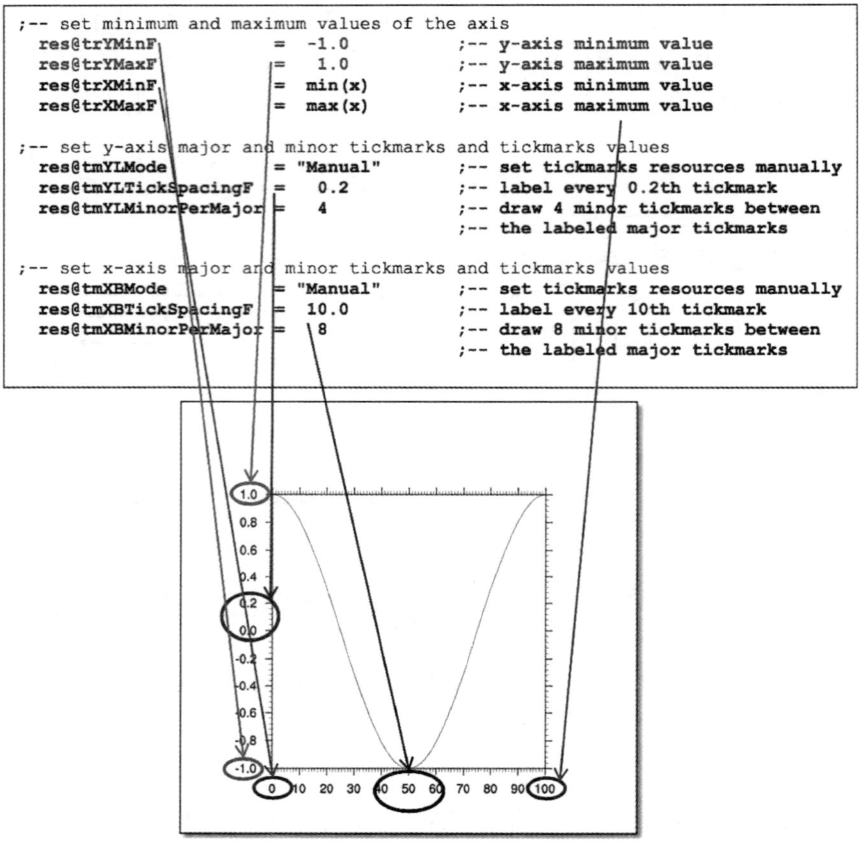

图 4.18 XY 折线图中坐标刻度及其标注的参数设置示意图

4.4.2 时间序列

用以描述时间序列的 XY 折线图绘制时，由于 NCL 语言中的时间变量的值一般都表示为整数或者浮点数，以此代替标准格式的时间描述中常用的“secends since...”和“days since...”。因此，绘图前需要对时间值进行标准时间格式的转换，通常利用 NCL 语言提供的针对时间处理的一类函数完成，具体使用方法可查看函数中的“calendar”分类。

简单的示例脚本“xy_plot_timeseries.ncl”如下：

```
;-- 自定义函数需加载
load "$NCARG_ROOT/lib/ncarg/nclscripts/contrib/time_axis_labels.ncl"
begin
  diri = "./"
```

```
  fili = "SOI.nc"
  f =addfile (diri+fili, "r")
  var = f->SOI_SIGNAL
  time = var&time
  wks =gsn_open_wks ("x11", "xy_plot_timeseries")
;-- 图形属性设置(图形的 res 和时间轴函数的 restime)
  res = True
  res@tiMainString = "Example: xy-plot timeseries"
  restime= True                                ;-- 打开时间轴标注设置
  restime@ttmFormat = "%d %c %Y"               ;-- 格式
  time_axis_labels (time, res, restime)        ;-- 设置时间轴标注
  res@tmXBLabelFontHeightF = 0.015
  res@tmXBLabelJust = "CenterRight"            ;-- x 轴底部刻度标注的对齐方式
  res@tmXBLabelDeltaF = 1.0                    ;-- 与刻度间的距离
  res@tmXBLabelAngleF = 50.                    ;-- 旋转的角度
  res@tmLabelAutoStride = True                 ;-- 自动控制步长
  res@tiXAxisString = "Date"
  plot =gsn_csm_xy (wks, time, var, res)
end
```

图形显示效果如图 4.19 所示。

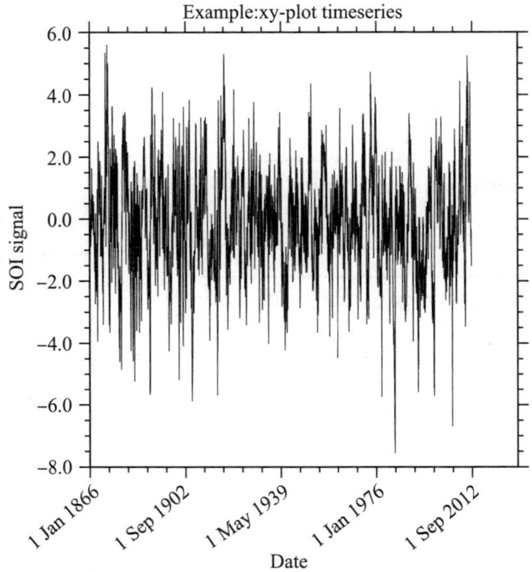

图 4.19　描述时间序列的二维坐标图

4.5　等值线图(contours plots)

等值线图是科学分析经常使用的一种图形类型，通常用来反映单一时刻的同高度层次的平面分布特征。等值线图实际上与上述简单的 XY 折线图具有相似之处，尤其是在图形资源类的参数项设置上。但也有所不同，即等值线图通常需要不同的等值线标注和线型才能进行区别，其绘图函数常用"gsn_csm_contour"(无地图)和"gsn_csm_contour_map"(有地图)。图 4.20 给出了常用的等值线图的一些常规设置的示意图。

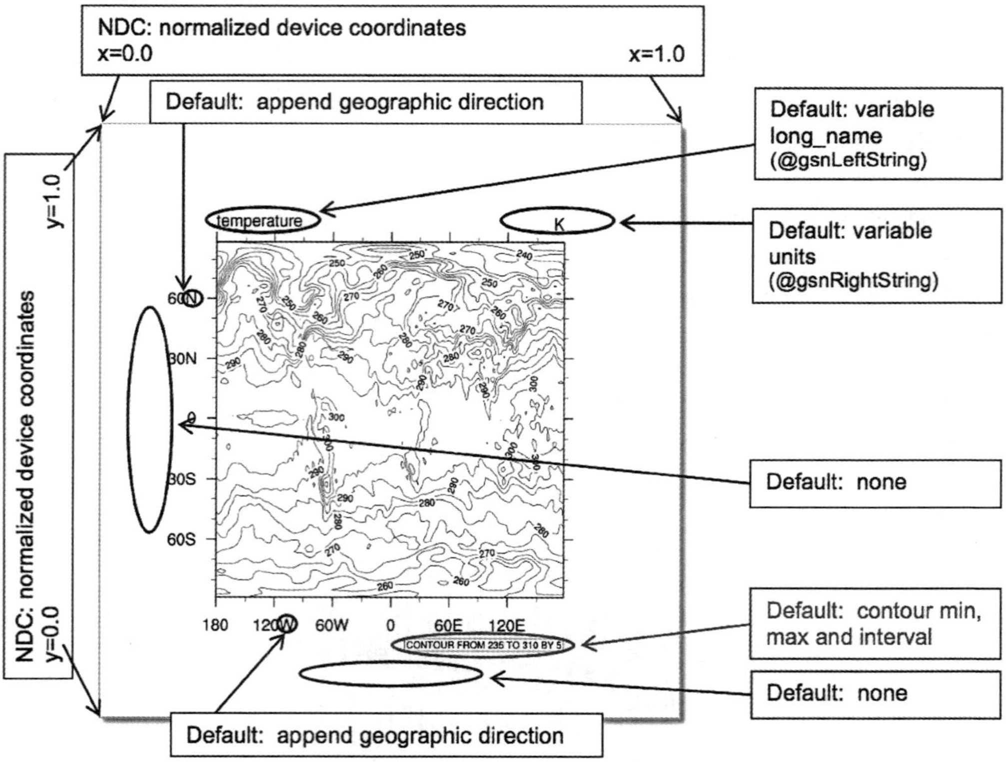

图 4.20　等值线图的常规设置项示意图

有地图的简单示例脚本"contour_map. ncl"如下：

```
begin
  f = addfile ("uvt.nc", "r")
  var = f->T(0, 0, :, :)
  wks = gsn_open_wks ("x11", "plot_contour_map")   ;-- 绘图空间
  res = True                                       ;-- 图形属性设置
  res@gsnMaximize = True
  res@tiMainString = "Example: contour map"        ;-- 图题名
  res@tiMainFontHeightF = 0.02
  plot = gsn_csm_contour_map (wks, var, res)
end
```

有地图的等值线图如图 4.21 所示。

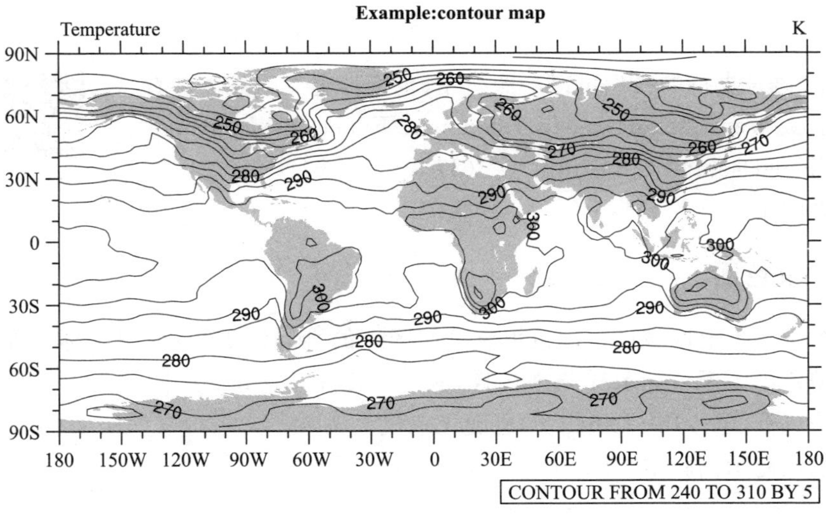

图 4.21　有地图的等值线图的绘图效果

NCL 语言的图形属性资源默认的线型为黑色实线，如果需要改变可以参照下列两种方式在脚本中插入代码：

res@cnLineDashPattern = 1　　→　使用线型索引 1（点虚线）

或者

res@cnMonoLineDashPattern = False　　→　使用多线型

res@cnLineColor = "grey20"　　→　线颜色为灰度

改变等值线的线型为点虚线及其颜色为灰度后的显示效果如图 4.22 所示。

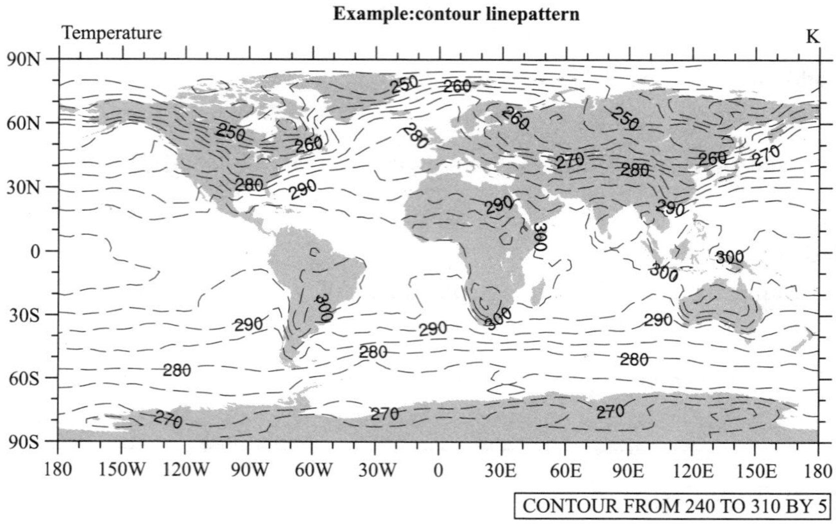

图 4.22　改变等值线的线型和颜色的效果图

NCL 语言支持的线型可以参照引用(也可自定义),具体参看:http://www.ncl.ucar.edu/Document/Functions/Built-in/NhlNewDashPattern.shtml　　**(37)**
或者附录 C。

(37)

4.5.1　填色图

绘图时对等值区域进行颜色填充可使图形的直观性更强,而原来标注在每条等值线上的值则由颜色标示样条来代替(@LabelBar),原等值线图形下方等值线的取值间隔信息框(@cnInfoLabelOn)也随之取代。

颜色填充示例脚本“contour_filled_map.ncl”如下:

```
;load "$NCARG_ROOT/lib/ncarg/nclscripts/csm/gsn_code.ncl"
;load "$NCARG_ROOT/lib/ncarg/nclscripts/csm/gsn_csm.ncl"
begin
;-- 读数据
  diri = "./"
  fili = "uvt.nc"
  f = addfile (diri+fili, "r")
  var = f->T(0, 0, :, :)
```

```
  wks = gsn_open_wks ("x11", "plot_contour_filled_map")
;-- 图形属性
  res = True
  res@gsnMaximize = True
  res@cnFillOn = True                            ;-- 填充图
  res@cnFillPalette = "GrayWhiteGray"            ;-- 颜色表
  res@cnLinesOn = False                          ;-- 不绘制等值线
  res@cnLineLabelsOn = False                     ;-- 关闭等值线值标注
  res@cnLevelSelectionMode = "ManualLevels"      ;-- 手动设置
  res@cnMinLevelValF = 250.                      ;-- 最小
  res@cnMaxLevelValF = 310.                      ;-- 最大
  res@cnLevelSpacingF = 4.                       ;-- 间隔
  res@lbBoxMinorExtentF = 0.15                   ;-- 减小标示样条高度
  res@tiMainString = "Example: filled contour map"
  res@gsnRightString = "K"
  res@tiMainFontHeightF = 0.02
;-- 绘图
  plot = gsn_csm_contour_map (wks, var, res)
end
```

图形显示效果如图 4.23 所示。

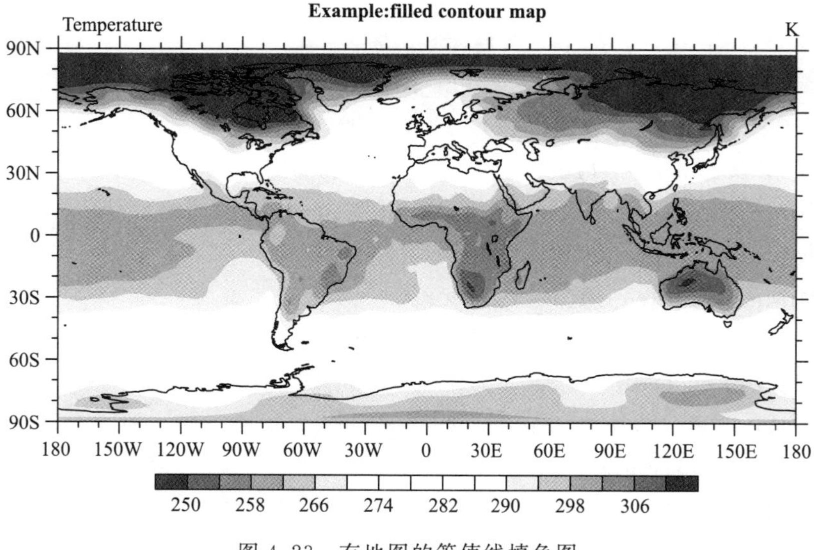

图 4.23　有地图的等值线填色图

默认情况下，NCL 语言绘图会根据输出数据的最大值和最小值优化 10～16 个等空间分布的水平样条进行填色。当然，用户也可以通过设置参数项“cnLevelSpaceF”来自由改变等值颜色填充的取值间隔。

两种常用的自定义方式的示例如下：

res@cnLevelSelectionMode = "ManualLevels" → 手动设置
res@cnMinLevelValF = 250. → 最小取值
res@cnMaxLevelValF = 310. → 最大取值
res@cnLevelSpacingF = 1 → 间隔

或者，定义每条等值线：

res@cnLevelSelectionMode = "ExplicitLevels" → 精确设置
res@cnLevels = (/250, 255, 270, 275, 280, 300, 310/) → 等值线值

4.5.2 图案填充图

NCL 语言绘图同样提供样本图案对等值区域进行填充的方式，可用的样本图案可参看网址：

(38)

http://www.ncl.ucar.edu/Document/Graphics/Images/fillpatterns.png **(38)**

或者附录 D。

图案填充示例脚本“contour_fillpattern.ncl”如下：

```
begin
  f = addfile ("./uvt.nc","r")
  var = f->T(0, 0, :, :)
  wks = gsn_open_wks ("x11", "plot_contour_fillpattern")
  res = True
  res@gsnMaximize = True
  res@tiMainString = "Example: contour fill pattern"
  res@gsnRightString ="K"
  res@tiMainFontHeightF = 0.02
  res@cnLevelSelectionMode = "ManualLevels"
  res@cnMinLevelValF = 250.
  res@cnMaxLevelValF = 310.
  res@cnLevelSpacingF = 5.
```

```
  res@cnMonoFillPattern = False
  res@cnMonoFillScale = False
  res@cnFillOn = True
  res@cnFillColors = (/"grey20", "grey25", "grey30", "grey35", "grey40", \
                      "grey45", "grey50", "grey55", "grey60", "grey65", \
                      "grey70", "grey75", "grey80", "grey90"/)
  res@cnFillPatterns = (/9, 1, 2, 3, 4, 5, 6, 7, 8, 17, 10, 11, 12, 16/)
                                                            ;-- 图案表
  res@cnFillDotSizeF = 0.003
  res@cnFillScales = (/0.2 ,.4 ,.5, .3, .5, .5, .5, .5, .5, 1., .5, .5, .5, .4/)
                                                            ;-- 密度
  plot = gsn_csm_contour_map (wks, var, res)
end
```

图形显示效果如图 4.24 所示。

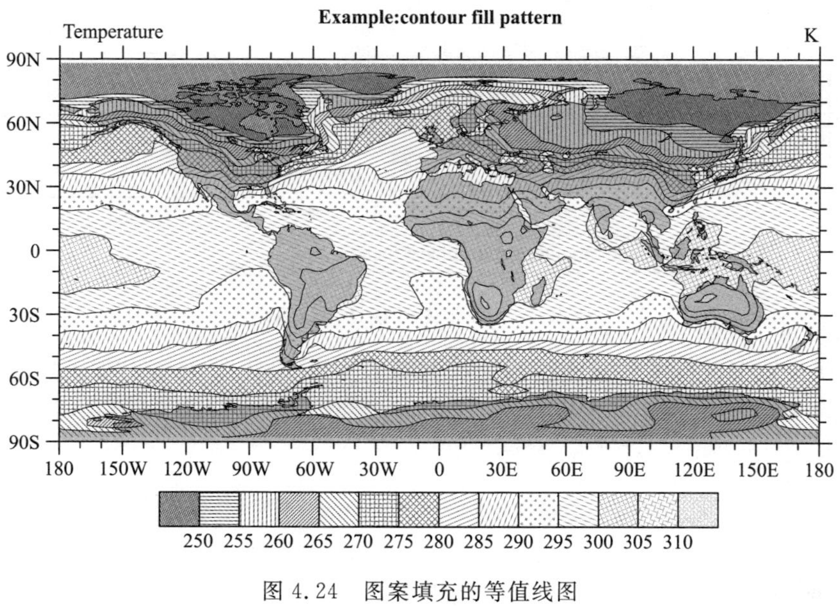

图 4.24　图案填充的等值线图

4.6 矢量图(vector plots)

矢量图不同于等值线图，最显著的表现是其大小为矢量线的长度，而其方向为矢量线的箭头所指。NCL 语言提供了专门的函数和图形属性资源用以绘制矢量图，标准矢量图的图形属性设置示意图如图 4.25 所示。

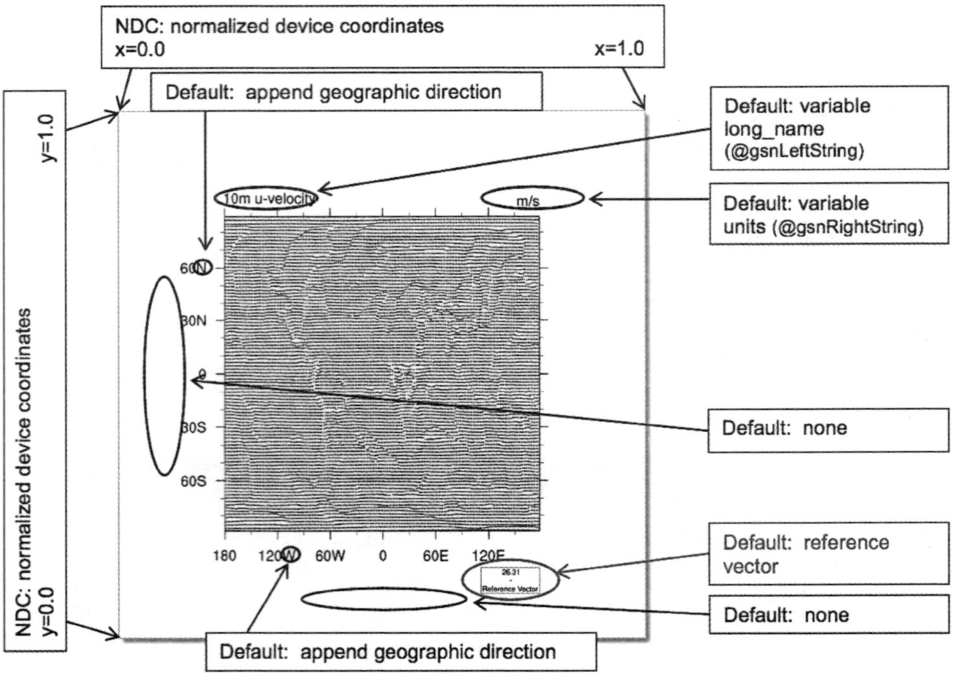

图 4.25 矢量图常规设置示意图

默认设置下的标准矢量图绘制的示例脚本“vector_default. ncl”如下：

```
begin
  diri = "./"
  fili = "uv300.nc"

  f = addfile (diri+fili, "r")
  u  = f->U(0, :, :)                    ;-- 选择第一时次
  v  = f->V(0, :, :)
```

```
;-- 绘图空间
  wks = gsn_open_wks ("x11", "plot_vector_default")
;-- 绘制矢量图
  plot = gsn_csm_vect_map (wks, u, v, False)
end
```

图形显示效果如图 4.26 所示。

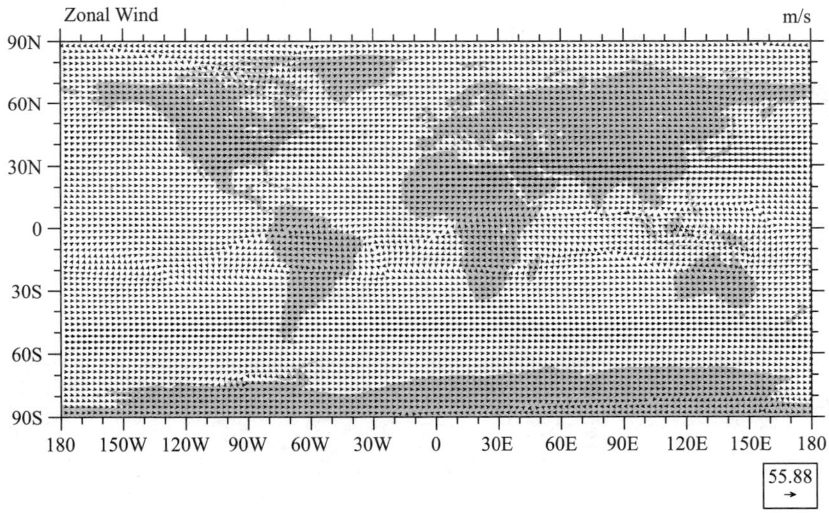

图 4.26　默认设置的标准矢量图

默认设置下的矢量图(图 4.26)显示效果显然不够理想，对于矢量场绘图更好的方式是设置图形资源类中的参数项“@vcGlyphStyle”值为“CurlyVector”，即绘制流线段并配合弯曲的方向箭头。

示例脚本“vector_curly.ncl”如下：

```
begin
  diri = "./"
  fili = "uv300.nc"
  f = addfile (diri+fili, "r")
  u   = f->U(0, :, :)
  v   = f->V(0, :, :)          ;-- 选择第一时次
  wks = gsn_open_wks ("x11", "plot_vector_curly")
```

```
;-- 图形属性设置
  vres = True
  vres@gsnMaximize = True
  vres@tiMainString = "Example: vector curly"
  vres@vcMinFracLengthF = 1.0               ;-- 最小矢量的参考长度(缩放比)
  vres@vcRefMagnitudeF = 3.0                ;-- 参考矢量大小
  vres@vcRefLengthF = 0.045                 ;-- 参考矢量长度
  vres@vcGlyphStyle = "CurlyVector"         ;-- 曲线矢量
  vres@vcMinDistanceF = 0.01                ;-- 矢量间距
;-- 绘制矢量图
  plot = gsn_csm_vector_map (wks, u, v, vres)
end
```

那么，一个较直观的矢量场显示如图 4.27 所示。

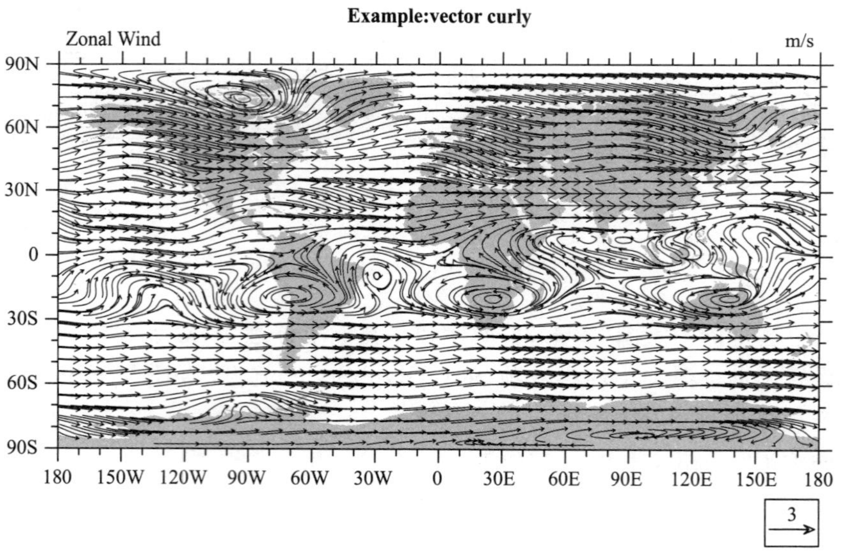

图 4.27　矢量曲线和箭头方式的矢量图

当然，还可以进一步地突出研究对象的图形显示，使用不同颜色(或灰度)的温度场分布表示矢量场热力输送(图 4.28)。

示例脚本“vector_plot_colorized.ncl”如下：

```
begin
  diri = "./"
  fili = "rectilinear_grid_2D.nc"
  uname = "u10"
  vname = "v10"
  tname = "tsurf"

;-- read the data
  f = addfile (diri+fili, "r")              ;-- 打开数据文件
  u = f->$uname$(0, :, :)                   ;-- 读取第一时间序列 u 风速
  v = f->$vname$(0, :, :)
  t = f->$tname$(0, :, :)                   ;-- 第一时间序列温度 t

;-- 定义绘图空间
  wks = gsn_open_wks ("x11","plot_vector_colorized")

;-- 图形属性设置
  res = True
  res@gsnMaximize = True                    ;-- 最大化显示
  res@vcMinFracLengthF = 1.0                ;-- 最小矢量缩放长度
  res@vcRefMagnitudeF = 3.0                 ;-- 矢量大小
  res@vcRefLengthF = 0.045                  ;-- 参考长度
  res@vcGlyphStyle = "CurlyVector"          ;-- 曲线矢量
  res@vcMinDistanceF = 0.01                 ;-- 增大间隔
  res@vcLevelPalette = "ncl_default"        ;-- 颜色表
  res@tiMainString = "Example: vectors colorized by temperature"
  res@gsnRightString = "K"

;-- 绘图,矢量和标量同时叠加
  plot = gsn_csm_vector_scalar_map (wks, u, v, t, res)
end
```

示例脚本中使用的函数“gsn_csm_vector_scalar_map”同时完成了矢量和标量在一张图形上的叠加效果。除了这种方法,函数“overlay”也能达到同样效果,这将在后面第 4.9 节中具体介绍。

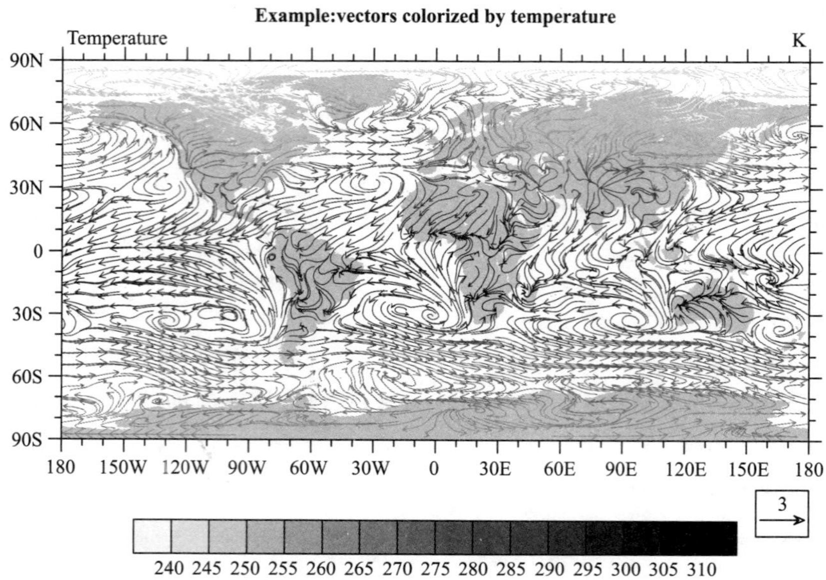

图 4.28　叠加温度场的风场矢量图

4.7　剖面图(slice plots)

实际应用绘图分析中,对三维空间结构的特征检验,通常需要对物理量场沿垂直方向切开以获得不同的剖面来描述,而剖面图也是 NCL 语言绘图所提供的重要内容之一。

沿 40°N 的纬向 0°E～60°E 的温度场垂直剖面示例脚本“slice_plot. ncl”如下:

```
begin
  f = addfile ("./uvt.nc", "r")
  var = f->T(0, :,{40}, {0:60})     ;-- 第一时间步长,北纬 40 度,东经 0～60 度.

  lon_t = f->lon({0:60})            ;-- 东经 0～60 度
  lev_t = f->lev                    ;-- 14 层
;-- 绘图空间
  wks = gsn_open_wks ("x11", "plot_slices")
;-- 图形属性设置
  res = True
```

```
  res@tiMainString = "Example: Slice plot at 40~S~o~N~N"
  res@gsnRightString = "K"
  res@cnFillOn = True
  res@cnLineLabelsOn = False
  res@cnInfoLabelOn = False
  res@cnFillPalette = "gsltod"                 ;-- 默认颜色表
  res@lbOrientation = "vertical"               ;-- 垂直显示标示样条
  res@tiYAxisString = "Pressure [hPa]"
  res@sfXArray = lon_t                         ;-- 使用 lon_t 作为 x 轴
  res@sfYArray = lev_t                         ;-- 使用 lev_t(hPa)作为 y 轴
  res@trYReverse = True                        ;-- 反转 y 轴(由大到小)
  res@gsnYAxisIrregular2Log = True             ;-- 转换 y 轴为规则线型深度
;-- 绘图
  plot = gsn_csm_contour (wks, var, res)
end
```

图形显示效果如图 4.29 所示。

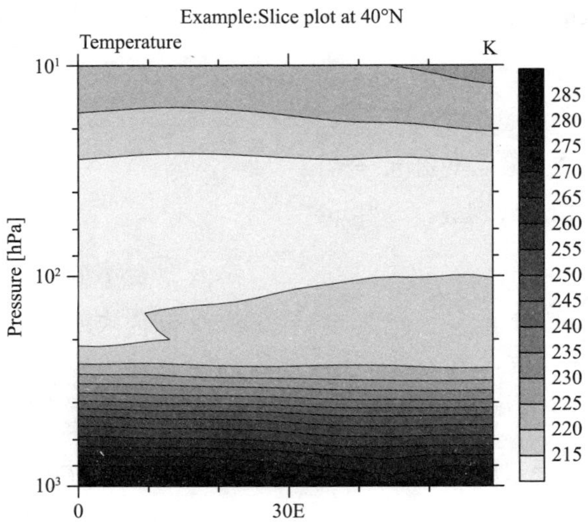

图 4.29　纬向温度场的垂直剖面图

4.8 直方图(bar charts)

直方图实质上与 XY 二维折线图具有一致的表达意义，都能表述数据序列的二维分布情况，且仅改变为使用柱状条来描述各点的值大小。尽管上述两者功能类似，但在图形绘制时却各自具有对应的图形属性资源类。对于直方图来说，通常使用图形属性资源类中“@gsn”下的参数项设置，而其坐标轴设置则与二维折线图的控制方式一致。

直方图的示例脚本“bar_chart.ncl”如下：

```
begin
  low = 0.0
  high = 1.0
  n = 12
  x = fspan (1.0, 12.0, n)
  y = random_uniform (low, high, n)        ;-- 随机数
  wks = gsn_open_wks ("x11", "plot_bar_chart")
  res = True
  res@gsnXYBarChart = True
  res@gsnXYBarChartBarWidth = 0.3
  res@gsnXYBarChartColors = "blue"
  res@trXMinF = 0.0                        ;-- x 轴最小值
  res@trXMaxF = 13.0                       ;-- x 轴最大值
  res@trYMinF = 0.0                        ;-- y 轴最小值
  res@trYMaxF = 1.0                        ;-- y 轴最大值
  res@tmXBMode = "Explicit"                ;-- 精确的标注列表
  res@tmXBValues = ispan (1, 12, 1)
  res@tmXBLabels = (/"Jan","Feb","Mar","Apr","May","Jun", \
                     "Jul","Aug","Sep", "Oct","Nov","Dec"/)
  res@tmXBLabelFontHeightF = 0.015
```

```
  res@tiMainString = "Example: bar chart"
  plot = gsn_csm_xy (wks, x, y, res)
end
```

直方图显示效果如图 4.30 所示。

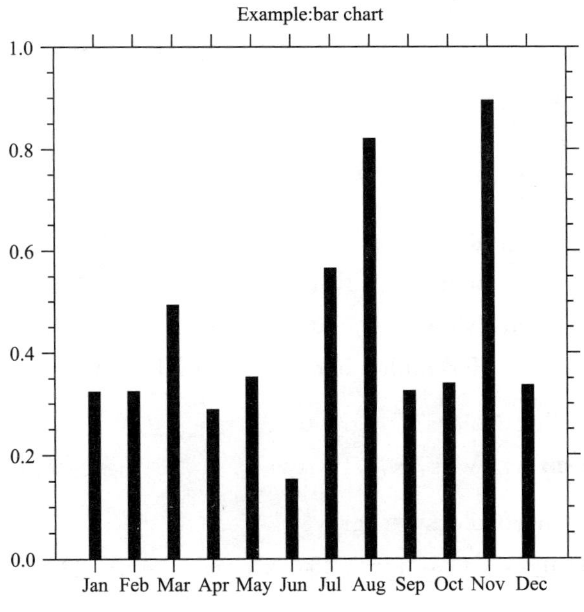

图 4.30　随机数据序列的直方图

同一直方图上显示多个数据样条的示例脚本“bar_chart_multi.ncl”如下：

```
begin
  low = 0.0
  high = 1.0
  n =12
  x = fspan (0.5, 11.5, n)
  y1 = random_uniform (low, high, n)      ;-- 三个随机样本数据序列
  y2 = random_uniform (low, high, n)
  y3 = random_uniform (low, high, n)
```

```
  wks = gsn_open_wks ("x11", "plot_bar_chart_multi")
  res = True
  res@gsnDraw = True
  res@gsnFrame = False
  res@gsnXYBarChart = True
  res@gsnXYBarChartBarWidth = 0.25

  res@trXMinF = 0.0
  res@trXMaxF = 12.5
  res@trYMinF = 0.0
  res@trYMaxF = 1.0

  res@tmXBMode = 1.0
  res@tmXBValues = ispan (1, 12, 1) - 0.25        ;-- 中心标注
  res@tmXBLabelFontHeightF = 0.015
  res@tiMainString = "Example: bar chart of multi data sets"

  res@gsnXYBarChartColors = "grey0"
  plots1 = gsn_csm_xy (wks, x, y1, res)           ;-- 绘制第一样条序列

  res@gsnXYBarChartColors = "grey35"
  plots2 = gsn_csm_xy (wks, x+0.25, y2, res)      ;-- 绘制第二样条序列

  res@gsnXYBarChartColors = "grey70"
  plots3 = gsn_csm_xy (wks, x+0.5, y3, res)       ;-- 绘制第三样条序列

  frame (wks)                                     ;-- 同时显示

end
```

图形显示效果如图 4.31 所示。

实际应用中，有时需要区别给定参考值以上和以下数据的分布情况(例如距平)，通常采用不同颜色的柱状条来区分表示正负值区域的数据。

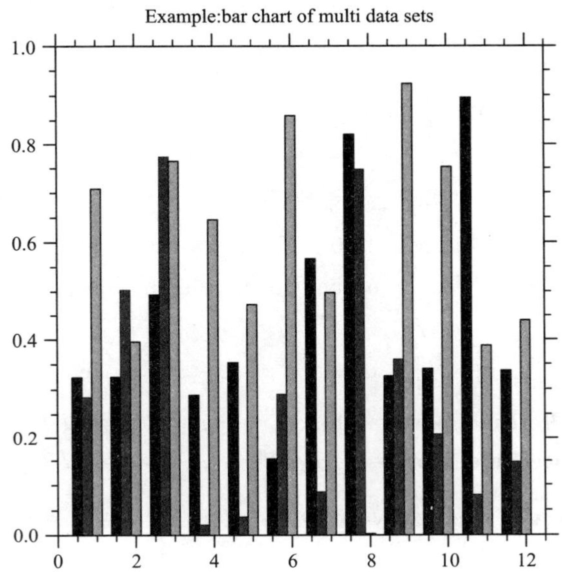

图 4.31　区分三个随机数据序列的直方图

示例脚本“bar_chart_col_above_below.ncl”如下：

```
begin
  low = -1.0
  high = 1.0
  n = 24
  x = fspan (1.0, 12.0, n)
  y = random_uniform (low, high, n)
  wks = gsn_open_wks ("x11", "plot_bar_chart_col_above_below")
  res = True
  res@gsnDraw = True
  res@gsnFrame = False
  res@gsnXYBarChart = True
  res@gsnXYBarChartBarWidth = 0.25
  res@trXMinF = 0.0
  res@trXMaxF = 13.0
  res@trYMinF = -1.0
  res@trYMaxF = 1.0
```

```
   res@tmXBMode = "Explicit"
   res@tmXBValues = ispan (1, 12, 1)
   res@tmXBLabels = (/"Jan", "", "Feb", "", "Mar", "", "Apr", "", \
                      "May", "", "Jun", "", "Jul", "", "Aug", "", \
                      "Sep", "", "Oct", "", "Nov", "", "Dec", ""/)
   res@tmXBLabelFontHeightF = 0.015
   res@tiMainString = "Example: bar chart coloring above/below"

   res@gsnYRefLine = 0.                          ;-- 参考线
   res@gsnXYBarChart = True                      ;-- 柱状图
   res@gsnAboveYRefLineColor = "black"           ;-- 参考线以上黑色填充
   res@gsnBelowYRefLineColor = "grey20"          ;-- 参考线以下灰色填充

   plot = gsn_csm_xy (wks, x, y, res)
   frame(wks)
end
```

图形显示效果如图 4.32 所示。

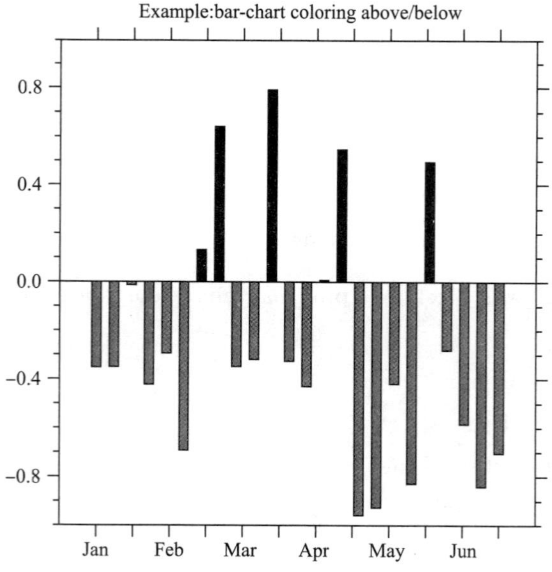

图 4.32　给定数据序列参考线的直方图

此外，还可以使用函数“gsn_histogram”以通过不同颜色的填充样条对直方图进行填充，区分和比较两个数据序列。示例脚本“histograms.ncl”如下：

```
begin
;-- 随机生成二维示例数组（2 组数据对比分析）
  data = new ((/2,1000/), float)
  data(0，:) = random_uniform (0, 500. , 1000)
  data(1，:) = random_uniform (0, 500. , 1000)

  xint = ispan(0, 500, 25)
;-- 绘图空间
  wks = gsn_open_wks ("x11", "plot_histograms")
  gsn_define_colormap (wks, "gsltod")                ;-- 定义颜色表
  res = True
  res@gsnHistogramBarWidthPercent = 70.
  res@gsnHistogramClassIntervals = xint
  res@tmXBLabelAngleF = 325.                          ;-- 改变标注角度
  res@tmLabelAutoStride = True                        ;-- 防止标注遮盖
  res@tiMainString = "Example: Histograms"

  plot = gsn_histogram (wks, data, res)              ;-- 创建比较式直方图
end
```

图形显示效果如图 4.33 所示。

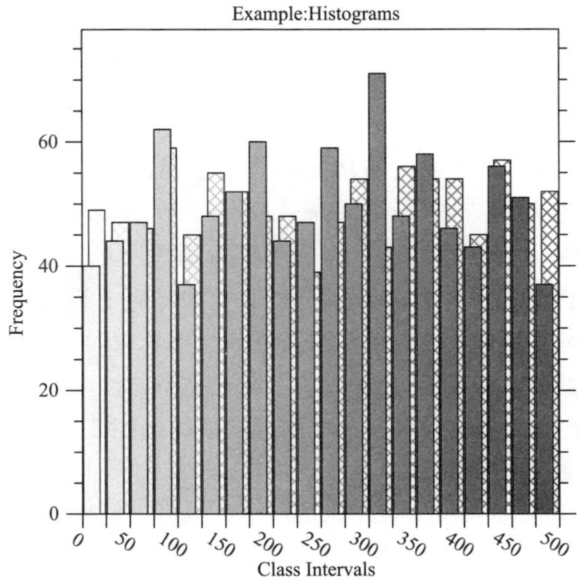

图 4.33　数据序列的比较式直方图

NCL 语言在新版本中提供了设置图层透明度的图形资源类的参数项设置“@gsFillOpacityF”，其取值从 0～1 表示图形对象的透明度。那么，为了避免不同数据序列样条间的遮盖作用，对图 4.33 中的上部数据序列样条的透明度设置为 0.4，显示效果如图 4.34 所示。

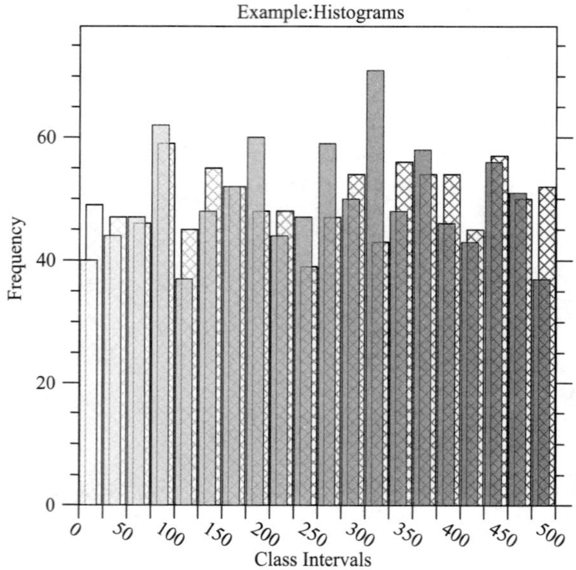

图 4.34 设置透明度参数的比较式直方图

4.9 图形叠加(overlay plots)

NCL 语言绘图时的一个强大的功能就是能够像其他专业的图形处理软件(如 Photoshop)一样轻松地完成图层对象的叠加过程。在前面等值线图绘制的时候，其实已经使用了图层叠加函数“overlay”完成了标量场图层对矢量场图层的叠加过程。但是，NCL 语言绘图时的图形叠加必须是在底图的基础上进行的，无论在底图上叠加多少新图形，前提都要满足能够和底图区域完全重合。同时，只要底图具有地图属性，叠加其上的图层必须是等值线、矢量或者其他类型的。

此外，图层的叠加必然会造成其下部图层图形的遮挡效果，这也是制作地图蒙版的基本思路。为了控制上部叠加图层的遮挡作用，NCL 语言也提供了用于控制图层透明度的图形属性资源参数项来弱化遮挡作用。也可以利用这个特点在绘图时对关注区域对象提供高亮显示效果，即透明化非关键图层。

在底图基础上叠加两个图层元素并高亮显示关注区域的示例脚本“transparent_

filled_contour.ncl”如下：

```
begin
;-- 读数据
  diri = "./"
  fili = "uv300.nc"
  a = addfile (diri+fili, "r")
  u = a->U(1, :, :)
;-- 绘图空间
  wks = gsn_open_wks ("x11", "plot_transparency")
;-- 图形属性设置
  res = True
  res@gsnFrame = False
  res@gsnDraw = False
  res@cnFillOn = True
  res@cnFillPalette = "GrayWhiteGray"
  res@cnLinesOn = False                    ;-- 填色图,关闭等值线图形属性
  res@cnLineLabelsOn = False               ;-- 关闭等值线值标注
  res@cnInfoLabelOn = False                ;-- 关闭等值线间隔信息框
  res@cnLevelSelectionMode = "ExplicitLevels"
  res@cnLevels = ispan(-12, 40, 2)
;-- 设置主图显示等值线
  bres = res                               ;-- 技巧:复制图形属性设置
                                           ;-- 仅改变该图层特有属性项
  bres@gsnMaximize = False
  bres@mpFillOn = False
  bres@gsnCenterString = "Example: transparency I"
  bres@cnFillOpacityF = 0.5                              ;-- 50% 模糊度
  main_plot = gsn_csm_contour_map (wks, u, bres)        ;-- 绘制底图
;-- 设置叠加的图层
  ores = res
  ores@cnFillOpacityF = 1.0                              ;-- 100%不透明
  ores@gsnRightString = ""
```

```
  ores@gsnLeftString = ""
  ores@lbLabelBarOn = False
;-- 区域绘图并叠加图层
  overlay_plot = gsn_csm_contour (wks, u({-30:30}, {-120:120}), ores)
  overlay (main_plot, overlay_plot)                ;-- 叠加图层
;-- 创建新的不透明图层，第二个图形示例：图形蒙版
  bres@gsnCenterString = "Example: transparency II"
  bres@cnFillOpacityF = 1.0                        ;-- 100%不透明
  plot = gsn_csm_contour_map (wks, u, bres)        ;-- 绘制底图
;-- 部分透明的多边形设置
  gnres = True
  gnres@gsFillOpacityF = 0.5                       ;-- 50%不透明
  gnres@gsFillColor = "white"
  lat_box = (/ -30, -30, 30, 30, -30/)             ;-- 定义矩形框区域
  lon_box = (/-120, 120, 120, -120, -120/)
;-- 叠加多边形
  gsid = gsn_add_polygon (wks, plot, lon_box, lat_box, gnres)
  gsn_panel(wks, (/main_plot,plot/), (/2,1/), False)
end
```

两种叠加方式的图形显示效果如图 4.35 所示。

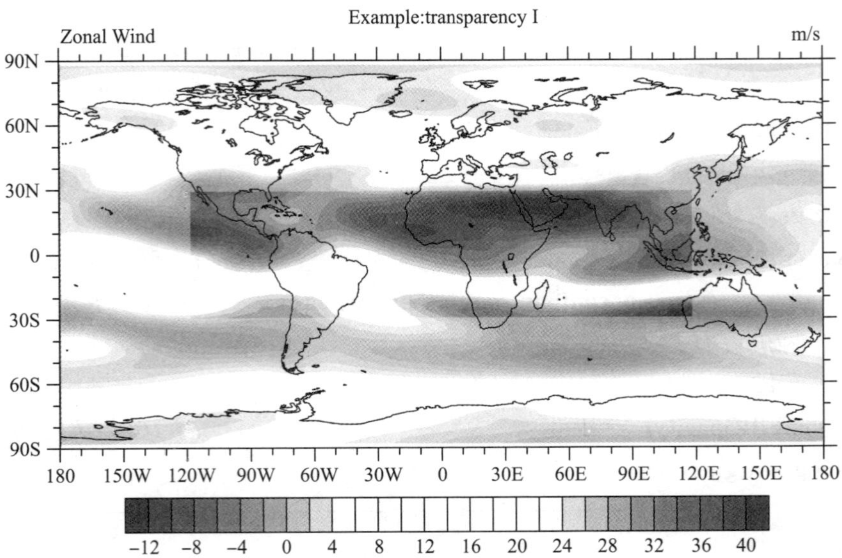

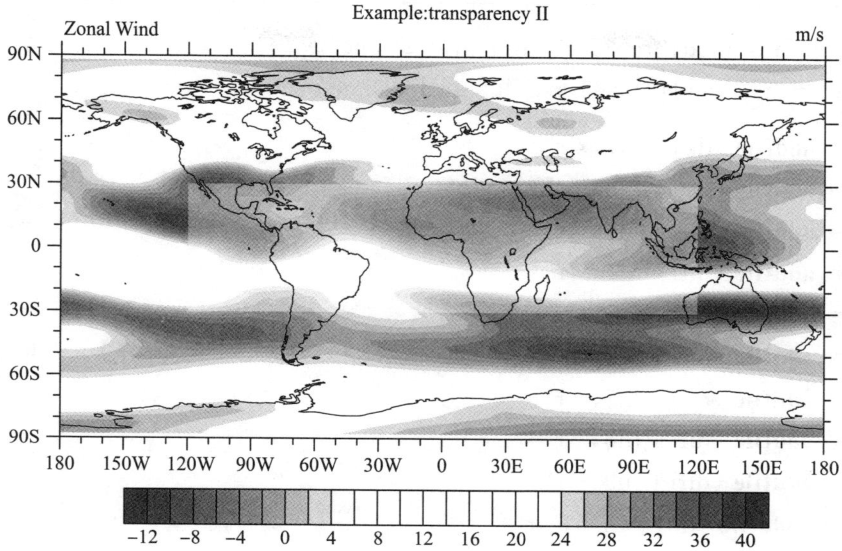

图 4.35　两种方法实现的图层叠加的高亮显示效果

图层的叠加还有一个重要的用途就是在同一张图上进行多模式或者多变量的时间序列的比较分析，通过设置不同的线型、颜色并且叠加用户自定义的图释内容等来提高数据结果分析过程的直观性。

多时间序列的图形叠加示例脚本“multi_timeseries. ncl”如下：

```
load " $NCARG_ROOT/lib/ncarg/nclscripts/csm/shea_util. ncl "
begin
  diri = "./"
  fil1= "tas_mod1_hist_rectilin_grid_2D. nc"
  fil2= "tas_mod1_rcp45_rectilin_grid_2D. nc"
  fil3= "tas_mod1_rcp85_rectilin_grid_2D. nc"
  fil4= "tas_mod2_hist_rectilin_grid_2D. nc"
  fil5= "tas_mod2_rcp45_rectilin_grid_2D. nc"
  fil6= "tas_mod2_rcp85_rectilin_grid_2D. nc"
  fil7= "tas_mod3_hist_rectilin_grid_2D. nc"
  fil8= "tas_mod3_rcp45_rectilin_grid_2D. nc"
  fil9= "tas_mod3_rcp85_rectilin_grid_2D. nc"
  fil10 = "tas_mod4_hist_rectilin_grid_2D. nc"
```

```
fil11= "tas_mod4_rcp45_rectilin_grid_2D.nc"
fil12 = "tas_mod4_rcp85_rectilin_grid_2D.nc"
f1 = addfile (diri+fil1, "r")
f2 = addfile (diri+fil2, "r")
f3 = addfile (diri+fil3, "r")
f4 = addfile (diri+fil4, "r")
f5 = addfile (diri+fil5, "r")
f6 = addfile (diri+fil6, "r")
f7 = addfile (diri+fil7, "r")
f8 = addfile (diri+fil8, "r")
f9 = addfile (diri+fil9, "r")
f10 = addfile (diri+fil10, "r")
f11 = addfile (diri+fil11, "r")
f12 = addfile (diri+fil12, "r")
;-----------------------------------------------
temp1 = f1->tas(:, 0, 0, 0)
temp1@long_name = "2m temperature"
temp2 = f2->tas(:, 0, 0, 0)
temp2@long_name = "2m temperature"
temp3 = f3->tas(:, 0, 0, 0)
temp3@long_name = "2m temperature"
temp4= f4->tas(:, 0, 0, 0)
temp4@long_name = "2m temperature"
temp5= f5->tas(:, 0, 0, 0)
temp5@long_name = "2m temperature"
temp6= f6->tas(:, 0, 0, 0)
temp6@long_name = "2m temperature"
temp7= f7->tas(:, 0, 0, 0)
temp7@long_name = "2m temperature"
temp8= f8->tas(:, 0, 0, 0)
temp8@long_name = "2m temperature"
temp9= f9->tas(:, 0, 0, 0)
```

```
  temp9@long_name = "2m temperature"
  temp10= f10->tas(:, 0, 0, 0)
  temp10@long_name = "2m temperature"
  temp11= f11->tas(:, 0, 0, 0)
  temp11@long_name = "2m temperature"
  temp12= f12->tas(:, 0, 0, 0)
  temp12@long_name = "2m temperature"
;-----------------------------------------------
  time = ispan (1950, 2098, 1)
  time@long_name = "Time"
;-- 多线图需要多个数组(或者数据,需考虑坐标轴范围)
  data= new ((/12,149/), float)
  data(0, 0:55) = temp1
  data(1, 56:148) = temp2
  data(2, 56:148) = temp3
  data(3, 0:55) = temp4
  data(4, 56:148) = temp5
  data(5, 56:148) = temp6
  data(6, 0:55) = temp7
  data(7, 56:148) = temp8
  data(8, 56:148) = temp9
  data(9, 0:55) = temp10
  data(10, 56:148) = temp11
  data(11, 56:148) = temp12
;-- 绘图空间
  wks = gsn_open_wks ("x11", "plot_multi_timeseries")
;-- 图形属性设置
  res = True
  res@xyExplicitLegendLabels = (/"Data 1 historical", \
                                " Data 1 rcp45", " Data 1 rcp85", \
                                " Data 2 historical", \
                                " Data 2 rcp45", " Data 2 rcp85", \
```

```
                                  " Data 3 historical", \
                                  " Data 3 rcp45", " Data 3 rcp85", \
                                  " Data 4 historical", \
                                  " Data 4 rcp45", " Data 4 rcp85"/)
res@xyLineColors = (/"gray55", "gray55", "gray55", "blue", "blue", \
                     "blue", "red", "red", "red", "green", "green",\
                     "green"/)
res@xyDashPatterns = (/0, 5, 2, 0, 5, 2, 0, 5, 2, 0, 5, 2/)
res@xyLineThicknessF = 3
res@tiYAxisString= ""
res@tiYAxisFont = 21
res@tiYAxisFontAspectF = 1.3
res@tiYAxisFontHeightF = 0.012
res@tiXAxisString = = "Year"
res@tiXAxisFont = 21
res@tiXAxisFontAspectF = 1.3
res@tiXAxisFontHeightF = 0.012
res@tiXAxisOffsetYF = 0.0
res@tiMainOffsetYF = 0.11
res@tiMainString = ""
res@tmXBLabelFontAspectF = 1.2
res@tmXBLabelFontHeightF = 0.012
res@trYMinF =292.0
res@trYMaxF = 300.0
res@gsnMaximize = True
res@gsnDraw = False
res@gsnFrame = False
res@vpXF = 0.25                          ;-- 视窗设置
res@vpYF = 0.6
res@vpWidthF = 0.7
res@vpHeightF = 0.4
res@pmLegendDisplayMode = "Always"       ;-- 显示图释
```

```
  res@lgLabelFontHeightF = 0.01
  res@pmLegendWidthF = 0.12                        ;-- 图释宽度
  res@pmLegendHeightF = 0.19                       ;-- 图释高度
  res@pmLegendOrthogonalPosF = -1.14               ;-- 向上移动(左下角原点)
  res@pmLegendParallelPosF = 0.18                  ;-- 向右移动
;-- 图层绘制
  plot = gsn_csm_xy (wks, time, data, res)
;-- 设置文本显示属性
  txres = True
  txres@txFontHeightF = 0.010
;-- 中上部文本
  txres@txFontHeightF = 0.012
  txres@txJust = "CenterCenter"
  gsn_text_ndc (wks, "~Z130~2m temperature~N~", 0.53, 0.74, txres)
;-- 左上部文本
  txres@txFontHeightF = 0.012
  txres@txJust = "CenterLeft"
  gsn_text_ndc (wks, "Project: project name", 0.13, 0.74, txres)
  gsn_text_ndc (wks, "Model: model", 0.13, 0.72, txres)
;-- 右上部文本
  txres@txFontHeightF = 0.012
  txres@txJust = "CenterLeft"
  gsn_text_ndc (wks, "Area mean:", 0.77, 0.76, txres)
  gsn_text_ndc (wks, "Lat: -45.76, 42.24", 0.77, 0.74, txres)
  gsn_text_ndc (wks, "Lon: -24.64, 60.28", 0.77, 0.72, txres)
  gsn_text_ndc (wks, "Data: yearly mean", 0.77, 0.70, txres)
  draw (plot)      ;-- 绘图并输出
  frame (wks)
end
```

图形显示效果如图 4.36 所示。

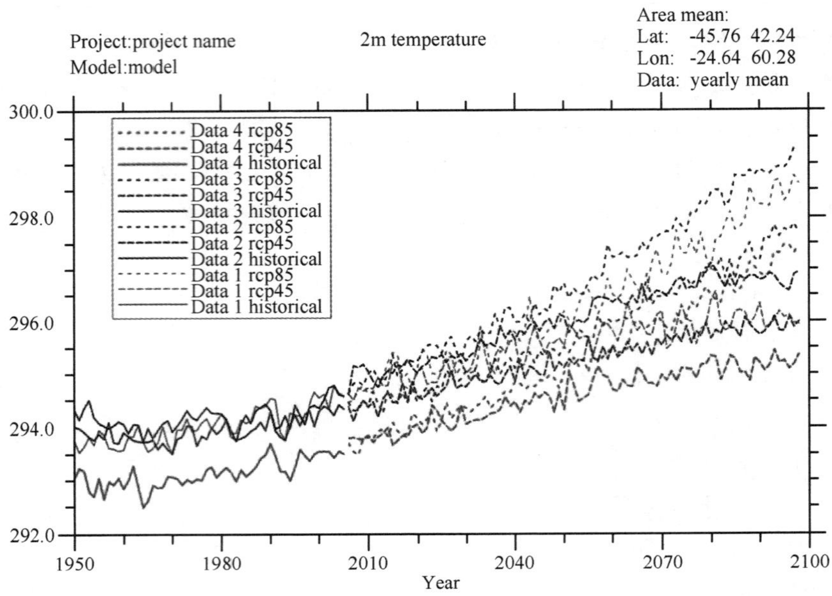

图 4.36 多时间序列数据的叠加显示分析图

4.10 图形展板(panel plots)

NCL 语言绘图时,允许用户在一个绘图空间或者显示页面通过使用过程函数“gsn_panel”绘制多个图形或图形系列,即图形展板或拼图。显示页面中放置的这些图形遵循“由左至右,从上至下”的基本顺序,并且此页面的所有图形都可以使用同一个标注样条或标题。示例脚本“panel_plot.ncl”如下:

```
begin
  a = addfile("$NCARG_ROOT/lib/ncarg/data/cdf/uv300.nc", "r")
  u = a->U(1, :, :)
  v = a->V(1, :, :)
  wks =gsn_open_wks("x11", "simple_panel")
  plot =new(3, graphic)                    ;-- 创建图形数组
  res = True
  res@gsnDraw = False                      ;-- 暂不绘制
  res@gsnFrame = False                     ;-- 暂不输出
  res@cnInfoLabelOn = False                ;-- 关闭等值线信息框
```

```
  plot(0) =gsn_csm_contour_map(wks, u, res)      ;-- 图 1
  plot(1) =gsn_csm_contour_map(wks, v, res)      ;-- 图 2
  res@gsnLeftString = "Vector Wind"
  delete(res@cnInfoLabelOn)      ;-- 删除无用的参数项(矢量绘制)
  plot(2) =gsn_csm_vector_map(wks,u(::4, ::4), v(::4, ::4), res) ;-- 图 3
  gsn_panel(wks, plot, (/3, 1/), False)    ;-- 默认设置输出展板
end
```

默认设置下图形展板显示效果如图 4.37 所示。

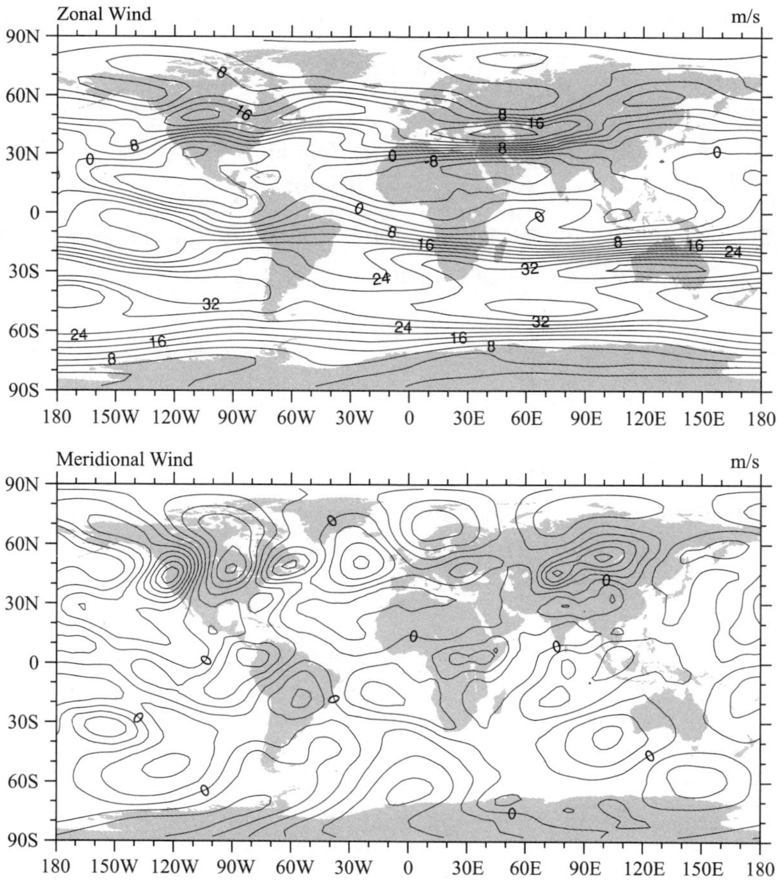

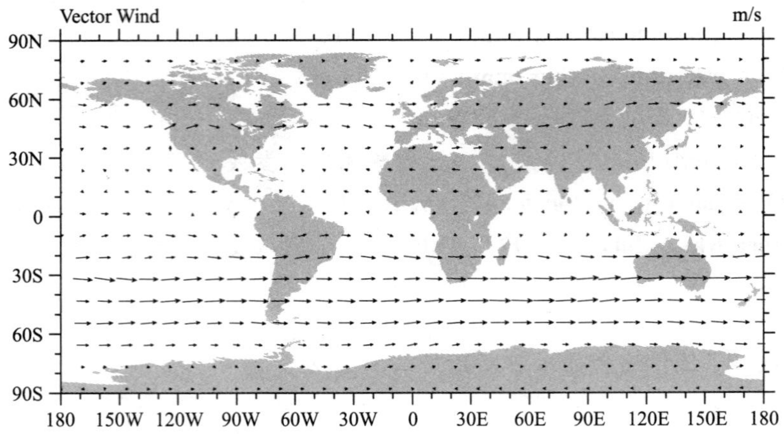

图 4.37 默认设置下的图形展板效果

【小贴士】绘制图形展板的主要内容之一就是保证其中各图形的显示位置和大小为最优效果。因此，可借助图形展板的属性资源设置参数项“@gsnPanelDebug”设置为“True”以打开调试信息输出，方便用户根据调试信息输出的数据值调整图形展板的显示效果。上面示例中如果修改最后几行，如下：

```
  ......
  pres = True
  pres@gsnPanelDebug = True      ;-- 调试信息开关
  gsn_panel(wks, plot, (/3, 1/), pres)
end
```

屏幕调试信息显示如下：

```
(0) There are 3 valid plots out of 3 total plots
(0) -------Panel viewport values for each plot-------
(0)        plot #0
(0)        new x,y        = 0.241526,0.971243
(0)        orig wdt,hgt   = 0.8,0.4
(0)        new wdt,hgt    = 0.547241,0.273621
(0) -------Panel viewport values for each plot-------
(0)        plot #1
```

```
(0)        new x,y        = 0.241526,0.63791
(0)        orig wdt,hgt   = 0.8,0.4
(0)        new wdt,hgt    = 0.547241,0.273621
(0) -------Panel viewport values for each plot-------
(0)        plot #2
(0)        new x,y        = 0.241526,0.304576
(0)        orig wdt,hgt   = 0.8,0.4
(0)        new wdt,hgt    = 0.547241,0.273621
(0) -------min/max X,Y viewport positions for plots-------
(0) min/max x viewport position = 0.241526/0.241526
(0) min/max y viewport position = 0.304576/0.971243
(0) gsnPanelInvsblTop = 0.996732
(0) -------min/max NDC values for all objects in panel-------
(0) min/max x position = 0.201721/0.798279
(0) min/max y position = -0.0352604/0.996732
```

此外，需要注意两个问题：

(1)“gsn_panel”函数执行时包括了“draw”和“frame”两个过程，因此不要重复使用；

(2)推荐在“gsn_panel”的设置中使用参数项“@gsnMaximize”，而不要在图形展板中各单独的成员图形绘制时设置。当然，用户也可以使用函数“maximize_output”对最终的输出属性进行控制。

4.10.1　常用控制参数项

用户在使用图形展板方式绘图时，通常需要对图形展板的属性资源参数项进行一些有用的设置，其中包括缩放参照、添加标题或文本说明、共用标示样条、共用坐标刻度标示和图形序列标号等(见表 4.1)，这些设置使得图形展板的运用更加灵活，绘图效果与单一图形也基本一致。

表 4.1　图形展板的图形属性常用参数项

参数项	使用说明
@gsnPanelScalePlotIndex	设置各图形的缩放参考(默认第一幅图)
@gsnPanelMainString	图形展板的标题
@gsnPanelLabelBar	图形展板的整体标示样条(标示样条一致的情况)
@gsnPanelFigureStrings	图形展板中各图形的序号标示字符
@gsn_text_ndc	图形展板的相关文本

示例脚本“panel_plot_settings. ncl”如下：

```
begin
  a = addfile("$NCARG_ROOT/lib/ncarg/data/cdf/uv300.nc", "r")
  u = a->U(1, :, :)
  v = a->V(1, :, :)

  wks = gsn_open_wks("x11", "panel_settings")
  cmap= read_colormap_file("gsltod")
  ncmap = dimsizes(cmap(:, 0))      ;-- 颜色 n X 4(红、绿、蓝和透明度)
  plot = new(3, graphic)

  res= True
  res@gsnDraw = False                          ;-- 暂不绘制
  res@gsnFrame = False                         ;-- 暂不输出
  res@cnInfoLabelOn = False                    ;-- 关闭等值线信息标示框
  res@cnFillOn = True                          ;-- 填充
  res@cnFillPalette = cmap(:ncmap-5,:)         ;-- 不用后 5 个太深的颜色
  res@lbLabelBarOn = False                     ;-- 关闭各图的标示样条
;-- 为统一标示样条效果,强制使用同样的等值线层次和间隔
  res@cnLevelSelectionMode = "ManualLevels"
  res@cnMinLevelValF = - 10.
  res@cnMaxLevelValF = 45.
  res@cnLevelSpacingF = 5.

  res@cnLineLabelFontHeightF = 0.015
  res@tmXBLabelsOn = False      ;-- 前 2 幅图不标记底部 x 轴刻度标签

  plot(0) = gsn_csm_contour_map(wks, u, res)   ;-- 图 a)
  plot(1) = gsn_csm_contour_map(wks, v, res)   ;-- 图 b)
  res@tmXBLabelsOn = True               ;-- 共用第 3 幅图底部 x 轴刻度标签
  plot(2) = gsn_csm_contour_map(wks, u, res)   ;-- 图 c)
;----------------------------Panel 图形属性设置------------------------------------
  resP = True                                  ;-- 打开设置
  resP@gsnFrame = False                        ;-- 暂不输出
```

```
  resP@gsnPanelLabelBar = True          ;-- 加入共用颜色标示样条
  resP@gsnPanelMainString = ""          ;-- 标题(NCL V6.4.0 下)

  resP@gsnPanelBottom= 0.05             ;-- 底部预留空间给添加文本

  resP@gsnPanelFigureStrings = (/"a)","b)","c)"/)  ;-- 各图的标记字符编号
  resP@amJust = "TopLeft"               ;-- 对齐方式(默认右下角)

  resP@lbTitleOn = True                          ;-- 标示条标题(用来写单位)
  resP@lbTitleString = "m/s"                     ;-- 变量单位
  resP@lbTitlePosition = "Right"                 ;-- 标示条标题位置
  resP@lbTitleFontHeightF = .012
  resP@lbTitleDirection = "Across"               ;-- 标示条标题方向
  resP@lbTitleJust = "CenterLeft"                ;-- 表示条标题对齐方式

  resP@pmLabelBarWidthF = 0.5                    ;-- 标示条长度(NDC)
  resP@pmLabelBarParallelPosF = 0.05             ;-- 水平移动标示条(NDC)

  gsn_panel(wks, plot, (/3, 1/), resP)           ;-- 绘图(包含了 draw 和 frame)

;-- 底部添加文本信息
  txres = True
  txres@txFontHeightF = 0.015

  gsn_text_ndc(wks, "Figure 1: A nifty panel plot", 0.5, 0.02, txres)
  frame(wks)
end
```

图形展板显示效果如图 4.38 所示。

4.10.2　图形组合设置

高效便捷的使用绘图页面或空间描述更多的图形内容还可以使用函数“gsn_attach_plots”来灵活控制图形展板的输出，其重要的功能就是通过连接各图形的索引编号来对一组图形序列进行组合，从而使图形具有更多的信息描述特征，这也优化了显示页面的使用效率。

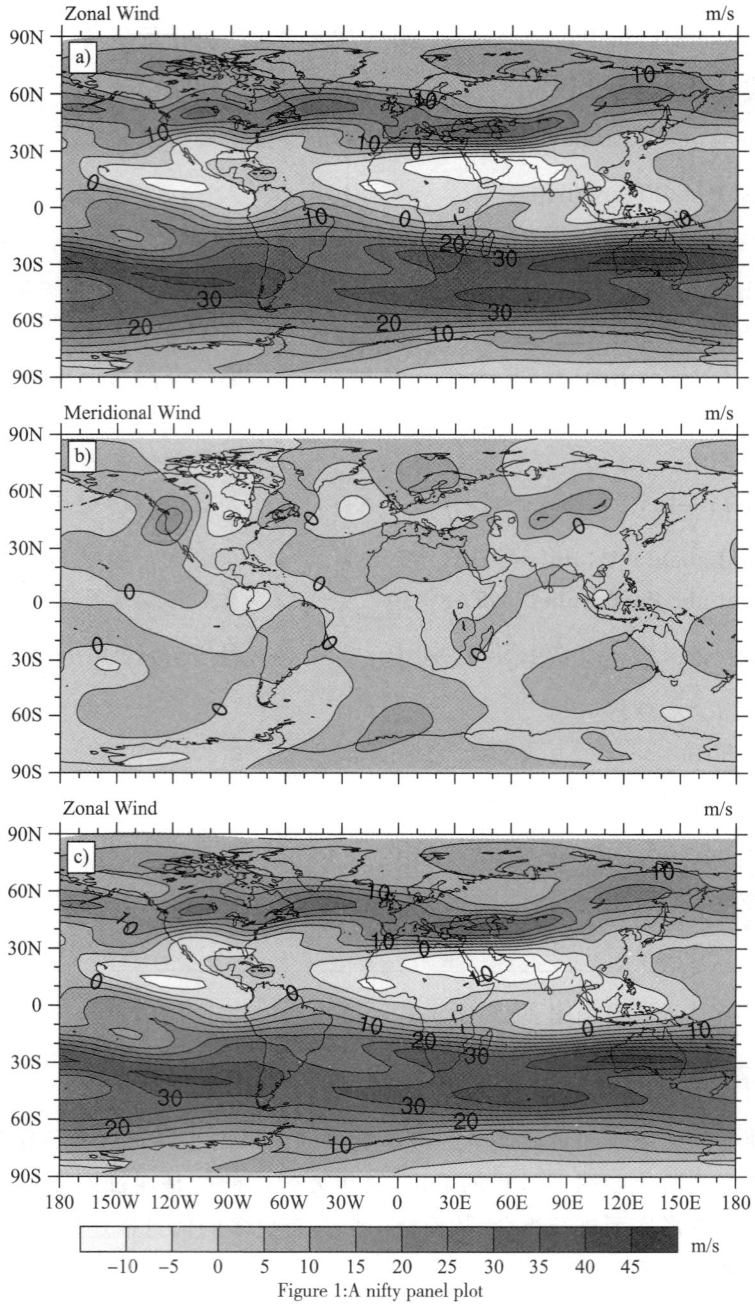

图 4.38　常规图形属性参数设置后的图形展板效果

“gsn_attach_plots”默认情况下水平连接各图，结构示意如下：

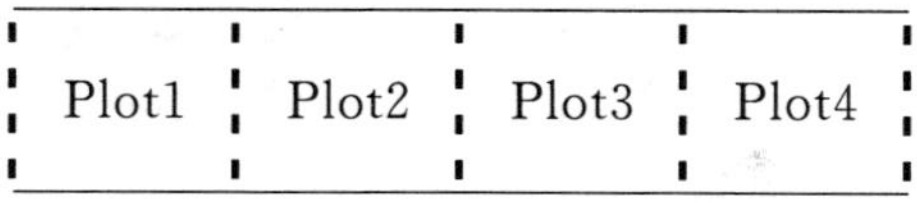

如果设置“@gsnAttachBorderOn”为“False”，则关闭图形间的内边界线，结构示意如下：

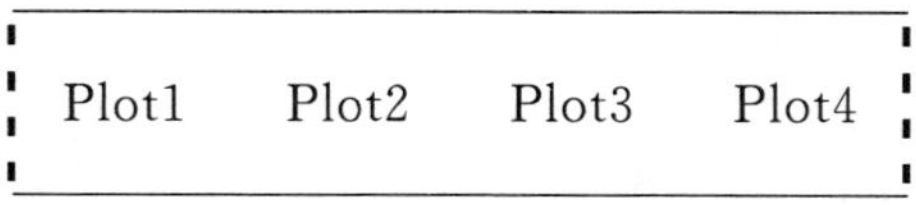

如果设置“gsnAttachPlotsXAxis”为“False”，则关闭默认水平方向连接各图，各图形将按照垂直方向顺序的排列连接，结构示意如下：

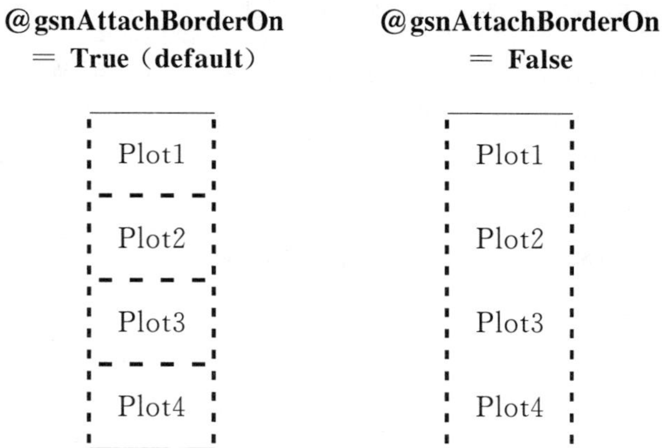

示例脚本“panel_attach_plots. ncl”如下：

```
;下面的库在 NCL V6. 2. 0 以后自动加载
;load "$NCARG_ROOT/lib/ncarg/nclscripts/csm/gsn_code. ncl"
;load "$NCARG_ROOT/lib/ncarg/nclscripts/csm/gsn_csm. ncl"
;load "$NCARG_ROOT/lib/ncarg/nclscripts/csm/contributed. ncl"

;下面的库视版本加载，需使用函数 gsn_csm_hov
load "$NCARG_ROOT/lib/ncarg/nclscripts/csm/shea_util. ncl "
begin

  dir = ncargpath("data") + "/cdf/"
  f = addfile (dir+"chi200_ud_smooth. nc", "r")
```

```
  scale = 1.e6                                  ;-- 缩放因子
  chi = f->CHI                                  ;-- 获取 chi
  chi = chi/scale                               ;-- 使显示更便利

  wks = gsn_open_wks ("x11", "plot_panel_attach" )

  hres = True
  hres@gsnDraw = False
  hres@gsnFrame = False
  hres@cnFillOn = True
  hres@pmLabelBarOrthogonalPosF = -.05          ;-- 垂直移动标示样条
  hres@cnFillPalette = "gsltod"
  hres@tiMainString = "Pacific Region"
  hres@gsnRightString = "m~S~2~N~/s"

  hres@cnLevelSelectionMode = "ManualLevels"    ;-- 手动层次设置
  hres@cnMinLevelValF = -0.                     ;-- 最小层次
  hres@cnMaxLevelValF = 10.                     ;-- 最大层次
  hres@cnLevelSpacingF = 2.                     ;-- 间隔
  base_plot = gsn_csm_hov(wks, chi(:, {100:220}), hres)

;-- 绘制 xy 折线图
  x = dim_avg(chi)                              ;-- 平均值
  x!0 = "chi"                                   ;-- 维名字
  y = ispan(0, dimsizes(chi&time)-1,1)          ;-- 创建 y 轴
  y!0 = "time"

  xyres = True
  xyres@vpWidthF = .20                          ;-- 设置显示宽度(NDC)
  xyres@tmXBMinorOn = False                     ;-- 底部 x 轴小刻度关闭
  xyres@tmXBLabelStride = 2                     ;-- 标记间隔

  xyres@gsnDraw = False
  xyres@gsnFrame = False

  xyres@gsnCenterString = "Zonal Ave"
  xyres@txFontHeightF = .015

  xyres@trXMinF = min(x)
```

```
  xyres@trXMaxF = max(x)
  xyres@trYMinF = min(chi&time)
  xyres@trYMaxF = max(chi&time)

  xyres@xyLineThicknessF = 2.0        ;-- 设置折线粗细

  plot = gsn_csm_xy(wks, x, y, xyres)

;-- 连接图形

  newplot = gsn_attach_plots(base_plot, (/plot/), hres, xyres)

  draw(base_plot)
  frame(wks)

end
```

组合形式的图形展板的显示效果如图 4.39 所示。

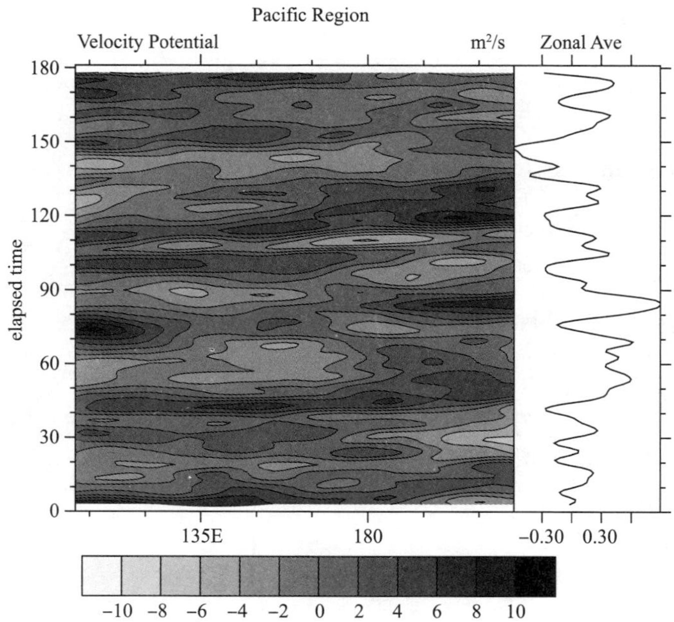

图 4.39　组合图形形式的图形展板

图形展板中成员图形的排列除了可以按照"行×列"的数组方式定义外，还可以每行都排列不同数目的图形，这时需要通过设置参数项"gsnPanelRowSpec"为"True"以通知"gsn_panel"。同时，在默认情况下每行的图形都是居中对齐的，可以通过关闭参数项“@gsnPanelCenter”将其改变为左对齐方式排列图形。

示例脚本“panel_plot_rowspec.ncl”如下：

```
begin
  diri = ncargpath("data") + "/cdf/"
  fili = "chi200_ud_smooth.nc"

  f = addfile (diri+fili , "r")

  lat = f->lat
  lon = f->lon
  time = f->time

  nlat = dimsizes(lat)
  mlon = dimsizes(lon)
  scale = 1.e6                                    ;-- 缩放系数
  chi = f->CHI
  chi = chi/scale                                 ;-- 方便显示

  lonE = 100.
  lonW = 220.

  wks = gsn_open_wks ("x11", "plot_panel_rowspec" )

  plot = new ( 7, graphic)       ;-- 定义图形数组存放各图形成员

  hres = True
  hres@gsnDraw = False
  hres@gsnFrame = False
  hres@gsnRightString = "m~S~2~N~/s"

  hres@cnLevelSelectionMode = "ManualLevels"
  hres@cnMinLevelValF = -10.
  hres@cnMaxLevelValF = 10.
  hres@cnLevelSpacingF = 2.

  hres@cnInfoLabelOrthogonalPosF = -0.14      ;-- 上移等值线信息框

  plot(0) = gsn_csm_hov(wks, chi(:, {0:80}), hres)
  plot(1) = gsn_csm_hov(wks, chi(:, {10:90}), hres)
  plot(2) = gsn_csm_hov(wks, chi(:, {20:100}), hres)
```

```
  plot(3) = gsn_csm_hov(wks, chi(:, {30:110}), hres)
  plot(4) = gsn_csm_hov(wks, chi(:, {40:120}), hres)
  plot(5) = gsn_csm_hov(wks, chi(:, {50:130}), hres)
  plot(6) = gsn_csm_hov(wks, chi(:, {60:140}), hres)
;-- 创建图形展板
  pres = True
  pres@gsnPanelCenter = True
  pres@gsnPanelRowSpec = True       ;-- 设置 panel 的排列方式
  plot = gsn_panel(wks, plot, (/1, 3, 2, 1/), pres)
end
```

图形展板显示效果如图 4.40 所示。

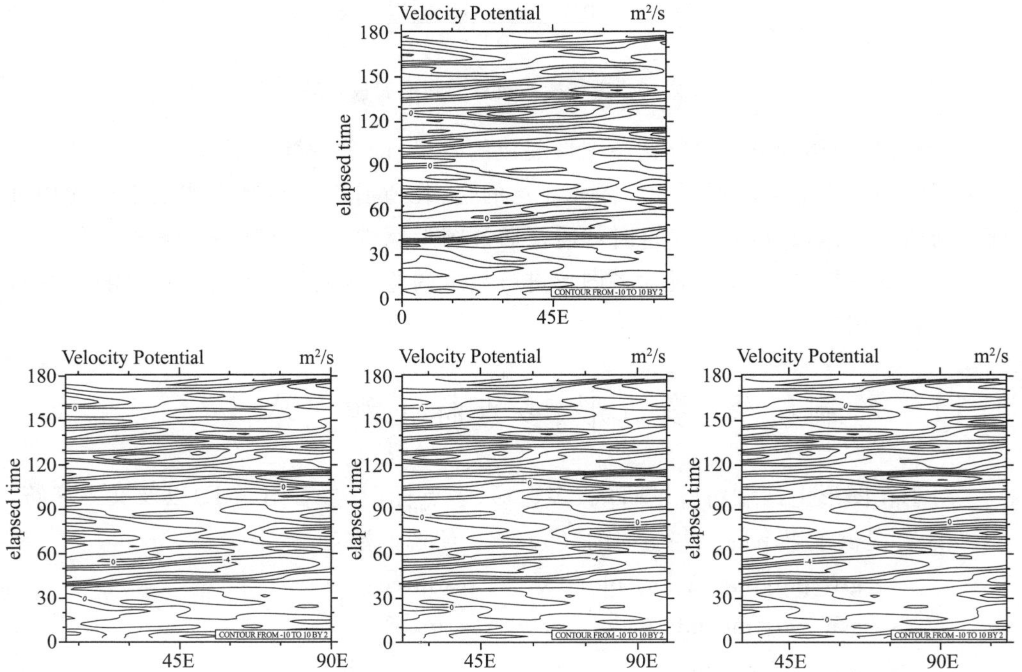

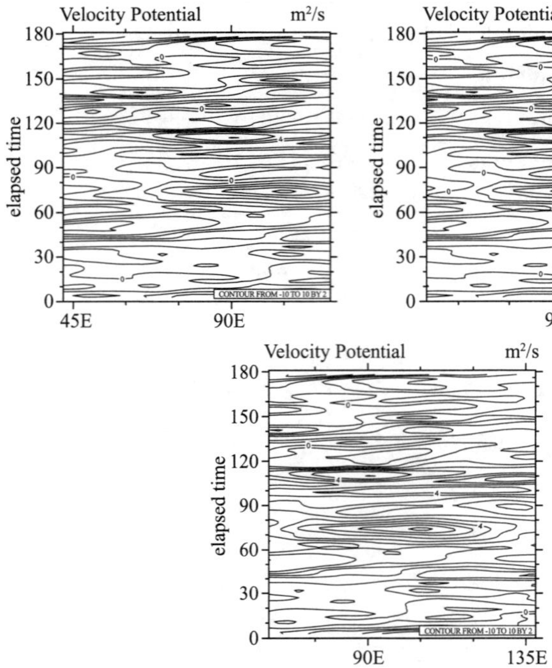

图 4.40　进行构造设置的图形展板效果

当然，最原始的方式也能构建图形展板的效果，即对一组图形逐一通过 NDC 显示坐标绘制在当前绘图页面上。需要注意的是，在所有图形绘制完成前不要使用页面刷新或输出函数“frame”。这时就需要通过图形属性资源类“@vp”来控制每一幅图的大小和位置，同时不断地对各图形进行显示调整。除非遇到特殊的图组展示，否则不推荐使用。

4.11　绘制折线、多边形、多点标记和文本

对于在图形上绘制特殊的折线、多边形、多点标记（参看附录 E）以及文本字符，NCL 语言提供了以下的一些主要的“@gsn”类绘图函数：

◇ **gsn_polyline** (wks, plot, x, y, resource)

◇ **gsn_polyline_ndc** (wks, x, y, resource)

◇ **gsn_add_polyline** (wks, plot, x, y, resource)

◇ **gsn_polygon** (wks, plot, x, y, resource)

◇ **gsn_polygon_ndc** (wks, x, y, resource)

◇ **gsn_add_polygon** (wks, plot, x, y, resource)

◇ **gsn_polymarker** (wks, plot, x, y, resource)

◇ **gsn_polymarker_ndc** (wks, x, y, resource)

◇ **gsn_add_polymarker** (wks, plot, x, y, resource)

◇ **gsn_add_text** (wks, plot, text_string, x, y, resource)

◇ **gsn_text** (wks, plot, text_string, x, y, resource)

◇ **gsn_text_ndc** (wks, text_string, x, y, resource)

(39)

具体使用请参看：

http://www.ncl.ucar.edu/Applications/polyg.shtml　(**39**)

下面给出一个绘制折线、多边形和多点标记符号的示例，并且在脚本中自定义了一个过程函数用于绘制固定的多边形。

示例脚本“polyline_polygon_polymarker.ncl”如下：

```
undef ("add_poly")                    ;-- 自定义函数
procedure add_poly (wks, map)
local xx, yy, pres
begin
  xx = (/-75., -10., -10., -75., -75./)   ;-- 定义多边形顶点 x 数组
  yy = (/ 55., 55., 87., 87., 57./)       ;-- 定义多边形顶点 y 数组

  pres = True
  pres@gsFillColor = "grey50"             ;-- 填充颜色
  pres@gsFillOpacityF = 0.2               ;-- 透明度

;-- 地图加入多边形
  map@polygon = gsn_add_polygon (wks, map, xx, yy, pres)
end
;-- 主程序
begin

  wks = gsn_open_wks ("x11", "plot_polystuff")

;-- 图形属性设置
  res = True
```

```
  res@gsnDraw = False             ;-- 暂不绘制
  res@gsnFrame = False            ;-- 暂不输出
  res@vpXF = 0.08                 ;-- 视窗设置
  res@vpYF = 0.92
  res@vpWidthF = 0.88
  res@vpHeightF = 0.65
  res@mpFillOn = True
  map = gsn_csm_map (wks, res)      ;-- 创建地图图层,暂不绘制
;-- 图形底部写上字符串
  txres = True
  txres@txFontHeightF = 0.014              ;-- 改小字符大小
  txres@txFontColor = "black"
  txres@txJust = "CenterLeft"              ;-- 字符串位置
  dty = 0.3
  gsn_text_ndc (wks,"Marker", 0.1, dty, txres)
  txres@txFontColor = "grey20"
  gsn_text_ndc (wks,"Polyline", 0.2, dty, txres)
  txres@txFontColor = "grey50"
  gsn_text_ndc (wks,"Polygon transparent", 0.3, dty, txres)
;-- 多线段(起始)
  x = (/ 6., 15., 15., 6., 6./)
  y = (/47.5, 47.5, 54.5, 54.5, 47.5/)
;-- 多线段图层设置
  plres = True
  plres@gsLineThicknessF = 2.0                       ;-- 线粗
  plres@gsLineColor = "grey20"                       ;-- 线颜色
  box_1 = gsn_add_polyline (wks, map, x, y, plres)   ;-- 绘制
;-- 多边形数组
  x = (/110., 160., 160., 110., 110./)
  y = (/-45., -45., -10., -10., -45./)
;-- 轨迹:多边形设置
```

```
  pgres = True
  pgres@gsFillColor = "grey50"                    ;-- 填色
  pgres@gsFillOpacityF = 0.3                      ;-- 透明度
  gon_1 = gsn_add_polygon (wks, map, x, y, pgres) ;-- 绘制
;-- 标记符号
  pmres = True
  pmres@gsMarkerColor = "black"          ;-- 标记符号颜色
  pmres@gsMarkerIndex = 1                ;-- 符号索引 1
  pmres@gsMarkerSizeF = 0.03             ;-- 大小
  pmres@gsLineThicknessF = 3.            ;-- 线粗
;-- 给定坐标位置绘制一个标记符号(点)
  marker_1 = gsn_add_polymarker (wks, map, -100., 30., pmres)
;-- 绘制 16 个标记符号,定义字符名序列(如字符 a,序列为 a1, a2,….. an)
;-- 附加地图属性信息设置
  x = -160.                      ;-- 第一个符号 x 位置
  y = -80.                       ;-- 第一个符号 y 位置
  do i = 0, 15                   ;-- 循环绘制
    pmres@gsMarkerIndex = i+1
    str =unique_string("poly")   ;-- 字符序列列表
    map@$str$ = gsn_add_polymarker (wks, map, x+(i*20.), \
                  y+(i*10.), pmres)
  end do                         ;-- 添加标记符号到地图上
;-- 使用自定义函数 add_poly 添加多边形
  add_poly (wks, map)
;-- 输出图形属性变量查看字符序列 map@$str$
  print (map)
  draw(map)
  frame (wks)
end
```

图形显示效果如图 4.41 所示。

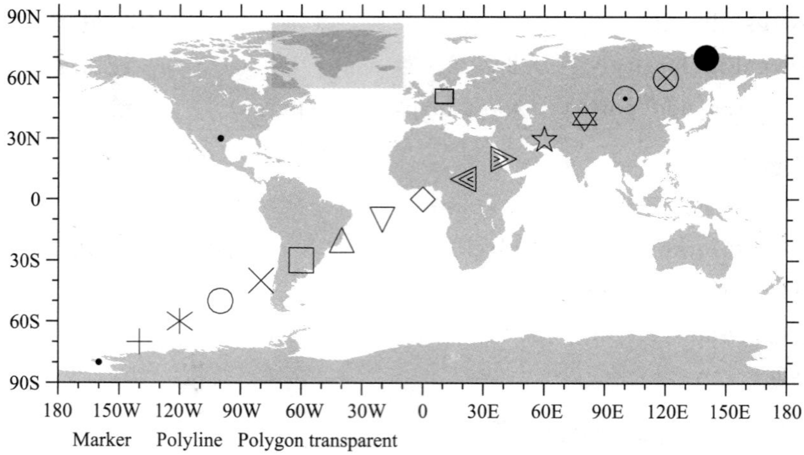

图 4.41　绘制折线、多边形和标记符号的示例图

执行“print(map)”后的显示内容如下：

```
Variable: map
Type: obj
Total Size: 4 bytes
            1 values
Number of Dimensions: 1
Dimensions and sizes:  [1]
Coordinates:
Number Of Attributes: 18
  polygon : polygonprimitiveClass  151
  poly15 :  polymarkerprimitiveClass  145
  poly14 :  polymarkerprimitiveClass  139
  poly13 :  polymarkerprimitiveClass  133
  poly12 :  polymarkerprimitiveClass  127
  poly11 :  polymarkerprimitiveClass  121
  poly10 :  polymarkerprimitiveClass  115
  poly9 :   polymarkerprimitiveClass  109
  poly8 :   polymarkerprimitiveClass  103
```

```
  poly7 :  polymarkerprimitiveClass  97
  poly6 :  polymarkerprimitiveClass  91
  poly5 :  polymarkerprimitiveClass  85
  poly4 :  polymarkerprimitiveClass  79
  poly3 :  polymarkerprimitiveClass  73
  poly2 :  polymarkerprimitiveClass  67
  poly1 :  polymarkerprimitiveClass  61
  poly0 :  polymarkerprimitiveClass  55
  tickmarks :  tickmarkstickMarkClass  24
(0)mapmapPlotClass9
```

【小贴士】在用户自定义的函数中嵌套使用 NCL 提供的函数绘制折线、多边形和标记符号时会触发一些问题，建议将嵌套函数的结果赋值给返回图形的属性，以避免不必要的冲突。示例如下：

```
undef ("add_poly")
procedure add_poly (wks,plot)
local xx, yy, pres
begin
  xx = (/-75., -10., -10., -75., -75./)
  yy = (/ 55., 55., 87., 87., 57./)
  pres = True
  pres@gsFillColor = "orange"
  pres@gsFillOpacityF = 0.2
  plot@polygon = gsn_add_polygon (wks, plot, xx, yy, pres)
end
```

4.12　轮廓文件绘图(shapefile plots)

尽管 NCL 绘图分析语言提供了多种地图数据的支持，但是应用中对于特定区域的精细化描述常常不能达到要求。同时，大量的地理信息矢量数据已经发展成为大数据处理过程的基础支撑内容，而 NCL 绘图也提供了对矢量轮廓文件的应用支持函数，可以方便地绘制精细化的点线和多边形，用以标示出地理信息内容中的河流、国界、省界、城市和地理标志等信息。用户在绘制中国地图时需要特别注意的问题是：NCL 语言绘图地图库对中国与巴基斯坦和中国与印度交界的争议地区的描绘与我国版图存在较大差异，需要使用中国官方地理信息边界轮廓文件自定义绘制。

轮廓文件后缀为“. shp”，一些有用的地理信息文件可以在以下网址下载：

(40)　(41)　(42)

http://www.gadm.org/　　**(40)**

http://www.nws.noaa.gov/geodata/　　**(41)**

http://www.geodatenzentrum.de/geodaten/gdz_rahmen.gdz_div　　**(42)**

NCL 语言提供的支持地理信息轮廓文件绘制的有关函数如下：

　　gsn_add_shapefile_polymarkers (wks, plot, filename, resource)

　　gsn_add_shapefile_polylines (wks, plot, filename, resource)

　　gsn_add_shapefile_polygons (wks, plot, filename, resource)

一般来说，绘制地图或地理信息轮廓线时常以 NCL 语言提供的基本地图为基础，同时结合高分辨的地理信息数据绘制关注区域的地理信息描述要素。这里给出以中国为例，但绘制轮廓文件时采用初始方式，即使用函数“gsn_add_polyline”完成，以便用户更好地理解轮廓文件的使用过程。

示例脚本“shapefile_plot. ncl”如下：

```
begin
  diri = "./"
  fili = "bou1_4l.shp"                ;-- 下载的地理信息轮廓文件
  f = addfile (diri+fili, "r")

;-- 读取地理信息轮廓文件
  segments = f->segments
  geometry = f->geometry
  segsDims = dimsizes (segments)
  geomDims = dimsizes (geometry)

;-- 获得全球属性
  geom_segIndex = f@geom_segIndex
  geom_numSegs = f@geom_numSegs
  segs_xyzIndex = f@segs_xyzIndex
  segs_numPnts = f@segs_numPnts
```

```
  numFeatures = geomDims(0)
;-- 绘图空间
  wks = gsn_open_wks ("x11", "plot_shapefile_plot")
;-- 地图图形属性设置
  res = True
  res@gsnDraw = False                    ;-- 暂不绘制
  res@gsnFrame = False                   ;-- 暂不输出
  res@gsnMaximize = True                 ;-- 最大化
  res@mpDataBaseVersion = "HighRes"
  res@mpDataResolution = "Medium"
  res@mpProjection = "Mercator"          ;-- 地图投影
;-- 选择中国区域范围
  res@mpLimitMode = "Corners"
  res@mpLeftCornerLatF = 0.
  res@mpRightCornerLatF = 55.
  res@mpLeftCornerLonF = 70.
  res@mpRightCornerLonF = 140.
  res@tiMainString = "Example: Shapefile plot"
  res@tiMainFontHeightF = 0.015
;-- 生成地图,暂不绘制
  plot = gsn_csm_map (wks, res)       ;-- 绘制地图但不输出
;-- 绘制轮廓线
  lines = new (segsDims(0), graphic)  ;-- 地理信息轮廓线数组
;-- 轮廓线图形属性设置
  plres = True
  plres@gsLineColor = "black"
  plres@gsLineThicknessF = 2.0
;-- 生成轮廓线(头尾相接闭合球面曲线)
  lon = f->x
  lat = f->y
  segNum = 0
```

```
  do i = 0, numFeatures-1
    startSegment = geometry(i, geom_segIndex)
    numSegments = geometry(i, geom_numSegs)
    do seg = startSegment, startSegment+numSegments-1
      startPT = segments(seg, segs_xyzIndex)
      endPT = startPT + segments(seg, segs_numPnts) - 1
      lines(segNum) =gsn_add_polyline (wks, plot, lon(startPT:endPT), \
                                        lat(startPT:endPT), plres)
      segNum = segNum + 1
    end do
  end do
;-- 绘图输出
  draw (plot)
  frame (wks)
end
```

图形显示效果如图 4.42 所示。

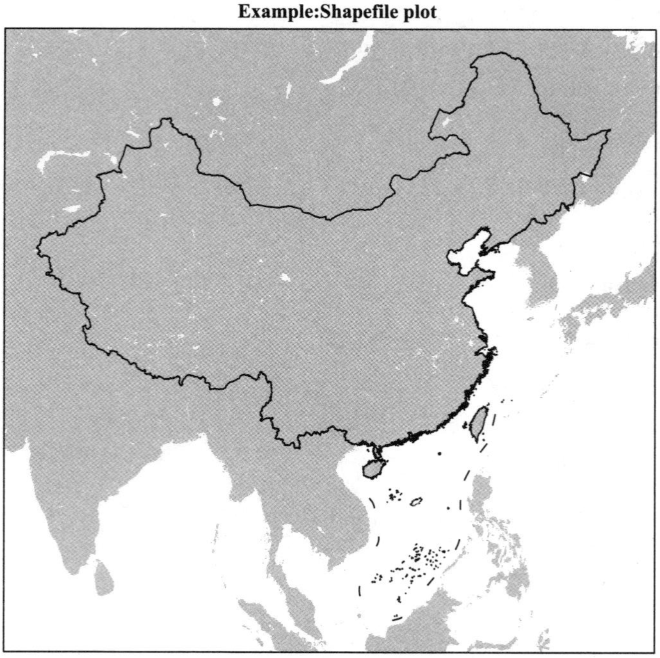

图 4.42　利用地理信息轮廓文件绘制的区域地图

当然也可以简化上面的过程，直接使用相关的轮廓文件函数绘制，同时绘制等值线填色图，实际应用中推荐使用这一方法。

示例脚本“shapefile_plot_adddata.ncl”如下：

```
begin
  diri = "./"
  shpname = "bou1_4l.shp"    ;-- 地图轮廓文件
;-- 读取数据
  fili = "uvt.nc"
  g = addfile (diri+fili,"r")
  var = g->T(0, 0, :, :)
;-- 绘图空间
  wks = gsn_open_wks ("x11", "plot_shapefile_plus_data")
;-- 图形属性设置
  res = True
  res@gsnDraw = False
  res@gsnFrame = False
  res@gsnMaximize = True
  res@cnFillPalette = "gsltod"
  res@cnFillOn = True
  res@cnLinesOn = False
  res@cnSmoothingOn = True
  res@cnLevelSelectionMode = "ManualLevels"
  res@cnMinLevelValF = 270.0
  res@cnMaxLevelValF = 285.0
  res@cnLevelSpacingF = 1.0
;-- 选择区域范围
  res@mpFillOn = False
  res@mpLimitMode = "Corners"
  res@mpLeftCornerLatF = 0.
  res@mpRightCornerLatF = 55.
  res@mpLeftCornerLonF = 70.
  res@mpRightCornerLonF = 140.
  res@mpDataBaseVersion = "HighRes"          ;-- 地图设置
  res@mpDataResolution = "Medium"
```

```
  res@mpProjection = "Mercator"

  res@tiMainString = "Example: Using Shapefile for borderlines"
  res@tiMainFontHeightF = 0.015
  res@gsnRightString = "K"
;-- 绘制地图和等值线
  plot = gsn_csm_contour_map (wks, var, res)
;-- 轮廓线图形属性设置
  plres = True
  plres@gsLineColor = "black"
  plres@gsLineThicknessF = 2.0
  poly = gsn_add_shapefile_polylines (wks, plot, shpname, plres)
;-- 绘图输出
  draw (plot)
  frame (wks)
end
```

图形显示效果如图 4.43 所示。

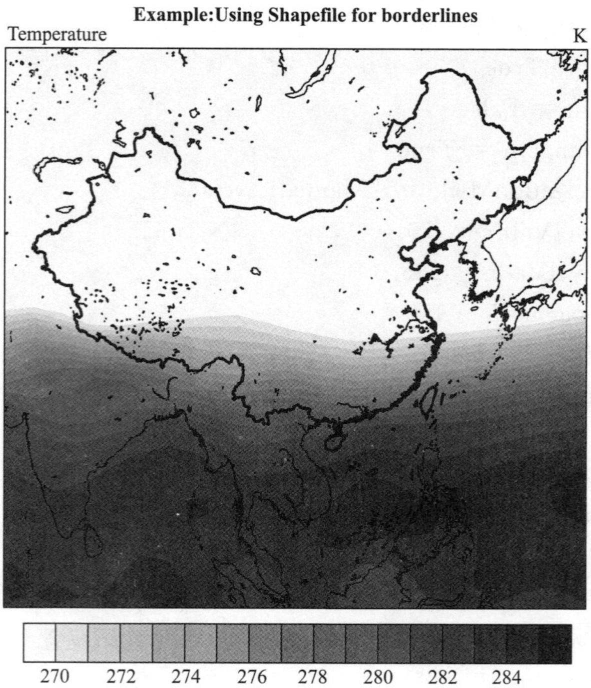

图 4.43 使用轮廓文件绘图函数绘制的区域地图

第 5 章　颜色表和绘图属性资源

颜色表和绘图属性资源是 NCL 语言对绘图效果控制的两个重要方面。颜色表的引入不仅使可视化效果更加美观，也通过标准颜色表的支持提升了绘图效果的统一性和规范性。NCL 语言特别加强了对可视化的支持，为此发展了图形资源属性用以控制图形的显示效果，这些功能能够胜任绘制复杂图形的需求。

5.1　颜色表(color maps)

NCL 语言提供了大量的内建颜色表(图)供用户使用，并且在版本 6.2 以后加入了大量的 GMT 颜色表。此外，用户也可以自定义或者从外部导入颜色表(如 GrADS)，并转换成标准的 RGB 或者 RGBA 颜色表。

这里仅简要介绍如何使用 NCL 语言提供的颜色表，并提供相关示例，对于用户创建或者导入的方法可以参阅：

(43)

http://www.ncl.ucar.edu/Document/Graphics/color_table_gallery.shtml　(43)

一般情况下，使用函数"gsn_define_colormap"和利用图形属性资源类参数项"@cnFillPalette"是绘制等值线填色图的两种主要方式，实际应用中推荐使用后者更为灵活。示例脚本"colormaps.ncl"如下：

```
begin
  diri  = "./"
  fili = "uvt.nc"
  file1 = addfile (diri+fili, "r")
  var = file1->T(0, 0, :, :)
  plots = new(4, graphic)          ;-- 使用图形展板定义图形数组
  wks = gsn_open_wks ("x11", "plot_colormaps")
  res = True
  res@gsnRightString = "K"
  res@gsnMaximize = True
  res@cnFillOn = True
  res@tiMainFontHeightF = 0.02
```

```
;-- 1：定义颜色表为"MPL_gist_yarg"并绘制地图和等值线填色
  res@gsnStringFontHeightF = 0.02
  res@gsnCenterString = "MPL_gist_yarg"
  gsn_define_colormap (wks, "MPL_gist_yarg")
  plot = gsn_csm_contour_map (wks, var, res)
;-- 2：同上，但改变颜色表为"MPL_gist_gray"
  res@gsnCenterString = "MPL_gist_gray"
  gsn_define_colormap (wks, "MPL_gist_gray")
  plot = gsn_csm_contour_map (wks, var, res)
;-- 3：同上，但改变颜色表为"GrayWhiteGray"
  res@gsnCenterString = "GrayWhiteGray"
  gsn_define_colormap (wks, " GrayWhiteGray ")
  plot = gsn_csm_contour_map (wks, var, res)
;-- 4：颜色表设置由 cnFillPalette 代替 gsn_define_colormap 完成
  res@cnFillPalette = "gscyclic"
  res@gsnCenterString = "gscyclic"
  plot = gsn_csm_contour_map (wks, var, res)
  gsn_panel(wks, plots, (/2, 2/), False)
;-- 5：仅绘制颜色表(指定的和最后 wks 设定的)
  gsn_define_colormap (wks, "MPL_Greys")
  gsn_draw_colormap (wks)
end
```

使用不同方式绘制的填色图及输出颜色表如图 5.1 所示(由于版面限制，图形排列有所改变)。

有些时候并不需要使用颜色表中的全部颜色，则可以将颜色表读取进自定义的数组并使用数组下标索引来引用颜色表部分颜色。

旧的传统方式：

```
gsn_define_colormap(wks, "ncl_default")
res@gsnSpreadColorStart = 14          →  引用开始索引号
res@gsnSpreadColorEnd = -8            →  引用结束索引号
```

推荐使用方式：

```
cmap = read_colormap_file("ncl_default")
res@cnFillPalette = cmap(14, 247, :)  →  引用颜色表数组
```

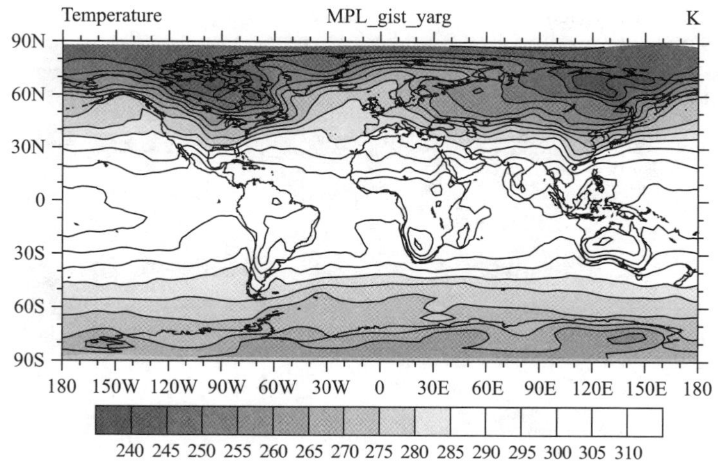
Temperature
MPL_gist_yarg
K
90N 60N 30N 0 30S 60S 90S
180 150W 120W 90W 60W 30W 0 30E 60E 90E 120E 150E 180
240 245 250 255 260 265 270 275 280 285 290 295 300 305 310

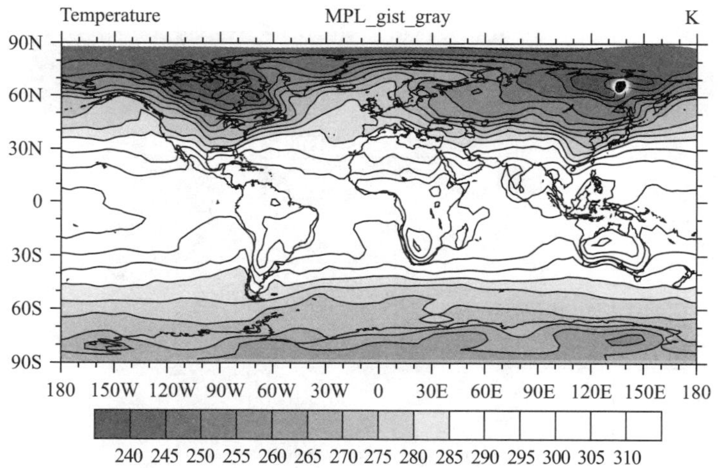
Temperature
MPL_gist_gray
K
90N 60N 30N 0 30S 60S 90S
180 150W 120W 90W 60W 30W 0 30E 60E 90E 120E 150E 180
240 245 250 255 260 265 270 275 280 285 290 295 300 305 310

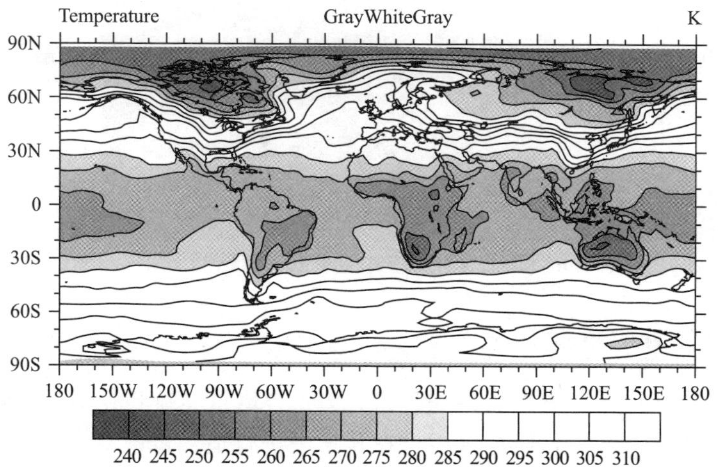
Temperature
GrayWhiteGray
K
90N 60N 30N 0 30S 60S 90S
180 150W 120W 90W 60W 30W 0 30E 60E 90E 120E 150E 180
240 245 250 255 260 265 270 275 280 285 290 295 300 305 310

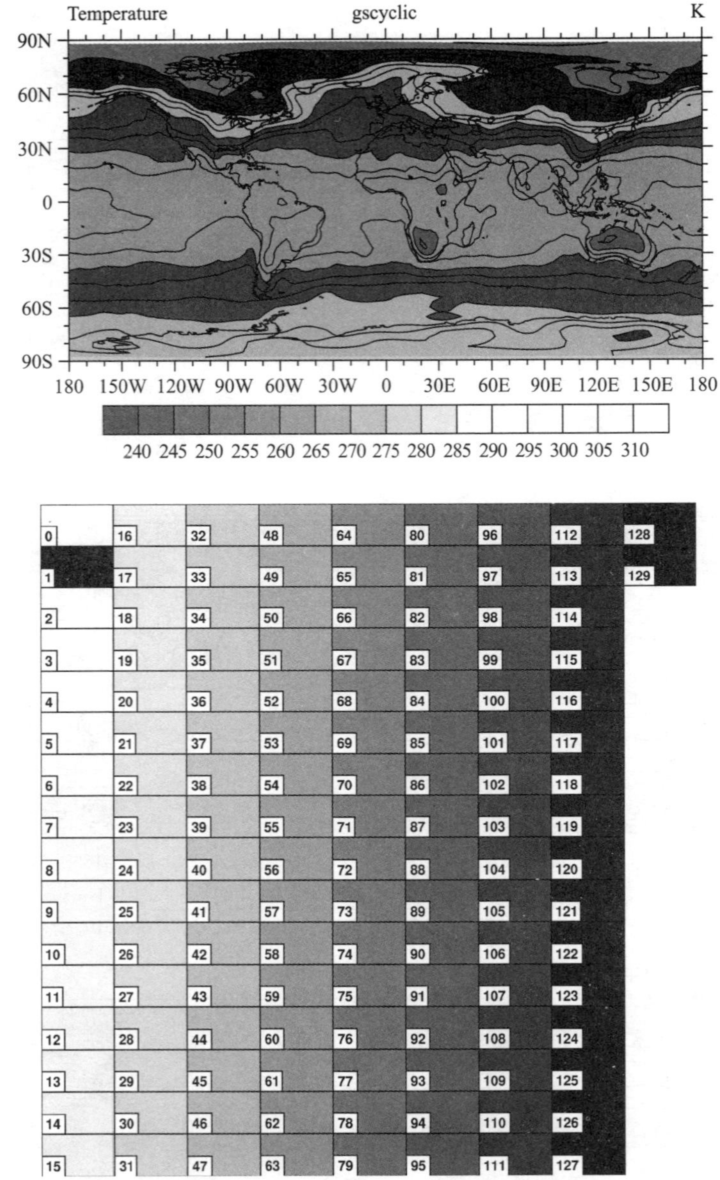

图 5.1　不同颜色表引用方式的等值线填色图及颜色表输出

5.1.1　转换 GrADS 颜色表

对于习惯使用 GrADS 语言的用户来说，NCL 语言支持转换 GrADS 语言中的颜色表成为自身颜色表使用，但建议用户在转换中进行适当修改后再使用。

命令行方式转换示例脚本“grads2ncl_coltab. ksh”如下：

```
#! /bin/ksh #-------------------------------------------------
#-- convert GrADS color table to NCL color map (RGB) #--
#-- Usage: grads2ncl_coltab.ksh <GrADS color table file>
#-------------------------------------------------
in=$1

grads_coltab=${in##*/} c
oltab=NCL_${grads_coltab%.*}.rgb

ncols=$(cat ${in} | grep -v "\*" | grep -v "\#" | wc -l)
ncols=$(expr ${ncols} + 2)

#-- insert background (1) and foreground (0) colors; NCL starts with color index 2
cat << EOF > ${coltab}
ncolors=${ncols}
# r  g    b
0  0  0
1  1  1
EOF

cat ${in} | grep -v "\*" | grep -v "\#" | sed -e "s/'//g" | \
    awk '{print $4" "$5" "$6}' >> ${coltab}

exit
```

5.1.2　转换 GMT 颜色表

同样，命令行转换 GMT 颜色表的示例脚本“gmt2coltab. ksh”如下：

```
# ! /usr/bin/ksh
#------------------------------------------------------------
#-- KSH - NCL Doc Example script:
#--
#-- convert GMT color tables to NCL color tables
#-- used by gsn_define_colormap(wks,"NCL_GMT-BYR-03")
```

```
#--          or cnFillPalette
#-- Example GMT color table file: GMT-BYR-03.cpt
#-- Usage: gmt2coltab.ksh GMT-BYR-03.cpt
#--          ---> creates new file NCL_GMT-BYR-03.rgb
#-- KMF 03.05.13
#------------------------------------------------------------------
in=$1
gmt_coltab=${in##*/}
coltab=NCL_${gmt_coltab%.*}.rgb

#-- count number of colors plus foreground and background color.
#-- BUT, delete the last 3 color entries from the GMT color table
#-- they're not needed --> number of colors + 2 - 3 = number of colors -1

ncols=$(cat ${in} | grep -v "\#" | wc -l)
ncols=$(expr ${ncols} -1)

#-- insert background (1) and foreground (0) colors
#-- NCL starts with color index 2
cat << EOF > tmp_col.rgb

ncolors=${ncols}
#   r   g   b
0   0   0
1   1   1
EOF

#-- read and write the color values
cat ${in} | grep -v "\#" | sed -e "s/'//g" | awk '{print $2" "$3" "$4}' >> \
    tmp_col.rgb
head -n -3 tmp_col.rgb > ${coltab}

\rm -rf tmp_col.rgb

exit
```

5.2 有用的绘图属性资源(helpful resources)

NCL 语言提供的大多数的图形属性资源的目的是为帮助用户实现图形绘制的预期效果(参看附录 G)。通常,这些图形属性资源都以其所属类别的英文缩写作为参数项的前缀,例如地图属性资源类"@mp"(maps),因此,用户在使用时只需要记住该图形属性资源的类别就能方便地查找和调用相应的参数项设置。同时,借助代码编辑器的辅助自动拼写补全功能,能够极大地简化图形属性资源参数项的设置过程。

参数项设置中符号"@"后的粗斜体字符即为图形属性资源的类缩写,如下:

res = True　→　创建图形属性设置对象

res@***cn***FillOn = True

res@***ti***MainFontHeightF = 0.02

res@***mp***Projection = "Mollweide"

NCL 语言的绘图属性资源可参阅:

(44)

http://www.ncl.ucar.edu/Document/Graphics/Resources/　**(44)**

NCL 语言的全部图形属性资源类列表由表 5.1 给出。

表 5.1　NCL 语言的图形属性资源分类

类别缩写	图形属性类别全称	功能
am	Annotation Manager (AnnoManager)	注释管理
app	App (App)	应用程序
ca	Coordinate Array (CoordArrays)	坐标数组
cn	Contour (ContourPlot)	等值线
ct	Coordinate Array Table (CoordArrTable)	坐标数组列表
dc	Data Comm (DataComm)	数据通信
err	Error	错误信息
gs	Graphic Style (GraphicStyle)	绘图类型
gsn	GSN High-level Interfaces (GSN)	高级绘图接口
lb	Label Bar (LabelBar)	标示样条
lg	Legends (Legend)	图例
mp	Maps (MapPlot and MapTransformation)	地图
pm	Plot Manager (PlotManager)	图形管理
pr	Primitives (Primitive)	基础元
sf	Scalar Field (ScalarField and MeshScalarField)	标量场

续表

类别缩写	图形属性类别全称	功能
st	Streamline (StreamlinePlot)	流场
tf	Transform	变换
ti	Title	标题
tm	Tickmark (TickMark)	刻度标记
tr	Transformation (Transformation, IrregularTransformation, LogLinTransformation)	非规则转换
tx	Text (TextItem)	文本
vc	Vectors (VectorPLot)	矢量
vf	Vector Field (VectorField)	矢量场
vp	View Port (View)	视窗
wk	Workstation (Workstation, DokumentWorkstation, ImageWorkstation, NcgmWorkstation, PDFWorkstation, PSWorkstation, XWorkstation)	绘图工作站或空间
ws	Workspace	工作空间
xy	XY-Plots	二维折线图

5.2.1 标题字符串和功能编码

在 NCL 语言中,字符符号"～"是构造基于文本的特殊字符或专用字符的功能代码,例如:上标和下标、插入回车或改变字体大小等。

文本或标题示例:http://www.ncl.ucar.edu/Applications/text.shtml **(45)**

功能代码示例:http://www.ncl.ucar.edu/Applications/fcodes.shtml **(46)**

(45) **(46)**

插入回车符: ～C～

改变字体大小: ～Z80～ 减小到原字体大小的 80%

～Z50～ 减小到原字体大小的 50%

上标: ～S～o～N～ 度的符号"°"(使用字母 o)

下标: ～B～2～N～ 2 作为下标$_2$

选择字体: ～F33～ 选择希腊字体

重置默认: ～N～ 返回默认设置

【小贴士】字符功能代码符号"～"可以使用 NCL 语言的图形属性资源类进行更改，例如：设置"res@tiMainFuncCode = ":""改成":"，或者直接更改系统配置文件". hluresfile"中的特殊选项"TextFuncCode"的值。

一些 NCL 语言绘图中经常使用的文本和字符的设置，如图 5.2 所示。

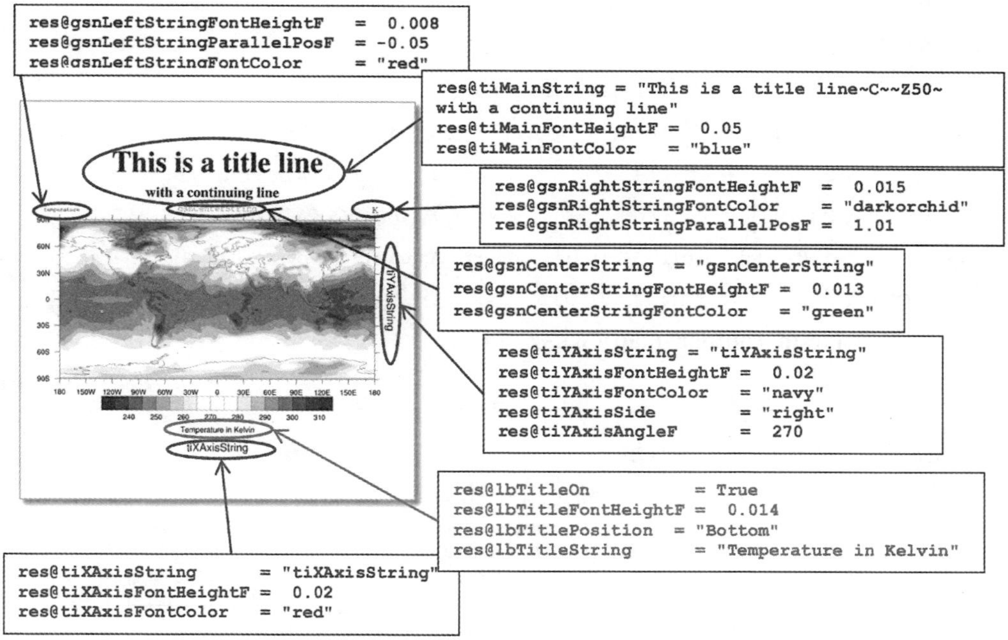

图 5.2　有关文本和字符的图形属性资源参数设置示意图

这里，复杂图形标题文字的示例脚本"title_strings. ncl"如下：

```
begin
  file1 = addfile ("./uvt.nc", "r")
  var = file1->T(0, 0, :, :)
  wks = gsn_open_wks ("x11", "plot_title_strings")
;-- 图形属性设置
  res = True
  res@gsnMaximize = True
;-- 主标题字符串
  res@gsnLeftString = "Left String"
```

```
  res@gsnCenterString = "Center String"
  res@gsnRightString = "Right String"
;-- 次标题,"~"为功能符号,注意字符串换行连接"+ \"
  res@tiMainString ="Example: Title strings ~C~ - second line string ~C~ " + \
                    "~Z70~- third line string with font size 70% ~C~ "
  res@tiMainFontHeightF = 0.02
  res@tiXAxisString = "X-Axis title string"
  res@tiYAxisString = "Y-Axis title string"
  res@tiXAxisSide = "Bottom"            ;-- X- Axis 名称位置
  res@tiYAxisSide = "Right"             ;-- Y- axis 名称位置
  res@tiYAxisAngleF = 270               ;-- Y- axis 名称旋转 270 度
  res@tiXAxisFontHeightF = 0.015        ;-- X- Axis 标题字号
  res@tiYAxisFontHeightF = 0.015        ;-- Y- Axis 标题字号
  plot = gsn_csm_contour_map (wks, var, res)
end
```

图形显示效果如图 5.3 所示。

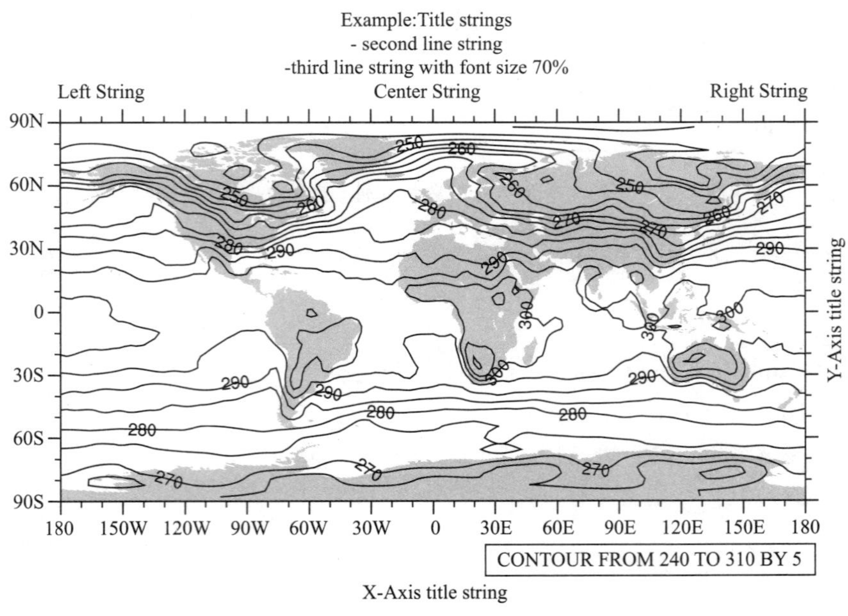

图 5.3　多级标题文字的图形效果

5.2.2　添加文本到图形

NCL 语言针对图形文本或字符的位置提供了图形资源类参数项“@txJust”进行标准位置设定（如图 5.4），并且用户也可以根据具体的设备显示坐标自由设置。需要说明的是：自由坐标设置是以显示窗口区域的左下角为坐标起始点（水平和垂直方向的百分占比 0～1 来表示），并通过分别设定“@txPosXF”和“txPosYF”来确定字符串的坐标位置。

图 5.4 中的位置坐标为 NDC 坐标（括号内），而图例中的位置字符标记组合表示字符串位置与该给定 NDC 坐标的相对位置，如“CenterLeft”表示字符串的高度中心点（Center）和长度最左点（Left）位于给定的 NDC 坐标位置（圆点处），遵循的判断规则为“先上下位置再左右位置”，系统默认情况下设置为“CenterCenter”。

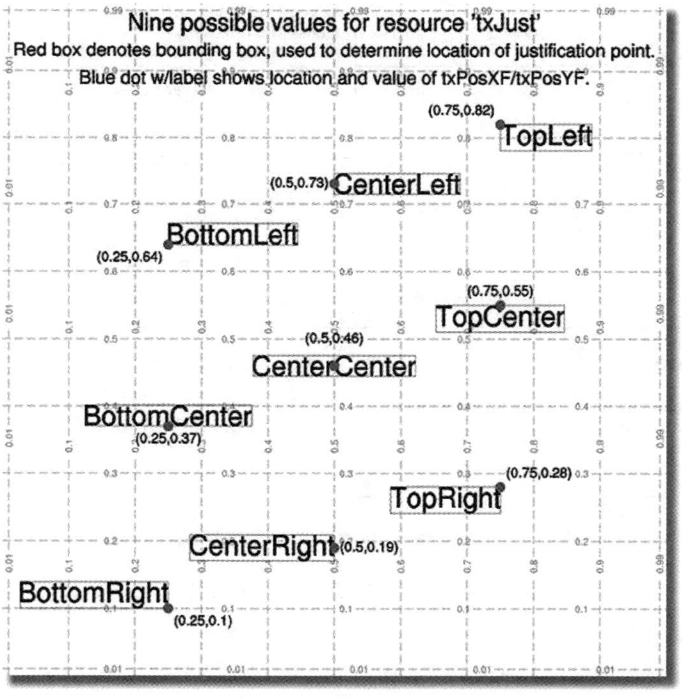

图 5.4　参数项“@txJust”对文本或字符定位设置的示意图

有些时候，仅用上述方法无法满足用户对文本或字符的内容在特定位置的显示要求。因此，NCL 语言还提供了两种更为灵活的文本或字符串的绘图函数“gsn_add_text”和“gsn_text_ndc”。

第一种方式：函数“gsn_add_text”仅添加给定的文本到当前绘制图形的所在区

域，其使用的定位坐标位置不是显示设备的 NDC 坐标，而是当前绘制图形本体的 x 轴和 y 轴坐标位置(如经纬度坐标)，常用于利用图形进行定位的情况，如图 5.5 所示。

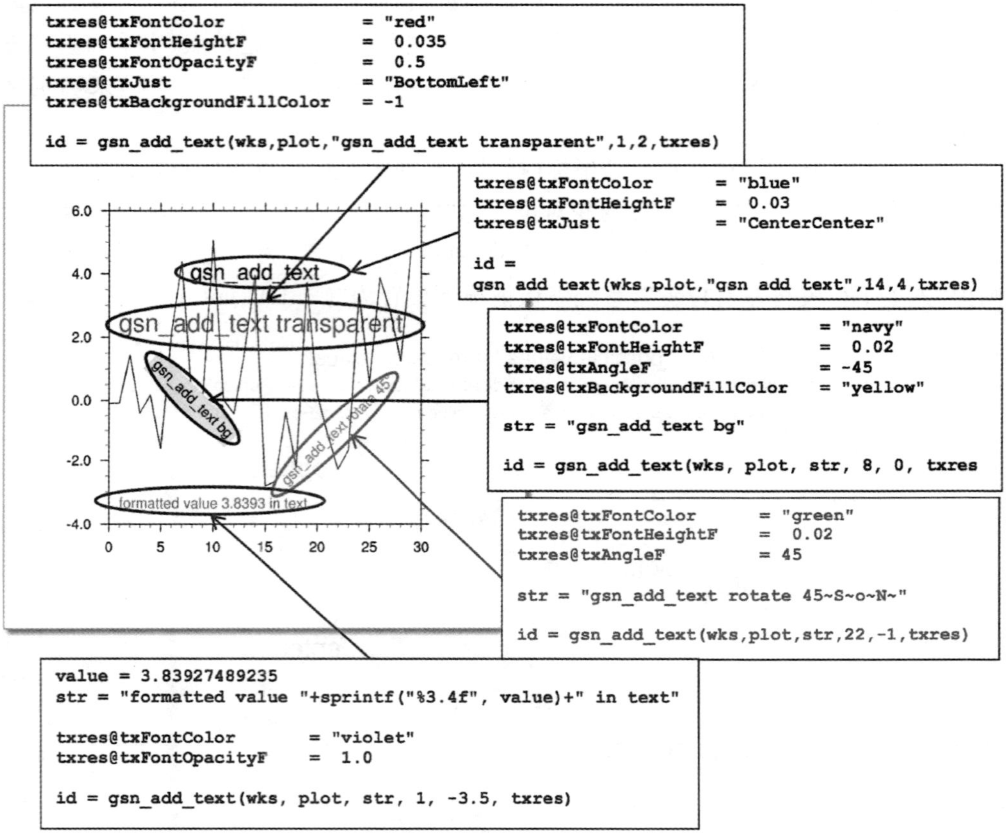

图 5.5　利用图形坐标定位文本位置的示意图

第二种方式：函数“gsn_text_ndc”则使用标准的显示设备 NDC 坐标位置对文本定位。这样，用户可以将文本绘制在当前绘图页面(画布)的任意位置(即包括图形外部的空白区域)，这种方式适用于对于整个绘图页面进行控制的情况，如图 5.6 所示。

```
ndcres@txFontHeightF      =  0.03
ndcres@txJust             = "BottomLeft"
gsn_text_ndc(wks, "Text line 1", 0.15, 0.95, ndcres)
ndcres@txFontHeightF      =  0.015
gsn_text_ndc(wks, "Text line 2", 0.15, 0.90, ndcres)
ndcres@txFontHeightF      =  0.01
gsn_text_ndc(wks, "Text line 3", 0.15, 0.87, ndcres)
```

```
ndcres@txFontHeightF      =  0.018
ndcres@txFontColor        = "blue"
ndcres@txAngleF           =  90
ndcres@txJust             = "CenterCenter"
gsn_text_ndc(wks, "y-axis title string", 0.09, 0.5, ndcres)

ndcres@txAngleF           = -90
gsn_text_ndc(wks, "y-axis title string", 0.85, 0.5, ndcres)

ndcres@txAngleF           =  0
gsn_text_ndc(wks, "x-axis title string", 0.5, 0.83, ndcres)
gsn_text_ndc(wks, "x-axis title string", 0.5, 0.12, ndcres)
```

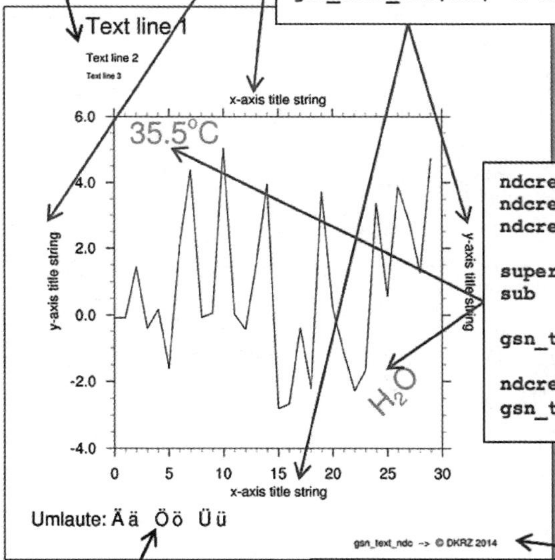


```
ndcres@txFontHeightF      =  0.04
ndcres@txFontColor        = "orange"
ndcres@txJust             = "BottomLeft"

super = "35.5~S~o~N~"
sub   = "H~B~2~N~O"

gsn_text_ndc(wks,super,0.23,0.75,ndcres)

ndcres@txAngleF           = 45
gsn_text_ndc(wks, sub,0.7,0.25 ndcres)
```

```
ndcres@txFontColor        = "red"
ndcres@txFontHeightF      =  0.013
ndcres@txJust             = "BottomRight"
string = "gsn_text_ndc  -->  ~F35~c ~F21~~N~DKRZ 2014"
gsn_text_ndc(wks, string, 0.9, 0.02, ndcres)
```

```
Auml     = "A~H-15V6F35~H~FV-6H3~"
auml     = "a~H-13V2F35~H~FV-2H3~"
Ouml     = "O~H-16V6F35~H~FV-6H3~"
ouml     = "o~H-14V2F35~H~FV-2H3~"
Uuml     = "U~H-15V6F35~H~FV-6H3~"
uuml     = "u~H-13V2F35~H~FV-2H3~"
string = "Umlaute: "+Auml+" "+auml+"   "+Ouml+" "+ouml+"   "+Uuml+" "+uuml
ndcres@txFontColor        = "black"
ndcres@txFontHeightF      =  0.025
gsn_text_ndc(wks, string, 0.05, 0.06, ndcres)
```

图 5.6　利用显示设备的 NDC 坐标定位文本位置的示意图

5.2.3 特殊字符创建的功能代码

前面介绍了图形文本的功能代码的添加形式，而实际应用中常遇到一些特殊的字符或者文本(例如:元音变音、上标和下标)常被使用在欧洲国家的语言、组合单位符号和化学表达式上。这里，给出一些常用特殊字符构造方式的示例脚本"text_settings.ncl"供用户在实际使用中替代使用，如下：

```
begin
;-- define german "Umlaute" 德语元音变音
  Auml = "A~H-15V6F35~H~FV-6H3~"
  auml = "a~H-13V2F35~H~FV-2H3~"
  Ouml = "O~H-16V6F35~H~FV-6H3~"
  ouml = "o~H-14V2F35~H~FV-2H3~"
  Uuml = "U~H-15V6F35~H~FV-6H3~"
  uuml = "u~H-13V2F35~H~FV-2H3~"
;-- 定义上标和下标变量
  super = "m~S~3~N~ [m s~S~-1~N~] [kg m~S~-2~N~] 30~\
          S~o~N~C"
  sub = "Schwefels"+auml+"ure: H~B~2~N~SO~B~4~N~"
  data = (/ "Data-1", "Data-2", "Data-3", "Data-4", "Data-5"/)
  diff = (/ 16.25, -0.93, 0.43, 3.5, 0.0/)
  var = (/ 0.06, 0.02, 0.04, 0.05, 0.03/)
  ratio = (/ 2, 2.4, 1.1, 0.9, 0.0/)
  ntext = dimsizes(data)
;-- 绘图空间
  wks = gsn_open_wks ("x11", "plot_text_settings")
;-- x, y 绘制起始点
  x = 0.1
  y = 0.95
  inc = 0.07
;-- 文本图形属性设置
  txres = True
```

```
  txres@txFontHeightF = 0.03
  txres@txJust = "CenterCenter"
  str = "Example: Text settings"
  gsn_text_ndc (wks, str, 0.5, y, txres)

  txres@txJust = "CenterLeft"
  str1 = "Umlaute:"
  gsn_text_ndc (wks, str1, x, y-2 * inc, txres)
  str2 = Auml+" "+auml+" "+Ouml+" "+ouml+" "+Uuml+" "+uuml
  gsn_text_ndc (wks, str2, x+0.3, y-2 * inc, txres)

  str1 = "Superscript:"
  gsn_text_ndc (wks, str1, x, y-3 * inc, txres)
  str2 = super
  gsn_text_ndc (wks, str2, x+0.3, y-3 * inc, txres)

  str1 = "Subscript:"
  gsn_text_ndc (wks, str1, x, y-4 * inc, txres)
  str2 = sub
  gsn_text_ndc (wks, str2, x+0.3, y-4 * inc, txres)

;-- 格式文本
  str = "Format:"
  gsn_text_ndc (wks, str, x, y-5 * inc, txres)

  xpos = 0.4
  do i= 0, ntext - 1
    ypos = y-5 * inc-i * 0.05
    gsn_text_ndc (wks, data(i), xpos, ypos, txres)
  end do

    txres@txJust = "CenterRight"
  do i = 0, ntext - 1
    xpos = 0.65
    ypos = y-5 * inc-i * 0.05
    if(diff(i).ne.0.0) then
      str = sprintf ("%6.2f", diff(i))
```

```
        gsn_text_ndc (wks, str, xpos, ypos, txres)
      else
        str = "—"
        gsn_text_ndc (wks, str, xpos, ypos, txres)
      end if
      xpos = xpos + 0.12
      if (var(i).ne.0.0) then
        str = sprintf("%5.2f", var(i))
        gsn_text_ndc (wks, str, xpos, ypos, txres)
      end if
      xpos = xpos + 0.12
      if (ratio(i).ne.0.0) then
        str = sprintf ("%3.1f", ratio(i))
        gsn_text_ndc (wks, str, xpos, ypos, txres)
      else
        str = "—"
        gsn_text_ndc (wks, str, xpos, ypos, txres)
      end if
    end do
;-- 希腊字符
    xpos = 0.3
    ypos = 0.3
    str1 = "Greek font:"
    gsn_text_ndc (wks, str1, xpos, ypos, txres)
    str2 = "alpha = ~F33~a~N~"
    gsn_text_ndc (wks, str2, xpos+0.27, ypos, txres)
    str2 = "beta = ~F33~b~N~"
    gsn_text_ndc (wks, str2, xpos+0.27, ypos-0.05, txres)
    str2 = "sigma = ~F33~s~N~"
    gsn_text_ndc (wks, str2, xpos+0.28, ypos-0.10, txres)
;-- 减小字号
    str1 = "Font size 100%"
```

```
    gsn_text_ndc (wks, str1, xpos+0.08, ypos-3 * inc, txres)
    str2 = "~Z70~Font size 70%~N~"
    gsn_text_ndc (wks, str2, xpos+0.3, ypos-3 * inc, txres)
    str3 = "~Z40~Font size 40%~N~"
    gsn_text_ndc (wks, str3, xpos+0.45, ypos-3 * inc, txres)
    frame (wks)
end
```

特殊字符显示效果如图 5.7 所示。

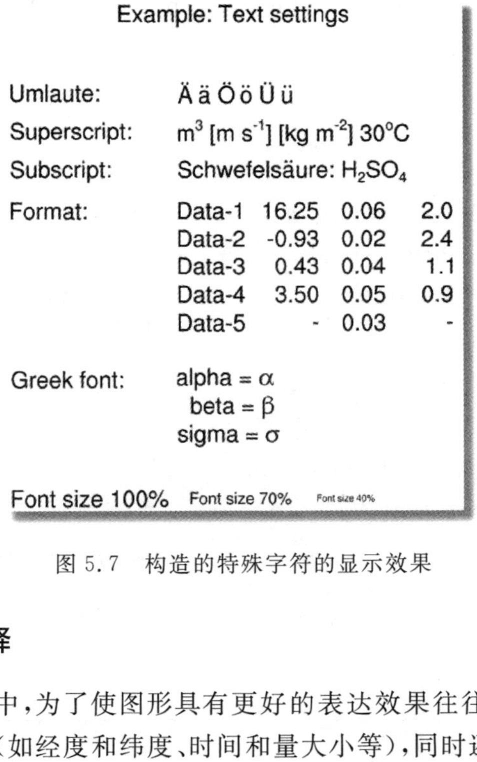

图 5.7　构造的特殊字符的显示效果

5.2.4　坐标轴注释

在实际绘图过程中，为了使图形具有更好的表达效果往往需要标注坐标轴的实际指示物理量的名称（如经度和纬度、时间和量大小等），同时还需要控制坐标轴标签数值的间隔和显示效果。那么，这些就需要对相应的图形属性资源参数项进行设置以达到预期显示效果。

示例脚本“axis_annotations.ncl”如下：

```
begin
;-- 读取数据
  diri = "./"
  fili = "uvt.nc"
  f = addfile (diri+fili, "r")
  var = f->t(0, 2, {55}, {0:60})
  lon_t = f->lon({0:60})                ;-- 经度:0-60°E
;-- 绘图空间
  wks = gsn_open_wks ("x11", "plot_axis_annotations")
;-- 图形属性设置
  res = True
  res@gsnMaximize = True
;-- 主标题
  res@tiMainString = "Example: Axis Annotations"
  res@tiMainFontHeightF = 0.02
  res@tiXAxisSide = "Bottom"                ;-- X-Axis 标题位置
  res@tiXAxisFontHeightF = 0.015
  res@tiYAxisFontHeightF = 0.015
  res@tiXAxisString = lon_t@long_name   ;-- 变量的长名字
  res@tiYAxisString = var@long_name + "[K]"
  res@tmLabelAutoStride = True
  res@tmXBTickSpacingF = 5               ;-- x 轴标注间隔:10K
  res@xyLineThicknessF = 2.0
  plot = gsn_csm_xy (wks, lon_t, var, res)
end
```

图形显示效果如图 5.8 所示。

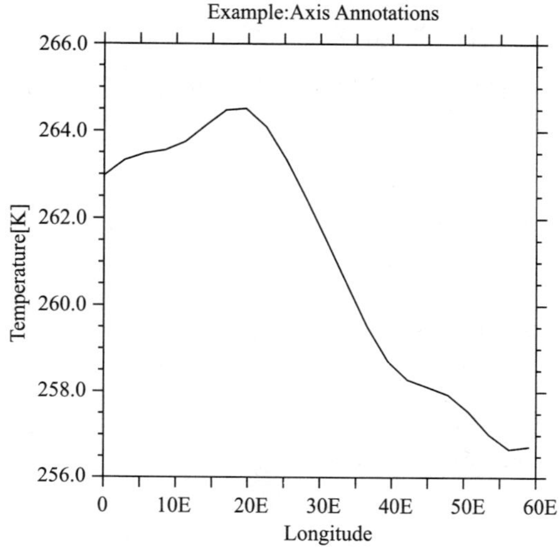

图 5.8　设置坐标刻度、标注和名称的二维折线图

5.2.5　等值线和标签设置

绘制等值线图时，等值线的线型和标值通常需要根据实际分析需要进行控制。示例脚本“contour_labels. ncl”如下：

```
;load "$NCARG_ROOT/lib/ncarg/nclscripts/csm/gsn_code.ncl"
;load "$NCARG_ROOT/lib/ncarg/nclscripts/csm/gsn_csm.ncl"

begin
  diri = "./"
  fili = "uvt.nc"
  file1 = addfile(diri+fili,"r")
  var = file1->T(0, 2, :, :)

;-- 绘图空间
  wks = gsn_open_wks("x11", "plot_contour_lines_labels")

;-- 图形属性设置
  res = True
  res@gsnDraw = False
  res@gsnFrame = False
  res@gsnMaximize = True
```

```
  res@tiMainFontHeightF = 0.02
  res@cnLevelSelectionMode = "ManualLevels"      ;-- 手动设置等值线
  res@cnMinLevelValF = 250.
  res@cnMaxLevelValF = 310.
  res@cnLevelSpacingF = 2.

  res@mpLimitMode = "Corners"
  res@mpLeftCornerLatF = 35.
  res@mpRightCornerLatF = 50.
  res@mpLeftCornerLonF = -12.
  res@mpRightCornerLonF = 10.
;-- 绘图
  plot = new (3, graphic)
  res@cnInfoLabelOrthogonalPosF = -0.88         ;-- 等值线信息框设置
  res@cnInfoLabelParallelPosF = 1.1
  res@cnInfoLabelAngleF = -90.
  res@cnInfoLabelFontColor = "black"
  res@cnInfoLabelPerimColor = "grey50"
  res@tiMainString = "Example: contour lines and labels"
  res@gsnRightString = "K"
  res@cnLineLabelPlacementMode = "computed"    ;-- 等值线值标签类型
  plot(0) = gsn_csm_contour_map (wks, var, res)

  res@tiMainString = ""
  res@cnLineLabelPlacementMode = "constant"
  plot(1) = gsn_csm_contour_map (wks, var, res)

  res@tiMainString = ""
  delete (res@cnLineLabelPlacementMode)

  res@cnLineLabelBackgroundColor = "white"
  res@cnSmoothingOn = True                       ;-- 等值线平滑
  res@cnSmoothingTensionF = 1.
  res@cnSmoothingDistanceF = 0.005
  res@cnLevelSpacingF = 1.
  plot(2) = gsn_csm_contour_map (wks, var, res)
```

```
;-- 图形展板输出
  pres = True
  pres@gsnPanelFigureStrings = (/"a)", "b)", "c)"/)

  gsn_panel (wks, plot, (/3, 1/), pres)

end
```

图形显示效果如图 5.9 所示。

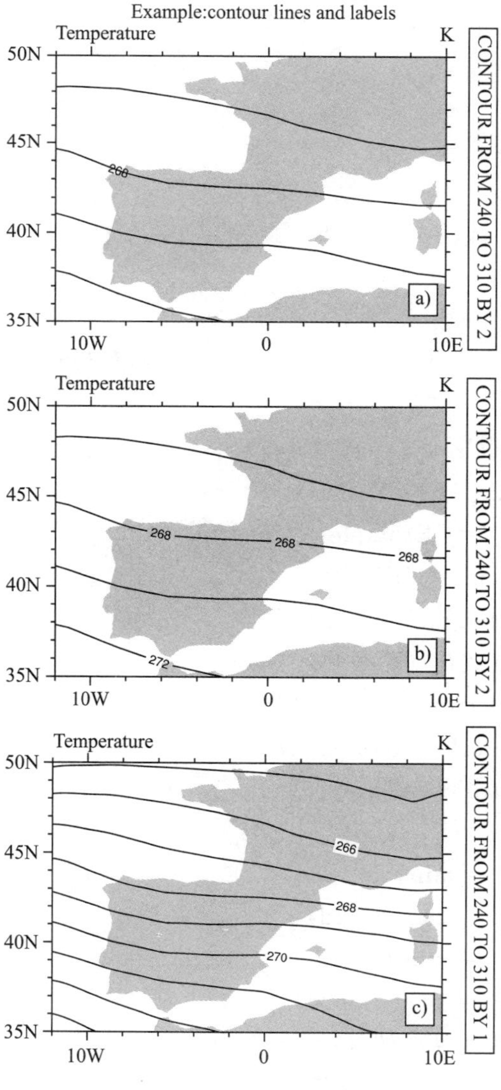

图 5.9　比较不同等值线相关参数设置的等值线图效果

5.2.6 陆地、海洋和湖泊的填色

对于地图填色常常需要考虑海洋和陆地区域的填充效果，简单的示例脚本“color_Land_Ocean.ncl”如下：

```
begin
  diri = "./"
  fili = "uvt.nc"
  f = addfile (diri+fili,"r")
  var = f->T(0, 0, :, :)
  lat2d = f->lat
  lon2d = f->lon
;-- 绘图空间
  wks = gsn_open_wks ("x11", "plot_color_Land_Ocean")
;-- 图形属性设置
  res = True
  res@gsnAddCyclic = False              ;-- 没有循环点(非全球)
  res@gsnMaximize = True
  res@cnFillOn = false
  res@cnLineThicknessF = 1.5
  res@tiMainString = "Example: color land and ocean"
  res@gsnRightString = "K"
  res@tiMainFontHeightF = 0.02
;-- 填色海洋河陆地(优化图形效果)
  res@mpOceanFillColor = "grey90"
  res@mpInlandWaterFillColor= "grey90"
  res@mpLandFillColor = "grey70"
;-- 显示区域
  res@mpMinLatF = min (lat2d)
  res@mpMaxLatF = max (lat2d)
  res@mpMinLonF = min (lon2d)
  res@mpMaxLonF = max (lon2d)
;-- Lat/lon 数组采用线性曲线显示
```

```
  res@sfXArray = lon2d
  res@sfYArray = lat2d
;-- 绘图输出
  plot = gsn_csm_contour_map (wks, var, res)
end
```

图形显示效果如图 5.10 所示。

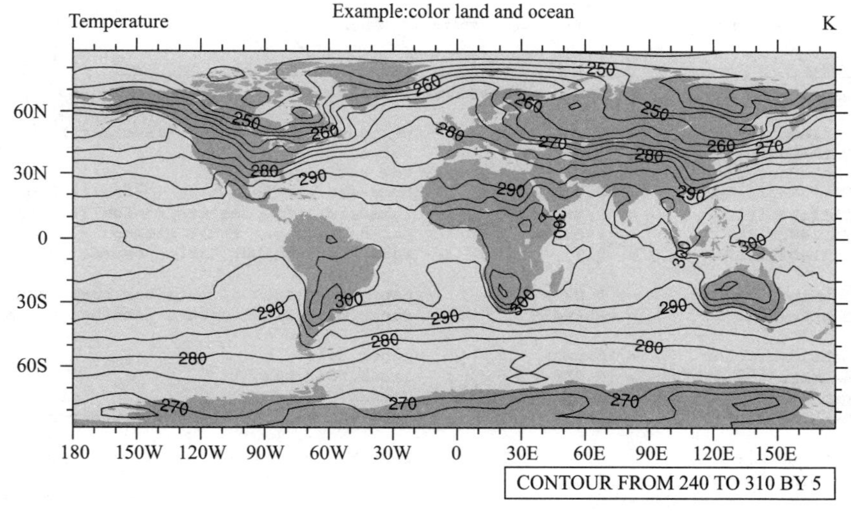

图 5.10　陆地、海洋和湖泊的填色效果图

5.2.7　标示条设置

当用户绘制填色图时，如果不使用等值线和值标签的形式则无法获知各填充颜色所代表的具体物理量数值。因此，通常采用颜色标示条的形式来对图形填充颜色进行解释。默认情况下，采用填充形式的等值线图都会有一个优化的颜色标示条显示在当前图形下方中央位置，但不包含标示条的名称(可设置相关的参数项添加)，如图 5.11 所示。

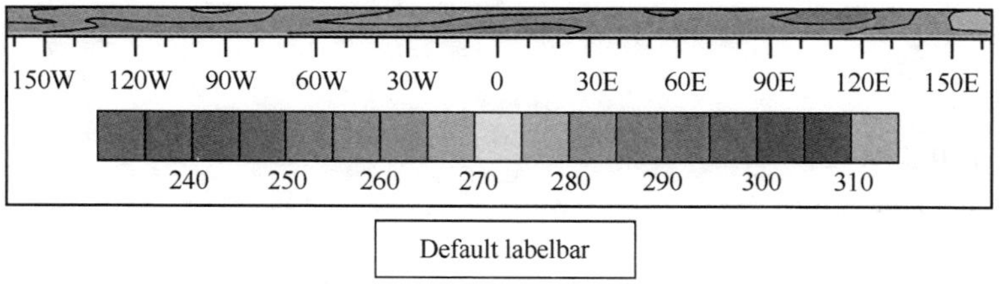

图 5.11　默认的等值线填色图的颜色标示条的示意图

当然,颜色标示条的显示效果也可以进行多种控制,其中包括:长宽高、位置、颜色表和值标签及添加名称等。

如果需要对标示条的显示效果进行更改,那么需要设置的主要图形属性资源类的参数项可以参看图 5.12。

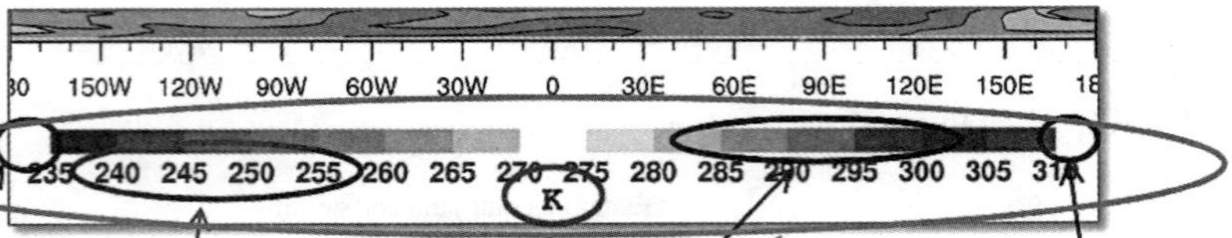


```
res@cnLabelBarEndStyle      = "ExcludeOuterBoxes";-- exclude the outer color boxes

res@lbTitleOn               =  True              ;-- write title (default: "labelbar")
res@lbTitleFont             = "courier-bold"     ;-- set title font
res@lbTitleFontColor        = "blue"             ;-- set title font
res@lbTitleFontHeightF      =  0.015             ;-- decrease the font size (default: 0.025)
res@lbTitlePosition         = "Bottom"           ;-- labelbar title postion (default: "Top")
res@lbTitleString           =  t@units           ;-- define labelbar title string
res@lbTitleOffsetF          = -0.3               ;-- move the labelbar title upwards

res@lbBoxMinorExtentF       =  0.2               ;-- decrease height of labelbar boxes and vp
res@lbBoxLinesOn            =  False             ;-- don't draw lines around labelbar boxes

res@lbLabelFontColor        = "blue"             ;-- label color
res@lbLabelFontHeightF      =  0.015             ;-- label font height
res@lbLabelFont             = "helvetica-bold";-- label font
res@lbLabelOffsetF          =  0.07              ;-- move the labelbar labels downwards

res@pmLabelBarWidthF        =  0.8               ;-- labelbar width; default is shorter
res@pmLabelBarHeightF       =  0.1               ;-- labelbar height; default is taller
res@pmLabelBarOrthogonalPosF =  0.07             ;-- y-position (positive: downward; def: 0.02)
res@pmLabelBarParallelPosF =  0.5                ;-- x-position (CenterCenter); default: 0.5
```

图 5.12　颜色标示条的有关参数项设置方法的示意图

使用不同样式和标注格式的颜色标示条的示例脚本“labelbars.ncl”如下:

```
begin
;-- 打开数据
  f = addfile ("./uvt.nc", "r")
  var = f->T (0, 2, :, :)
;-- 绘图空间
  wks = gsn_open_wks ("x11", "plot_labelbars")
  gsn_define_colormap(wks, "GrayWhiteGray") ;-- 颜色表
;-- 图形属性设置
```

```
  res = True
  res@gsnDraw = False
  res@gsnFrame = False
  res@cnFillOn = True
  res@cnLinesOn = False
  res@cnLineLabelsOn = False
  res@cnInfoLabelOn = False
  res@cnLevelSelectionMode = "ManualLevels"        ;-- 手动设置等值线
  res@cnMinLevelValF = 250.
  res@cnMaxLevelValF = 310.
  res@cnLevelSpacingF = 5.

  plot = new(6, graphic) ;-- 定义图形数组

  res@gsnStringFontHeightF = 0.02
  res@gsnRightString = "K"

;-- 左上图

  res@gsnCenterString = "horizontal(default)"      ;-- 水平为默认方式

  plot(0) = gsn_csm_contour_map (wks, var, res)

;-- 右上图

  res@gsnCenterString = "vertical"                 ;-- 垂直方向
  res@lbOrientation = "vertical"

  plot(1) = gsn_csm_contour_map (wks, var, res)

;-- 左中图

  res@gsnCenterString = "exclude outer boxes"
  res@lbOrientation = "horizontal"                 ;-- 水平方向
  res@cnLabelBarEndStyle = "ExcludeOuterBoxes"     ;-- 显示外边框
  plot(2) = gsn_csm_contour_map (wks, var, res)

;-- 右中图

  res@gsnCenterString = "rotate labels and set labelbar title"

  res@lbTitleOn = True                             ;-- 标题设置
```

```
  res@lbTitleString = "K"
  res@lbTitlePosition = "Right"
  res@lbTitleOffsetF = -0.03
  res@lbTitleFontHeightF = 0.015
  res@lbLabelFontHeightF = 0.015
  res@lbLabelAngleF = 30
  res@pmLabelBarOrthogonalPosF = 0.10              ;-- 垂直移动

  delete (res@cnLabelBarEndStyle)                  ;-- 删除参数设置

  plot(3) = gsn_csm_contour_map (wks, var, res)

;-- 左下图

  res@gsnCenterString = "reverse colors"
  res@gsnSpreadColorStart = -1                     ;-- 反转颜色表
  res@gsnSpreadColorEnd = 2

  delete (res@lbLabelAngleF)

  plot(4) = gsn_csm_contour_map (wks, var, res)

;-- 右下图

  getvalues plot@contour
    "cnLevels" : levels
  end getvalues

  res@lbLabelStrings = sprintf ("%3.2f", levels)   ;-- 格式标注字符
  res@lbLabelAngleF = 90

  delete ([/res@gsnSpreadColorStart, res@gsnSpreadColorEnd/])
  res@gsnCenterString = "format labels"

  plot(5) = gsn_csm_contour_map (wks, var, res)

  gsn_panel (wks, plot,(/3, 2/), False)            ;-- 图形展板输出

end
```

几类不同参数项设置的颜色标示条的显示效果如图 5.13 所示。

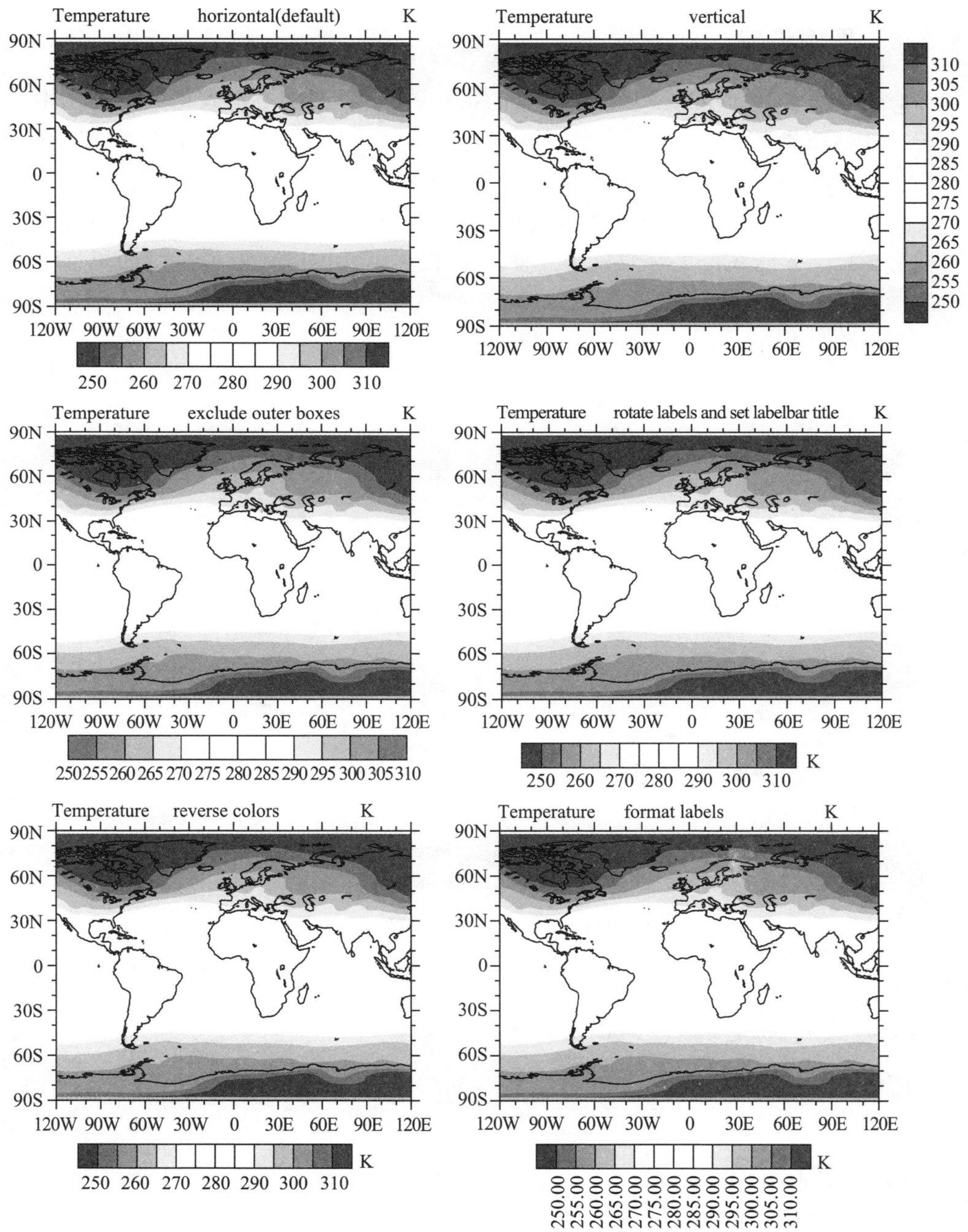

图 5.13　不同颜色标示条的显示效果示意图

5.2.8 图例设置

对于一些多时间序列或多变量序列的折线图来说，图例被推荐用来解释图中每条折线的物理意义。添加图例到当前图形首先需要打开图例显示模式开关，如下：

res@pmLegendDisplayMode = "Always" → 图例显示开关

这样，图例框将按当前图形的宽度成比例地出现在图形底部，但默认设置通常需要被重新定义才能获得更好的显示效果。NCL 语言绘图时一般通过图形属性资源类的参数项“@pmLegend”或“@lg”对图例效果进行设置。

示例脚本“legends.ncl”如下：

```
begin
;-- 读取数据
  diri = "./"
  fili = "uvt.nc"
  f = addfile (diri+fili, "r")
  temp = f->T(0,0:3,{55},{0:60})
;-- 需要的层次
  levels = (/100000,85000,70000,50000/)
;-- 定义线颜色和标签
  colors = (/"black", "grey20", "black", "grey20"/)
  labels =" " + temp&lev@long_name + sprinti("%9i", levels) + \
          "[" + temp&lev@units + "]"
;-- 绘图空间
  wks = gsn_open_wks ("x11", "plot_legends")
;-- 图形属性设置
  res = True
  res@gsnMaximize = True
  res@trYMinF = 230
  res@trYMaxF = max (temp)
```

```
;-- 标题
  res@tiMainString = "Example: Legends"
  res@tiMainFontHeightF = 0.02
  res@tiXAxisString = temp&lon@long_name
  res@tiYAxisString = temp@long_name
  res@tiXAxisSide = "Bottom"
  res@tiXAxisFontHeightF = 0.015
  res@tiYAxisFontHeightF = 0.015

  res@tmXBTickSpacingF =10                        ;-- X轴标签间隔:10 deg
  res@xyLineColors = colors
  res@xyExplicitLabels = labels
  res@xyDashPatterns = (/0, 1, 2, 3/)             ;-- 全为实线
  res@xyLineThicknessF = 2.0

  res@lgJustification = "TopRight"
  res@lgLabelJust = "CenterRight"
  res@lgLabelFontHeightF = 0.01
  res@lgBoxMinorExtentF = 0.16                    ;-- 图例使用短线

  res@pmLegendDisplayMode = "Always"
  res@pmLegendWidthF = 0.15                       ;-- 图例宽
  res@pmLegendHeightF = 0.1                       ;-- 图例高
  res@pmLegendOrthogonalPosF = -0.34              ;-- 垂直移动
  res@pmLegendParallelPosF = 0.97                 ;-- 水平移动

  plot = gsn_csm_xy (wks, temp&lon, temp(0:3, :), res)

end
```

图形显示效果如图 5.14 所示。

下面通过一个示例来演示如何通过图形属性资源相关的参数项实现图例的位置、背景色、标签顺序反转和线型选择。

首先，给出默认的图例显示效果如图 5.15 所示。

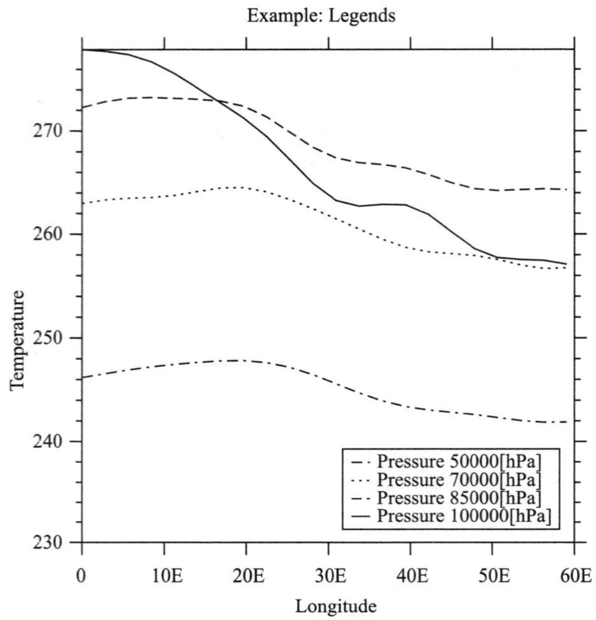

图 5.14 多序列数据折线图的图例设置效果

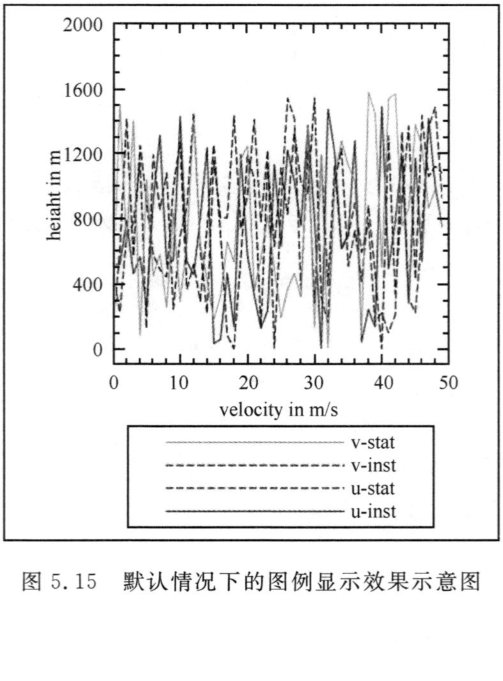

图 5.15 默认情况下的图例显示效果示意图

改变默认状态的三种设置及其效果如图 5.16 所示。

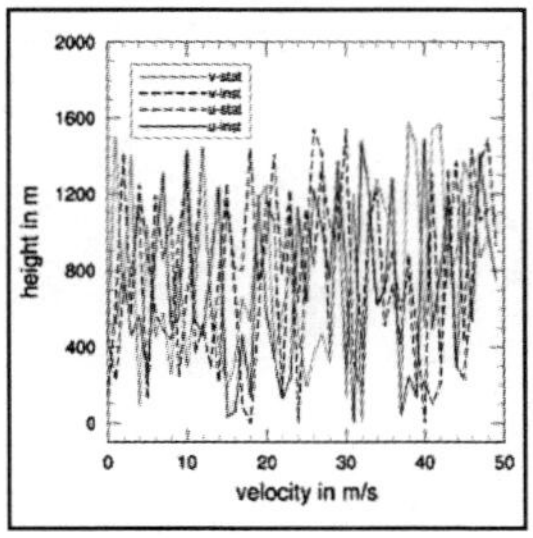


```
res@pmLegendDisplayModce       = "Always";-- display legend
res@pmLegendWidthF             =  0.18    ;-- define legend width
res@pmLegendHeightF            =  0.11    ;-- define legend height
res@pmLegendOrthogonalPosF = -1.10        ;-- move the legend upward
res@pmLegendParallelPosF       =  0.21    ;-- move the legend to the
                                          ;-- right
```

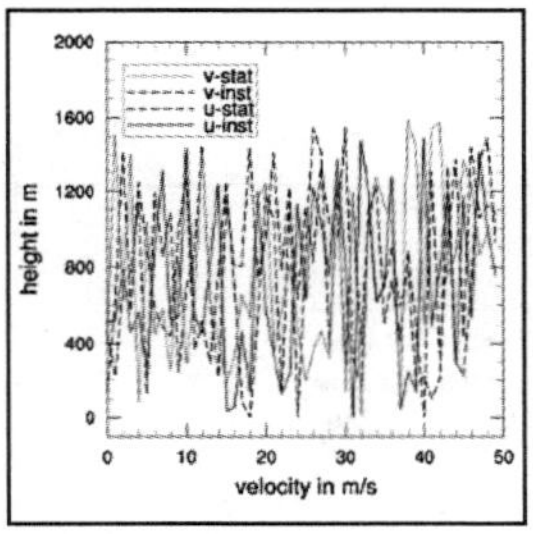


```
res@lgAutoManage            =  False   ;-- switch auto manage off
res@lgLabelFontHeightF      =  0.022   ;-- increase label font size
```

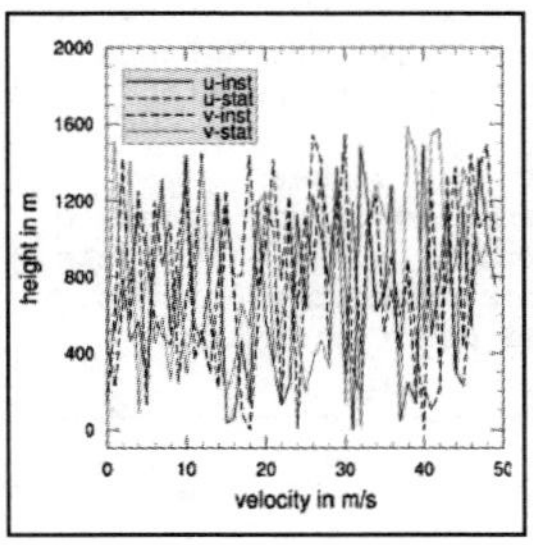


```
res@lgPerimFill       = "SolidFill"  ;-- fill mode for legend box
res@lgPerimFillColor = "yellow"      ;-- fill color for legend box
res@lgItemOrder       =  (/3,2,1,0/) ;-- reverse legend
```

图 5.16　三种设置方式的图例及其效果示意图

5.2.9　坐标刻度标记设置

对于坐标刻度来说(图 5.17),默认设置下,NCL 语言对坐标轴的刻度和标值进行自动分配,用户也可以自定义设置,但分为两种情况:第一种是 XY 折线图;第二种是带地图的等值线图。

对于 XY 折线图坐标的设置可参看:

http://ncl.ucar.edu/Applications/tickmarks.shtml　　**(47)**

(47)

XY 折线图的坐标轴图形属性参数项设置方法如图 5.18 所示。

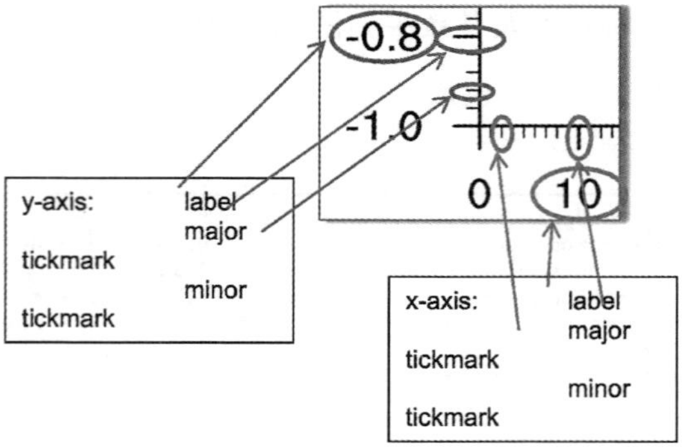

图 5.17 坐标刻度及标记设置内容的示意图

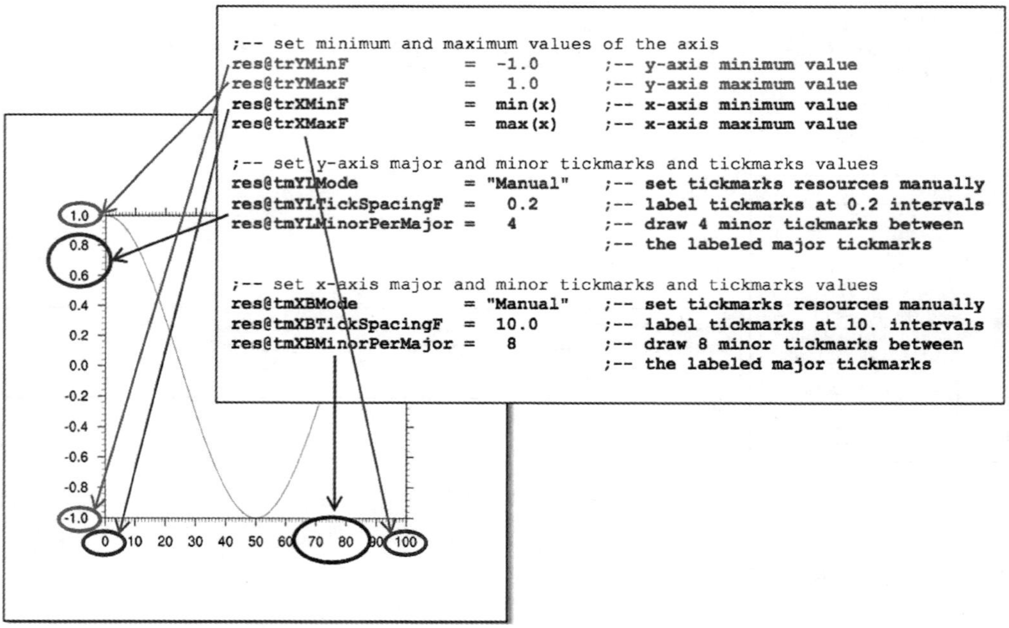

图 5.18 XY 折线图的坐标轴图形属性参数项设置方法示意图

对于带地图的图形的设置与 XY 折线图有所不同，一般通过图形属性资源类“@gsn”和“@tm”的相关参数项进行设置，具体可参看：

http://ncl.ucar.edu/Applications/mptick.shtml （48）

(48)

带地图的等值线图坐标轴的设置如图 5.19 所示。

```
;-- latitude settings

mpres@gsnMajorLatSpacing    =  10      ;-- change major lat tickmark spacing
mpres@gsnMinorLatSpacing    =  2.5     ;-- change major lat tickmark spacing

mpres@tmYLLabelStride       =  3       ;-- write only every 3rd label
mpres@tmYLLabelFontHeightF  =  0.016   ;-- change major lat tickmark spacing
mpres@tmYLMajorLengthF      =  0.02    ;-- change the tickmark length
mpres@tmYLMinorLengthF      =  0.01    ;-- change the tickmark length
mpres@tmYLMajorLineColor    =  "blue"  ;-- change major tickmarks color
mpres@tmYLMinorLineColor    =  "grey20";-- change major tickmarks color
mpres@tmYLLabelFontColor    =  "blue"  ;-- change label color

;-- longitude settings

mpres@gsnMajorLonSpacing    =  10      ;-- change major lon tickmark spacing
mpres@gsnMinorLonSpacing    =  2.5     ;-- change major lon tickmark spacing

mpres@tmXBLabelStride       =  4       ;-- write only every 4th label
mpres@tmXBLabelFontHeightF  =  0.014   ;-- change major lat tickmark spacing
mpres@tmXBMajorLengthF      =  0.02    ;-- change the tickmark length
mpres@tmXBMinorLengthF      =  0.01    ;-- change the tickmark length
mpres@tmYLMajorLineColor    =  "red"   ;-- change major tickmarks color
mpres@tmYLMinorLineColor    =  "grey20";-- change major tickmarks color
mpres@tmXBLabelFontColor    =  "red"   ;-- change label color

;-- grid line settings

mpres@mpGridAndLimbOn       =  True    ;-- draw grid lines on the plot
mpres@mpGridLatSpacingF     =  20      ;-- grid line lat spacing
mpres@mpGridLonSpacingF     =  45      ;-- grid line lon spacing
mpres@mpGridLineColor       =  "gray"  ;-- grid line color
```

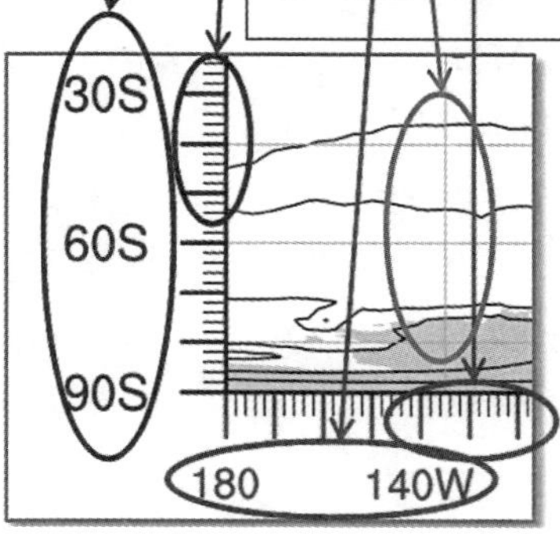

图5.19　地图投影等值线图的坐标轴参数项设置方法示意图

5.2.10　日期格式

对于netCDF数据文件中的时间维通常表述为：

double time(time) ;

time:standard_name = "time" ;

time:units = "hours since 2001-01-01 00:00:00" ;

time:calendar = "standard" ;

可以看到时间维都被描述为从某一参照时刻开始计时的浮点数值，但是用户实际应用中往往需要类似“年/月/日”(如2000/01/15)格式的时间。为此，可以借助

NCL 语言提供的日期函数“cd_calendar”来进行标准时间类型转换。此外，也可以利用函数“cd_inv_calendar”将 UT 参考时间转换为混合的 Julian/Gregorian 时间类型。

示例脚本“cd_calendar. ncl”如下：

```
begin
  a = addfile("./slp.mon.mean.nc", "r")
  time = a->time
  time@units = "hours since 1-1-1 00:00:0.0"
  printVarSummary(time)

  utc_d = cd_calendar(time, 0)
  utc_date(:, 0) = years
  utc_date(:, 1) = months
  utc_date(:, 2) = days
  utc_date(:, 3) = hours
  utc_date(:, 4) = minutes
  utc_date(:, 5) = seconds

  ym = cd_calendar(time, 1)              ;-- YYYYMM
  ymd = cd_calendar(time, -2)            ;-- YYYYMMDD
  ymdh = cd_calendar(time, -3)           ;-- YYYYMMDDHH
  yrfrac = cd_calendar(time, 4)          ;-- YYYY.fraction_of_year

;-- cd_inv_calendar 转换需要输入整型的年月日时分秒
  year= tointeger(utc_d(:, 0))           ;-- 都为一维数组
  month= tointeger(utc_d(:, 1))
  day= tointeger(utc_d(:, 2))
  hour = tointeger(utc_d(:, 3))
  minute = tointeger(utc_d(:, 4))

  tunits = "days since 1801-1-1 00:00:0.0"          ;-- 定义新的参考时间
  time2 = cd_inv_calendar(year, month, day, hour, minute, utc_d(:, 5), tunits, 0)
  time2!0= "time2"
  time2&time2= time2
  printVarSummary(time2)
  print (time+" "+ym+" "+ymd+" "+ymdh+" "+sprintf("%9.4f", \
        yrfrac)+" "+time2)
end
```

输出内容截取显示如下：

```
Variable: time                                             ;-- 原始的'time'
          Type: double
          Total Size: 6560 bytes
                      820 values
          Number of Dimensions: 1
          Dimensions and sizes:  [time | 820]
          Coordinates:
                      time: [1297320..1895592]     ;-- 取值范围
          Number Of Attributes: 7
            long_name :  Time
            delta_t :      0000-01-00 00:00:00
            prev_avg_period :      0000-00-01 00:00:00
            standard_name :          time
            axis :            T
            units :          hours since 1800-01-01 00:00:0.0    ;-- 参考时间
            actual_range :            ( 1297320, 1895592 )

          -----

          Variable: time2
          Type: double
          Total Size: 6560 bytes
                      820 values
          Number of Dimensions: 1
          Dimensions and sizes:  [time2 | 820]
          Coordinates:
                      time2: [53690..78618]          ;-- 新范围
          Number Of Attributes: 2
            calendar :      standard
            units : days since 1801-1-1 00:00:0.0       ;-- 新参考单位
```

```
OUTPUT:
           time      yyyymm    yyyymmdd    yyyymmddhh     yyyy.frac    time2
  (0)    1297320     194801    19480101    1948010100     1948.0000    53690
  (1)    1298064     194802    19480201    1948020100     1948.0847    53721
  (2)    1298760     194803    19480301    1948030100     1948.1639    53750
  (3)    1299504     194804    19480401    1948040100     1948.2486    53781
  (4)    1300224     194805    19480501    1948050100     1948.3306    53811
  (5)    1300968     194806    19480601    1948060100     1948.4153    53842
  (6)    1301688     194807    19480701    1948070100     1948.4973    53872
           [SNIP]
  (812)    1890480     201509    20150901    2015090100     2015.6658    78405
  (813)    1891200     201510    20151001    2015100100     2015.7479    78435
  (814)    1891944     201511    20151101    2015110100     2015.8329    78466
  (815)    1892664     201512    20151201    2015120100     2015.9151    78496
  (816)    1893408     201601    20160101    2016010100     2016.0000    78527
  (817)    1894152     201602    20160201    2016020100     2016.0847    78558
  (818)    1894848     201603    20160301    2016030100     2016.1639    78587
  (819)    1895592     201604    20160401    2016040100     2016.2486    78618
```

第 6 章　实战分析和绘图

前五章突出重点将 NCL 图形分析语言的主要功能架构呈现出来，并且给出了大量的示例，帮助用户学习 NCL 语言的基础数据处理和图形绘制的主要方法。但是，在实际的科学研究和应用实践中仍需要用户建立清晰缜密的思考和分析操作流程。针对这个问题，本章将从实战的角度着重介绍 NCL 语言在典型科学研究中的分析方法和绘图技巧，并结合应用经验提出一些注意事项。这里，精心设计的几个典型研究方向的基础实战应用旨在指导用户完成对 NCL 图形分析语言学习的关键步骤——学以致用。

那么，需要再次明确 NCL 图形分析语言工具的使用流程：

(1)需要建立明确的待解决科学问题的研究框架；

(2)充分准备和评估相关的科学数据；

(3)数据读取预处理和验证；

(4)紧扣科学问题的数据可视化科学分析；

(5)出版级质量的图形绘制。

这里，在 NCL 官方网站中的外部扩展内容页面涉及了用户在未来实战应用中使用的一些附加功能，网址如下：

http://www.ncl.ucar.edu/External/　**(49)**

(49)

主要内容为：

- 常用的气候数据指引(Climate Data Guide)：科学数据集的基本信息和评估；
- 气候数据操作集(CDO)：对常规气候和数值天气预报数据分析和操作的常规方法的命令集合；
- ESMF：建立和耦合天气、气候模式及其他相关模式的软件；
- netCDF 文件操作(NCO)：有关对 netCDF 数据文件读取并简单操作及其输出的程序集；
- PyNGL：Python 语言模块，针对科学数据分析的高质量二维可视化；
- PyNIO：Python 语言包，针对基于 netCDF 文件接口的数据文件读写。

因此，科学数据、分析方法和绘图控制是用户需要重点关注的三方面内容。在实战过程中切记要保持科学分析的严谨态度，扎实地完成和验证每一步基础流程内容，做到数据可信、方法可靠和绘图可控。

6.1 常规数据获取

NCL 语言提供了对当前大气科学领域研究的常规全球海—陆—气三基科学数据的全面支持，用户可以参阅前面提到的常规气候数据指引（Climate Data Guide）页面获取各类大气科学类数据信息（表 6.1），网址如下：

https://climatedataguide.ucar.edu **（50）**

（50）

表 6.1 常用的大气科学数据集

数据集名称	数据说明
Climate Forecast System Reanalysis（NCEP CFSR）	第三代高分辨率全球耦合再分析大气数据集
ERA-Interim	ERA-40 上发展的第三代再分析大气数据集
ERA-40	第二代同化方案的全球大气再分析数据集
JRA-55	时间最长的第三代基于观测的再分析数据集
NCEP-NCAR（R1）	NCEP/NCAR 第一代再分析数据集
NCEP-DOE Reanalysis II（R2）	改进的第二代再分析数据集
Global surface temperature data：GISTEMP	NASA 全球地表温度数据集
Global surface temperature data：HadCRUT4 and CRUTEM4	全球整合的表面温度数据集
Global surface temperature data：MLOST	NOAA 合并的海陆表面温度数据集
Global surface temperatures：BEST	Berkeley 整合的长时间序列地表温度数据集
Global Temperature Data Sets	全球表面温度数据集
Atlantic Multi-decadal Oscillation（AMO）	大西洋多年代际涛动数据集
Pacific Decadal Oscillation（PDO）：Definition and Indices	太平洋年代际涛动数据集
SST Data Sets：Overview & Comparison Table	海表面温度数据集
SST data：HadSST3	哈德莱中心海表面温度数据集
SST data：NOAA Extended Reconstruction SSTs，Version 4	NOAA 重建的海表面温度数据集
APHRODITE：Asian Precipitation	亚洲降水数据集
CMAP：CPC Merged Analysis of Precipitation	全球收集整合的降水数据集
CRU TS Gridded precipitation and other meteorological variables since 1901	气候研究中心降水和其他要素的格点数据集
GPCC：Global Precipitation Climatology Centre	全球降水气候中心数据集
HadEX2：Gridded Temperature and Precipitation Climate Extremes Indices（CLIMDEX data）	温度和降水的极端气候指数格点数据集

此外，中国国家气象科学数据共享服务平台也提供各类基于用户等级的资料服务，地址如下：

http://data.cma.cn　　**(51)**

(51)

6.2　实战分析 Ⅰ——基础能力

首先以站点数据处理为开始，从站点插值、中国地图绘制和基本气候学分析几方面熟悉 NCL 语言的基础分析和绘图功能。

6.2.1　站点数据处理

研究中国天气或者气候时，经常会使用中国地面观测站的站点观测数据集。这里，以日降水观测数据为例，阐述如何将批量的文本格式数据文件预处理后转换为统一的 netCDF 文件的过程。示例数据文件集为 1951—2016 年逐月存放的全部站点的日降水为一个数据文件，即每个文件包含一个月的所有观测站点的日降水数据信息，文件名及其存放方式如图 6.1 所示。

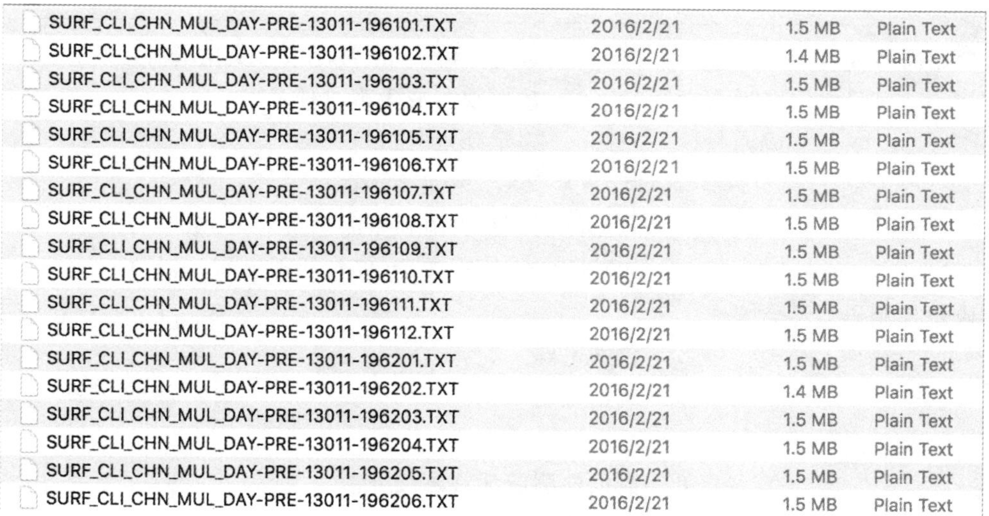

SURF_CLI_CHN_MUL_DAY-PRE-13011-196101.TXT	2016/2/21	1.5 MB	Plain Text
SURF_CLI_CHN_MUL_DAY-PRE-13011-196102.TXT	2016/2/21	1.4 MB	Plain Text
SURF_CLI_CHN_MUL_DAY-PRE-13011-196103.TXT	2016/2/21	1.5 MB	Plain Text
SURF_CLI_CHN_MUL_DAY-PRE-13011-196104.TXT	2016/2/21	1.5 MB	Plain Text
SURF_CLI_CHN_MUL_DAY-PRE-13011-196105.TXT	2016/2/21	1.5 MB	Plain Text
SURF_CLI_CHN_MUL_DAY-PRE-13011-196106.TXT	2016/2/21	1.5 MB	Plain Text
SURF_CLI_CHN_MUL_DAY-PRE-13011-196107.TXT	2016/2/21	1.5 MB	Plain Text
SURF_CLI_CHN_MUL_DAY-PRE-13011-196108.TXT	2016/2/21	1.5 MB	Plain Text
SURF_CLI_CHN_MUL_DAY-PRE-13011-196109.TXT	2016/2/21	1.5 MB	Plain Text
SURF_CLI_CHN_MUL_DAY-PRE-13011-196110.TXT	2016/2/21	1.5 MB	Plain Text
SURF_CLI_CHN_MUL_DAY-PRE-13011-196111.TXT	2016/2/21	1.5 MB	Plain Text
SURF_CLI_CHN_MUL_DAY-PRE-13011-196112.TXT	2016/2/21	1.5 MB	Plain Text
SURF_CLI_CHN_MUL_DAY-PRE-13011-196201.TXT	2016/2/21	1.5 MB	Plain Text
SURF_CLI_CHN_MUL_DAY-PRE-13011-196202.TXT	2016/2/21	1.4 MB	Plain Text
SURF_CLI_CHN_MUL_DAY-PRE-13011-196203.TXT	2016/2/21	1.5 MB	Plain Text
SURF_CLI_CHN_MUL_DAY-PRE-13011-196204.TXT	2016/2/21	1.5 MB	Plain Text
SURF_CLI_CHN_MUL_DAY-PRE-13011-196205.TXT	2016/2/21	1.5 MB	Plain Text
SURF_CLI_CHN_MUL_DAY-PRE-13011-196206.TXT	2016/2/21	1.5 MB	Plain Text

图 6.1　中国地面观测站日降水数据集的文件存放截图

数据格式描述如表 6.2 所示，需要注意各数据字段的物理意义及其单位。

表 6.2 地面观测站日降水数据格式及说明

序号	中文名	数据类型	单位
1	区站号	Number(5)	
2	纬度	Number(5)	(度、分)
3	经度	Number(6)	(度、分)
4	观测场海拔高度	Number(7)	0.1 m
5	年	Number(5)	年
6	月	Number(3)	月
7	日	Number(3)	日
8	20—08 时降水量	Number(7)	0.1 mm
9	08—20 时降水量	Number(7)	0.1 mm
10	20—20 时累计降水量	Number(7)	0.1 mm
11	20—08 时降水量质量控制码	Number(2)	
12	08—20 时降水量质量控制码	Number(2)	
13	20—20 时降水量质量控制码	Number(2)	

有关的数据特征值说明如下：

```
台站海拔高度  +100000  当台站海拔高度为估测值时,在估测数据基础上加 100000
              各要素项  32766   数据缺测或无观测任务
              降水量    32700   表示降水"微量"
                        32XXX  XXX 为纯雾露霜
                        31XXX  XXX 为雨和雪的总量
                        30XXX  XXX 为雪量(仅包括雨夹雪,雪暴)
质量控制码    含义
                   0    数据正确
                   1    数据可疑
                   2    数据错误
                   8    数据缺测或无观测任务
                   9    数据未进行质量控制
```

任意打开一个文本数据文件,其数据结构截取如下：

```
50136 5329 12221 102796 1962  6  1   0  67  67 0 0 0
50136 5329 12221 102796 1962  6  2  10  52  62 0 0 0
50136 5329 12221 102796 1962  6  3   5  52  57 0 0 0
```

```
50136  5329  12221 102796 1962   6   4     30     98    128 0 0 0
50136  5329  12221 102796 1962   6   5     50      0     50 0 0 0
50136  5329  12221 102796 1962   6   6      0      0      0 0 0 0
50136  5329  12221 102796 1962   6   7      0      4      4 0 0 0
50136  5329  12221 102796 1962   6   8      0      0      0 0 0 0
50136  5329  12221 102796 1962   6   9      0  32700  32700 0 0 0
50136  5329  12221 102796 1962   6  10  32700      0  32700 0 0 0
50136  5329  12221 102796 1962   6  11     33      3     36 0 0 0
50136  5329  12221 102796 1962   6  12      0      0      0 0 0 0
50136  5329  12221 102796 1962   6  13      0      0      0 0 0 0
50136  5329  12221 102796 1962   6  14      0      1      1 0 0 0
50136  5329  12221 102796 1962   6  15      0      0      0 0 0 0
50136  5329  12221 102796 1962   6  16      0      2      2 0 0 0
50136  5329  12221 102796 1962   6  17     40     12     52 0 0 0
50136  5329  12221 102796 1962   6  18      0      0      0 0 0 0
50136  5329  12221 102796 1962   6  19      0      0      0 0 0 0
50136  5329  12221 102796 1962   6  20      0      0      0 0 0 0
50136  5329  12221 102796 1962   6  21      0  32700  32700 0 0 0
50136  5329  12221 102796 1962   6  22      0      0      0 0 0 0
50136  5329  12221 102796 1962   6  23      0      0      0 0 0 0
50136  5329  12221 102796 1962   6  24      0      0      0 0 0 0
50136  5329  12221 102796 1962   6  25      0      0      0 0 0 0
50136  5329  12221 102796 1962   6  26      0      0      0 0 0 0
50136  5329  12221 102796 1962   6  27      0      1      1 0 0 0
50136  5329  12221 102796 1962   6  28      0     55     55 0 0 0
50136  5329  12221 102796 1962   6  29      0      0      0 0 0 0
50136  5329  12221 102796 1962   6  30      0      0      0 0 0 0
50246  5219  12443 103500 1962   6   1      1     82     83 0 0 0
50246  5219  12443 103500 1962   6   2    135      3    138 0 0 0
50246  5219  12443 103500 1962   6   3  32700      0  32700 0 0 0
50246  5219  12443 103500 1962   6   4     29    173    202 0 0 0
50246  5219  12443 103500 1962   6   5      0      2      2 0 0 0
50246  5219  12443 103500 1962   6   6  32001      0  32001 0 0 0
```

第一步，确定在官方途径获取了可信的数据及其配套的数据说明文档；

第二步，合并全部文本型数据文件并转换为 netCDF 格式文件。这个过程需要用户确立清晰的思路以构造目标数组形式，同时还需要根据数据文件的格式说明提

取需要的数据字段并进行数据转换操作。如果需要将目标数组定义为"var(站点,时间)",则需要注意以下问题:

(1)对上述数据而言,站点信息的提取可以选择文件最大(即站点数最多)的一个数据文件进行。站号、经纬度和海拔高度可以作为站点的变量属性信息赋值,经纬度信息是站点数据插值时必需的数据。

(2)注意数据格式说明中每个数据字段的单位,其中经纬度为"度、分"的格式则需要转换为浮点型,并以"度"为单位;海拔高度单位为 0.1 m,则需要考虑特殊说明中估测站点的取值处理,即当台站海拔高度为估测值时,在估测数据基础上加 100000;降水数据单位为 0.1 mm,需对缺测值及不同形态降水值转换。

(3)时间坐标的选择问题。通常有两种方式定义:第一种是假定每个月 31 天,不足月的日观测值使用缺省值替代。第二种是精确到每一天的时间坐标,即使用函数"yymmdd_time"生成连续时间段的序列坐标作为对应。

(4)对于观测数据来说,一般选择连续无缺测的站点进行研究,且要保证站点分布的均匀性。

数据处理及转换的示例脚本如下:

```
;---------自定义创建 netCDF 文件的函数(based on method2)---------------------
undef("nc_output")
procedure nc_output(oN:string,varN:string,title:string,x)
local diro,filo,fout,fAtt,dimNames,dimSizes,dimUnlim
begin
  diro = "./"                                       ;-- 输出目录
  filo = oN                                         ;-- 输出文件名
  system("/bin/rm -f " +diro + filo)                ;-- 若已存在则删除
  fout= addfile (diro + filo, "c")                  ;-- 打开输出文件
  setfileoption(fout, "DefineMode", True)
;-- 数据文件全局属性信息
  fAtt = True                                       ;-- 文件属性赋值
  fAtt@title = title
  fAtt@source_file = ""
  fAtt@description = ""
  fAtt@creation_date = systemfunc ("date")
  fileattdef(fout, fAtt)                            ;-- 复制文件属性信息
```

```
;-- 定义维名称、维坐标和赋值
  dimNames = getvardims(x)
  dimSizes = dimsizes(x)
  dimUnlim= new(dimsizes(dimNames), logical)
  dimUnlim= False
  filedimdef(fout, dimNames, dimSizes, dimUnlim)
  do j =0, dimsizes(getvardims(x)) -1
     filevardef(fout, dimNames(j), typeof(x& $ dimNames(j) $ ), \
               getvardims(x& $ dimNames(j) $ ))              ;-- 变量定义
     filevarattdef(fout, dimNames(j), x& $ dimNames(j) $ ) ;-- 变量属性定义
     fout-> $ dimNames(j) $  = (/x& $ dimNames(j) $ /) ;-- 维坐标赋值
  end do
;-- 数据变量定义和赋值
  filevardef(fout, varN, typeof(x), getvardims(x))
  filevarattdef(fout, varN, x)
  fout-> $ varN $ = (/x/)
end
;--------------------------------主程序如下--------------------------------------------
begin
;-- 技巧:可选取最大的文件获取所有站点信息
  bigfile ="./daily_obs3.0/PRE/SURF_CLI_CHN_MUL_DAY-PRE-13011-\
201606.TXT"
  stn_info = asciiread (bigfile, (/25170, 13/), "integer")  ;-- 25170 行 x13 字段
  stn = stn_info (::30, 0)                        ;-- 各站间隔 30 日(6 月的数据)
  stnnum =dimsizes(stn)                           ;-- 站数(实际为 839 站)
;-- 注意经纬度数据格式为:度分(需转换为度)
  lats = stn_info(::30, 1)/100+mod(stn_info(::30, 1), 100)/60.
  lons = stn_info(::30, 2)/100+mod(stn_info(::30, 2), 100)/60.
;-- 高度单位 0.1m 和估测站点高度处理
  height = stn_info (::30, 3) * 0.1
  height =where(height.gt.10000., height - 10000., height)
  delete(stn_info)    ;-- 释放内存
  sdate = 1951
```

```
  edate = 2016
  ndate =yyyymmdd_time (sdate, edate, "integer")
;-- 生成时间段内每一天的数组,如 year * 10000+month * 100+day
  ndays =dimsizes (ndate)                          ;-- 总天数
  data =new((/stnnum, ndays/), "integer")          ;-- 定义变量数组
  data = 32766                                     ;-- 数组初始赋值缺省值
;---------------------------读取数据文件操作------------------------------------------
  files=systemfunc ("ls ./daily_obs3.0/PRE/ *.TXT")  ;-- 所有数据文件名列表
  nf =dimsizes(files)                              ;-- 列表中文件数
  cols = 13                                        ;-- 13 个数据字段
  pos = 0
  do i = 0, nf-1
    print(i + " Now reading... " + files(i))  ;-- 过程监控
    dummy = asciiread (files(i), -1, "integer")
    rows = dimsizes (dummy)/cols
    nfile = onedtond (dummy, (/rows, cols/))    ;-- 转换为二维行 x 列
    ntm = max(nfile(:, 6))                         ;-- 天数
    stnf = nfile(::ntm, 0)                         ;-- 站号
    nstnf = dimsizes(stnf)                         ;-- 站数
    idxstn = get1Dindex(stn, stnf)                 ;-- 站索引位置
    temp = reshape(nfile(:, 9), (/nstnf, ntm/))   ;-- 匹配数组:(站,时间)
    data(idxstn, pos:pos+ntm-1) = temp(:, :)      ;-- 分段赋值累计降水量
    pos = pos + ntm                                ;-- 移动时间维位置指针
    delete (dummy)                                 ;-- 注意清除循环内重复赋值变量
    delete (nfile)
    delete (rows)
    delete (stnf)
    delete (temp)
    delete (idxstn)
  end do
;--------------------------------无缺测站点选取-----------------------------------------
  stm = 19610101        ;-- 筛选站点时间范围
  etm = 20151231
```

```
tmidx = ind(ndate. ge. stm. and. ndate. le. etm)   ;-- 连续时间段筛选条件
stnpos =new(stnnum, "integer") ;-- 定义筛选索引数组(对应站位置)
do j = 0, stnnum-1
  outidx = ind(data(j, tmidx). ne. 32766)        ;-- 累计日降水
  if . not. all(ismissing(outidx)). and. dimsizes(outidx). eq. dimsizes(tmidx) then
;-- 各站无缺测时间序列长度与给定时间段一致(短则有缺测)
    stnpos(j) = 1                                ;-- 符合条件
  else
    stnpos(j) = 0
  end if
  delete(outidx)
end do
print("consective gauge-stations:"+sum(stnpos)) ;-- 输出符合的站数
;----------------不同类型降水解码(雨雪露霜和微量)--------------------------------
sdata = data * 1.0                   ;-- 传递数组并转换数据类型
sdata =where(sdata. eq. 32700. ,0.1,sdata)            ;-- 微量
sdata =where(sdata. ge. 30000. . and. sdata. lt. 31000. ,sdata-30000. ,sdata)
                                                     ;-- 降雪
sdata =where(sdata. ge. 31000. . and. sdata. lt. 32000. ,sdata-31000. ,sdata)
                                                     ;-- 雨雪
sdata = where(sdata. ge. 32000. . and. sdata. lt. 33000. . and. sdata. ne. 32766. , \
            sdata-32000. ,sdata)                     ;-- 雾露霜
sdata =where(sdata. eq. 32766. ,32766. ,sdata * 0.1)   ;-- 单位:0.1mm
printMinMax(sdata,True)                              ;-- 检测数据
;-----------------定义属性信息并输出 netCDF 文件---------------------------------
screenidx =ind(stnpos. eq. 1)                        ;-- 无缺测站点索引
var = sdata(screenidx, tmidx)
var@_FillValue = 32766.
var@long_name = "1961-2015 continuous observed daily precipitation"
var@units = "mm"
varstn = stn(screenidx)
varstn@lat = lats(screenidx)                         ;-- 所选站点属性信息
```

```
  varstn@lon = lons(screenidx)
  varstn@hgt = height(screenidx)
  var!0 = "stid"              ;-- 维坐标变量信息
  var!1 = "days"
  var&stid = varstn
  var&days = ndate(tmidx)
;-- 调用自定函数转换为 netCDF 文件
  nc_output("SAMPLE-rain-"+stm/10000+"_"+etm/10000+"_"+"daily.nc", \
       "var"," continous observed daily precipitation "+stm+"-"+etm,var)
end
```

第三步，利用命令“ncl_filedump”检查输出的 netCDF 文件，显示如下：

```
Variable: f
Type: file
filename:SAMPLE-rain-1961_2015_daily
path:SAMPLE-rain-1961_2015_daily.nc
   file global attributes:
      creation_date : 2017 年 10 月 6 日 星期五 17 时 58 分 14 秒 CST
      description :
      source_file :
      title :   continous observed daily precipitation 19610101-20151231
   dimensions:
      stid = 510
      days = 20088
   variables:
      integer stid ( stid )
         lat :<ARRAY of 510 elements>
         lon :<ARRAY of 510 elements>
         hgt :<ARRAY of 510 elements>
         _FillValue :-2147483647

      integer days ( days )
         long_name :time
```

```
        units :YYYYMMDD

    float var ( stid, days )
        units :mm
        long_name :1961-2015 continuous observed daily precipitation
        _FillValue :32766
```

值得一提的是，不同的文本型数据集合并处理的过程可能各不相同，但基本的思路和方法是可以借鉴的，而转换为 netCDF 数据文件的目的则是为了使后续研究中的数据分析处理更高效便捷。此外，用户也可以将上面转换 netCDF 的自定义函数放入用户函数库中，使用“load”函数加载使用。

6.2.2 绘制中国地图

NCL 语言提供的地图库对中国国界的描述不够准确，因此，需要用户自定义绘制中国地图。通常推荐使用精确的地理信息轮廓文件(shape file)来实现中国地理版图的准确绘制，甚至能够绘制更精确的河流信息和地区界限(但不推荐分辨率过高)。用户可以通过专业地理信息软件(如 ARCGIS)提取生成所需的地理信息轮廓文件供绘图脚本调用。这里，提供一个绘制中国地图(国界、一级河流和南海地图)的自定义函数示例脚本，如下：

```
;-- 国界:bou1_4l.shp 省界:bou2_4l.shp 一级河流:hyd1_4l.shp
undef("draw_Chinamap")
function draw_Chinamap(wks, baseplot:graphic, \
                addprovince:logical, addriver:logical, addsouthsea:logical)
local pres,lnres,nhres,province,nation,river,nh_map,anno
begin
  lnres = True
  if addprovince.eq.True then   ;-- 判断绘制国界和省界
    lnres@gsLineColor = "gray"
    lnres@gsLineThicknessF = 1.5
    baseplot@$unique_string("province")$ = gsn_add_shapefile_polylines(wks, \
        baseplot, "$NCARG_ROOT/lib/ncarg/database/cn/bou2_4l.shp", lnres)
    lnres@gsLineColor = "black"
    lnres@gsLineThicknessF = 2.0
```

```
  baseplot@$unique_string("nation")$ = gsn_add_shapefile_polylines(wks, \
        baseplot, "$NCARG_ROOT/lib/ncarg/database/cn/bou1_4l.shp", lnres)
else
  lnres@gsLineColor = "black"
  lnres@gsLineThicknessF = 2.0
  baseplot@$unique_string("nation")$ = gsn_add_shapefile_polylines(wks, \
        baseplot, "$NCARG_ROOT/lib/ncarg/database/cn/bou1_4l.shp", lnres)
end if
if addriver.eq.True then                    ;-- 判断绘制一级河流
  lnres@gsLineColor = "gray3"
  lnres@gsLineThicknessF = 1.5
  baseplot@$unique_string("river")$ = gsn_add_shapefile_polylines(wks, \
      baseplot, "$NCARG_ROOT/lib/ncarg/database/cn/hyd1_4l.shp", lnres)
end if
if addsouthsea.eq.True then                 ;-- 判断绘制南海小地图
  nhres = True
  nhres@gsnDraw = False
  nhres@gsnFrame = False
  nhres@mpMinLatF = 2.0
  nhres@mpMaxLatF = 24.0
  nhres@mpMinLonF = 105.0
  nhres@mpMaxLonF = 123.0
  nhres@vpHeightF = 0.18
  nhres@vpWidthF = 0.18
  nhres@mpOutlineOn = False                 ;-- 使用轮廓文件边界
  nhres@mpFillOn = False
  nhres@tmXBOn = False
  nhres@tmYLOn = False
  nhres@tmXTOn = False
  nhres@tmYROn = False
  nh_map = gsn_csm_map(wks, nhres)
  lnres@gsLineColor = "black"
  lnres@gsLineThicknessF = 2.0
```

```
    baseplot@$unique_string("nation")$ = gsn_add_shapefile_polylines(wks, \
        nh_map, " $NCARG_ROOT/lib/ncarg/database/cn/bou1_4l.shp", lnres)
    pres = True
    pres@amParallelPosF = 0.5
    pres@amOrthogonalPosF = 0.5
    pres@amJust = "BottomRight"
    anno =gsn_add_annotation(baseplot, nh_map, pres)
  end if
  return(baseplot)   ;-- 返回总图
end
```

中国地图的绘制效果如图 6.2 所示。

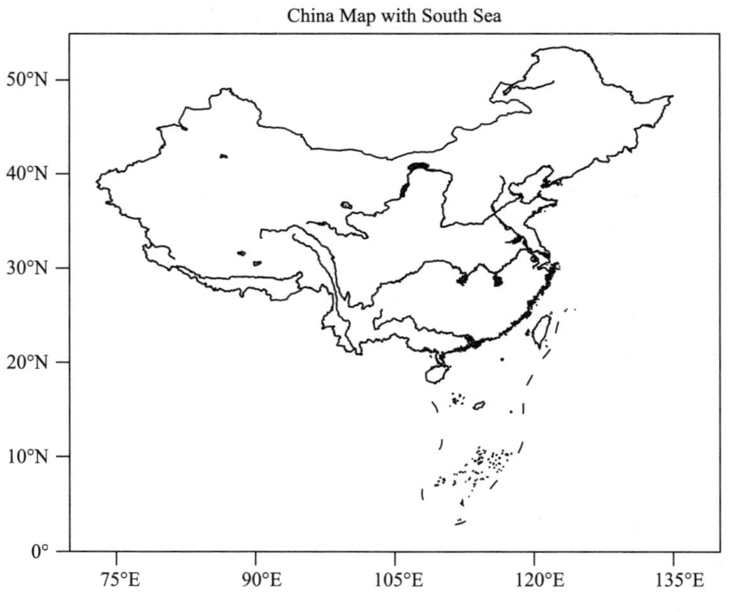

图 6.2　利用地理轮廓文件绘制的中国地图(此图仅为展示上面的自定义脚本函数利用地理信息轮廓文件绘制中国地图的效果)

6.2.3　站点分布图

以地面观测资料为主的研究内容通常需要对站点的分布特征进行整体描述，这就需要利用站点分布图来反映站点分布的均匀度和区域地理特征。这里，仍以前面转换的降水数据“SAMPLE-rain-1961_2015_daily.nc”为例绘图，示例脚本如下：

```
;-- 绘制中国地图的自定义函数
load "$NCARG_ROOT/lib/ncarg/database/cn/draw_Chinamap.ncl"
begin
;------------------------------ 数据读取----------------------------------------------
  f =addfile("SAMPLE-rain-1961_2015_daily.nc", "r")
  varnames =getfilevarnames(f)
  if(.not.any(ismissing(varnames))) then
    do i = 0, dimsizes(varnames)-1
      printFileVarSummary (f, varnames(i))
    end do
  end if
  stid = f->stid        ;-- 读取站点变量
  lat = stid@lat        ;-- 站点变量属性信息获取
  lon = stid@lon
  height = stid@hgt

  wks = gsn_open_wks("x11", "book_stn_distribution")
;---------------------------- 地图属性设置----------------------------------------------
  res = True
  res@gsnMaximize = True
  res@gsnDraw = False
  res@gsnFrame = False
  res@mpMinLatF = 0.
  res@mpMaxLatF = 55.
  res@mpMinLonF = 70.
  res@mpMaxLonF = 140.
  res@mpFillOn = False
  res@mpOutlineOn = False
  res@pmTickMarkDisplayMode = "Always"
  res@tmXTOn = False
  res@tmYROn = False
  res@tmXBLabelFontHeightF = 0.012
  res@tmYLLabelFontHeightF = 0.012
```

```
  res@gsnCenterString = ""
  res@gsnLeftString = "510 Stations"
  res@gsnRightString = "Height(m)"
  res@tiMainString = ""
  plots =gsn_csm_map(wks, res)                          ;-- 底图
  plots =draw_Chinamap(wks, plots, True, True, False) ;-- 绘制中国地图
;-------------------------------- 绘制站点标记符号---------------------------------
  mkres = True
  mkres@gsMarkerThicknessF = 2.0          ;-- 加粗
  mkres@gsMarkerIndex = 1                 ;-- 圆点
  mkres@gsMarkerSizeF = 0.02
  mkres@gsMarkerColor = "red"             ;-- 海拔低于 1500m 的站点
  plots@$unique_string("stnl")$ = gsn_add_polymarker(wks, plots, \
         lon(ind(height.lt.1500.0)), lat(ind(height.lt.1500.0)), mkres)
  mkres@gsMarkerIndex = 7                 ;-- 三角
  mkres@gsMarkerSizeF = 0.01
  mkres@gsMarkerColor = "blue"            ;-- 海拔 1500-3000m 的站点
  plots@$unique_string ("stnm")$ = gsn_add_polymarker(wks, plots, \
                        lon(ind(height.ge.1500..and.height.le.3000.)), \
                  lat(ind(height.ge.1500..and.height.le.3000.)), mkres)
  mkres@gsMarkerIndex = 5                 ;-- 交叉
  mkres@gsMarkerSizeF = 0.01
  mkres@gsMarkerColor = "brown"           ;-- 海拔大于 3000m 的站点
  plots@$unique_string("stnh")$ = gsn_add_polymarker(wks, plots, \
         lon(ind(height.gt.3000.0)), lat(ind(height.gt.3000.0)), mkres)
;--------------------------------------符号标注框------------------------------------
  labels = (/"Height:<1500", "Height:1500~~3000", "Height:>3000"/)
  lgres = True
  lgres@vpWidthF = 0.25                   ;-- 宽度 (NDC)
  lgres@vpHeightF = 0.2                   ;-- 高度 (NDC)
  lgres@lgMarkerIndexes = (/1, 7, 5/)     ;-- 标记符号索引号
  lgres@lgMarkerColors =(/"black", "grey20", "grey30"/) ;-- 标记符号颜色
  lgres@lgLabelFontHeightF = 0.12
```

```
  lgres@lgMarkerIndex = 1
  lgres@lgItemType = 1
  lgres@lgBoxLinesOn = False                ;-- 不显示标记框
  lgres@lgPerimOn = False                   ;-- 不显示外面的框
  lgres@lgLabelOffsetF = -0.1               ;-- label 和 marker 的间隔距离
  gsn_legend_ndc(wks, 3, labels, 0.12, 0.37, lgres)
  draw(plots)
  frame(wks)
end
```

站点分布图如图 6.3 所示。

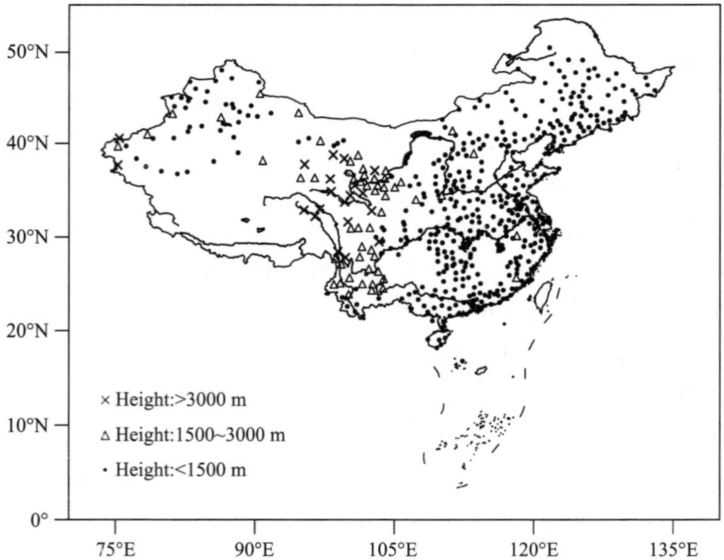

图 6.3　不同海拔高度的地面观测站的分布图(台湾省资料暂缺)

6.2.4　站点数据插值和区域蒙版

站点数据在空间上是呈现随机空间分布的非结构性数据,因此,对站点数据或者有关的分析结果可视化前通常需要进行格点化插值计算。此外,NCL 语言绘图功能对等值线的绘制都是基于地球投影格点数据进行的,这与其他可视化软件的网格化机理是一致的,表 6.3 列出了常用的空间格点插值函数。

表 6.3　常用的随机空间分布插值函数

函数名	函数说明
cssgrid	张紧度样条插值单位球面随机空间分布数据到矩形线性格点场
dsgrid2	反转距离权重插值随机空间分布数据到矩形线性格点场
natgrid	自然临近法插值随机空间分布数据到矩形线性格点场
triple2grid	矩形线性格点的最近定位方式放置随机空间分布数据
obj_anal_ic	迭代修正的客观分析法插值(Cressman,Barnes)

无论采用何种插值方法,其基本思路都是构建出目标格点场,然后将空间随机分布的对应于原站点的数据按照规则插值给目标格点场。此外,由于插值过程必然会造成误差,因此,对于站点数据的绘图应遵循“先分析后插值”的方式进行。

下面给出利用“natgrid”方法进行站点插值并对中国区域蒙版的示例。

```
;-- 自定义中国地图函数库
load "$NCARG_ROOT/lib/ncarg/database/cn/draw_Chinamap.ncl"
;-- 数据的区域 mask 操作
undef("mask_data")   ;-- 区域蒙版函数(去除区域外虚假格点插值)
function mask_data(data[*][*]:numeric,fname[1]:string,outmask:logical)
local f, segments, geometry, segsDims, geomDims, geom_segIndex, \
geom_numSegs, segs_xyzIndex, segs_numPnts, numFeatures, ilat, ilon, i, j, \
shp_lat, shp_lon, data_lat, data_lon, startSegment, numSegments, seg, \
startPT, endPT, mask_val
begin
;-- 打开区域轮廓文件,必须使用闭合多边形的轮廓文件
  f =addfile(fname,"r")
;-- 读取轮廓文件
  segments = f->segments
  geometry = f->geometry
  segsDims =dimsizes(segments)
  geomDims =dimsizes(geometry)
;-- 读取全局属性信息
  geom_segIndex = f@geom_segIndex
  geom_numSegs= f@geom_numSegs
  segs_xyzIndex = f@segs_xyzIndex
```

```
  segs_numPnts= f@segs_numPnts
  numFeatures = geomDims(0)
;-- 创建蒙版数据
  data_mask =new(dimsizes(data), typeof(data), data@_FillValue)
  mask_val= 1            ;-- 1 表示区域内部
  data_mask = 0          ;-- 0 表示区域外部
;-- 读取经纬度值
  shp_lon= f->x
  shp_lat= f->y
  data_lat = data&$data!0$
  data_lon = data&$data!1$
  nlat =dimsizes(data_lat)
  nlon =dimsizes(data_lon)
  do i = 0, numFeatures - 1
    startSegment = geometry(i, geom_segIndex)
    numSegments= geometry(i, geom_numSegs)
    do seg = startSegment, startSegment+numSegments - 1
      startPT = segments(seg, segs_xyzIndex)
      endPT= startPT + segments(seg, segs_numPnts) - 1
      iilt_beg =ind((data_lat).lt. min(shp_lat(startPT:endPT)))
      iilt_end =ind((data_lat).gt. max(shp_lat(startPT:endPT)))
      iiln_beg =ind((data_lon).lt. min(shp_lon(startPT:endPT)))
      iiln_end =ind((data_lon).gt. max(shp_lon(startPT:endPT)))
      ilt_beg = 0
      iln_beg = 0
      ilt_end = nlat-1
      iln_end = nlon-1
      if(.not. any(ismissing(iilt_beg))) then
        ilt_beg = iilt_beg(dimsizes(iilt_beg)-1)
      end if
      if(.not. any(ismissing(iilt_end))) then
        ilt_end = iilt_end(0)
      end if
```

```
        if(.not.any(ismissing(iiln_beg))) then
          iln_beg = iiln_beg(dimsizes(iiln_beg)-1)
        end if
        if(.not.any(ismissing(iiln_end))) then
          iln_end = iiln_end(0)
        end if
;-- 利用函数“gc_inout”检测格点经纬度是否在给定闭合轮廓线内部
        do ilat = ilt_beg, ilt_end
          do ilon = iln_beg, iln_end
            if(data_mask(ilat, ilon).ne.mask_val.and. \
              gc_inout(data_lat(ilat), data_lon(ilon), \
              shp_lat(startPT:endPT), shp_lon(startPT:endPT))) then
              data_mask(ilat,ilon) = mask_val
            end if
          end do
        end do
        delete([/iilt_beg,iilt_end,iiln_beg,iiln_end/])
      end do
    end do
    area_data = where(data_mask.eq.1, data, data@_FillValue)
    copy_VarMeta(data, area_data)
    return(area_data)
end
;-------------------- 主程序-----------------------------------------------
begin
;-------------------- 数据处理-----------------------------------------------
    fshape = "$NCARG_ROOT/lib/ncarg/database/cn/bou2_4p.shp"
                                    ;-- 须为 polygon 形式的轮廓文件
    fdata = "./SAMPLE-rain-1961_2015_daily.nc"    ;-- 站点数据文件
    f =addfile(fdata,"r")
    varnames =getfilevarnames(f)
    if(.not.any(ismissing(varnames))) then
      do i = 0, dimsizes(varnames)-1
```

```
        printFileVarSummary (f, varnames(i))
      end do
    end if

    daily = f->var
    days = f->days
    stid = f->stid
    lats = stid@lat
    lons = stid@lon
;-------------------- 转换日期 YYYYMMDD 为 YYYY/MM/DD -------------
        yyyy = days/10000
        mmdd = days-yyyy*10000
        mm = mmdd/100
;---------------------- 计算夏季气候态年平均降水 --------------------------
    nyr =max(yyyy)-min(yyyy) + 1                ;-- 55 年
    nd = 30 + 31 + 31                           ;-- 6-8 月 92 天
    idx =ind(mmdd.ge.601.and.mmdd.le.831)       ;-- 截取夏季
    temp =onedtond(ndtooned(daily(:, idx)), (/dimsizes(stid), nyr, nd/))
    yr_rain =dim_sum_n(temp, 2)                 ;-- 各年夏季累计降水
    avecli =dim_avg_n(yr_rain, 1)               ;-- 气候平均夏季年降水

    latN = 55.                                  ;-- 中国区域
    latS = 15.
    lonW = 70.
    lonE = 140.

    dlt = 0.5                                   ;-- 插值格点精度
    latnum = floattoint(180/dlt)+1              ;-- 纬度格点数
    lonnum = floattoint(360/dlt)                ;-- 经度格点数
    latitude = latGlobeF(latnum, "lat", "latitude", "degrees_north") ;-- 全球
    longitude =lonGlobeF(lonnum, "lon", "longtitude", "degrees_east")
    lat = latitude({latS:latN})                 ;-- 截取插值范围格点
    lon = longitude({lonW:lonE})
    nlat = dimsizes(lat)
    nlon = dimsizes(lon)
```

```
  griddata = new((/nlat, nlon/), "float")
  griddata(:, :) = natgrid(lats, lons, avecli, lat, lon)  ;-- 站点数据插值
  griddata!0 = "lat"
  griddata&lat = lat
  griddata!1 ="lon"
  griddata&lon = lon
  data =mask_data(griddata, fshape, False)                ;-- 调用区域蒙版函数
;------------绘图操作---------------------------------------
  wks =gsn_open_wks("x11", "book6.2.4-1")
  gsn_define_colormap(wks, "MPL_YlOrBr ")
  res = True
  res@gsnMaximize = True
  res@gsnDraw = False
  res@gsnFrame = False
  res@mpMinLatF = 0.
  res@mpMaxLatF = 55.
  res@mpMinLonF = 70.
  res@mpMaxLonF = 140.
  res@mpFillOn = False
  res@mpOutlineOn = False
  res@pmTickMarkDisplayMode = "Always"
  res@tmXTOn = False
  res@tmYROn = False
  res@gsnAddCyclic = False
  res@gsnCenterString = ""
  res@gsnLeftString = ""
  res@gsnRightString = ""
  res@tiMainString = ""
  res@cnFillOn = True
  res@cnLinesOn = False
  res@tmXBLabelFontHeightF = 0.01
  res@tmYLLabelFontHeightF = 0.01
  res@lbTitleString = "mm"
  res@lbTitlePosition = "Right"
```

```
    res@lbTitleFontHeightF = .015
    res@lbTitleDirection = "Across"
    plot =gsn_csm_contour_map(wks, data, res)
    plots =draw_Chinamap(wks, plot, False, True, False) ;-- 绘制中国地图

    draw(plots)
    frame(wks)

end
```

需要注意:这里的区域外虚假插值不绘图的蒙版方式是完全基于格点数据操作的,可看到在地图边界区域附近存在空白区。不同于其他纯粹的图形蒙版操作,上面的方法具有更严谨的科学性。

图形显示效果如图 6.4 所示。

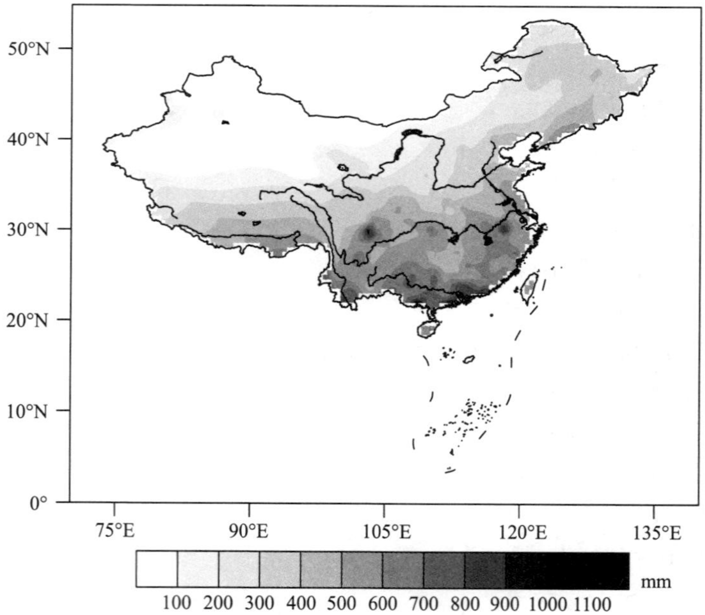

图 6.4　中国夏季(1961—2015 年)平均降水的气候态

6.3　实战分析Ⅱ——气候变化

气候学研究是目前大气科学研究的重要分支。这里,从利用多模式数据模拟的未来气候变化入手,以掌握利用 NCL 图形分析语言对气候模式格点资料的基本处理方法。同时,以简化的水汽收支方程和实际降水的比较为例,介绍 NCL 语言中常

用的一些气候学分析方法和绘图技巧。

6.3.1 模式数据介绍

耦合模式比较计划第五阶段(CMIP5)是研究未来气候变化的重要资料。CMIP5共有 50 余个模式参加,主要有两类的数值试验:长期数值模拟和年代际预测试验。这里主要涉及长期数值模拟试验中的历史模拟试验和 21 世纪情景预估试验。历史模拟试验(historical)是对 1850—2006 年,共计大约 150 年的地球气候变化做的模拟,外强迫包括了人类活动和自然强迫。21 世纪预估试验的外强迫为典型浓度路径(RCP),依据对于未来的不同发展情景,模拟出的未来排放情景,包括多条路径。示例模式试验使用的未来情景为 RCP4.5,即到 2100 年辐射强迫为 4.5 W/m^2,所选择的模式信息如表 6.4 所示。

关于模式的更多细节可参考:http://cmip-pcmdi.llnl.gov/cmip5/ **(52)**

(52)

表 6.4 使用的 18 个 CMIP5 模式的基本信息

模式名称	单位名称
BCC-CSM1.1	Beijing Climate Center, China Meteorological Administration
CanESM2	Canadian Centre for Climate Modelling and Analysis
CCSM4	National Center for Atmospheric Research
CNRM-CM5	Centre National de Recherches Meteorologiques / Centre Europeen de Recherche et Formation Avancees en Calcul Scientifique
CSIRO Mk3.6.0	Commonwealth Scientific and Industrial Research Organisation in collaboration with the Queensland Climate Change Centre of Excellence
GFDL CM3	Geophysical Fluid Dynamics Laboratory
GFDL-ESM2G	Geophysical Fluid Dynamics Laboratory
GISS-E2-R	NASA Goddard Institute for Space Studies
GISS-E2-H	NASA Goddard Institute for Space Studies
HadGEM2-ES	Met Office Hadley Centre
INM-CM4	Institute for Numerical Mathematics
IPSL-CM5A-LR	Institut Pierre-Simon Laplace
IPSL-CM5A-MR	Institut Pierre-Simon Laplace
MIROC5	Atmosphere and Ocean Research Institute (The University of Tokyo), National Institute for Environmental Studies, and Japan Agency for Marine-Earth Science and Technology
MIROC-ESM	Japan Agency for Marine-Earth Science and Technology, Atmosphere and Ocean Research Institute (The University of Tokyo), and National Institute for Environmental Studies
MIROC-ESM-CHEM	Japan Agency for Marine-Earth Science and Technology, Atmosphere and Ocean Research Institute (The University of Tokyo), and National Institute for Environmental Studies
MRI-CGCM3	Meteorological Research Institute
NorESM1-M	Norwegian Climate Centre

对于 CMIP5 输出数据除了按照不同的模拟情景区分之外，还按照大气和海洋的变量分类。此外，还根据不同的时间精度分类，如逐日资料、逐月资料等。因此，需要根据具体的研究目标选取合适的变量和时间精度。在本案例中，将分析全球变暖下简化的水汽收支方程对降水变化的拟合情况，因而我们采用 historical 和 RCP4.5 两个情形下的水汽、环流、降水等变量的逐月平均资料。

6.3.2 模式数据的空间格点插值预处理

不同数值模式的空间分辨率和格点类型千差万别，CMIP5 模式比较计划并未统一各模式输出数据的分辨率，其目的是尽最大可能满足不同研究对高分辨率模式输出的需要。为了比较模式和进行集合平均，通常需要对不同空间格点的原始模式数据进行空间插值，即不同格点的数据插值到统一的格点上。

首先，需要确定所选取模式资料的基本情况。尽管 CMIP5 数据服务器中的数据排列方式以最上层目录按照模式排列为主，但本示例所需数据是按变量名排列的。图 6.5 为试验中的一个变量的多个模式资料存放示意图。

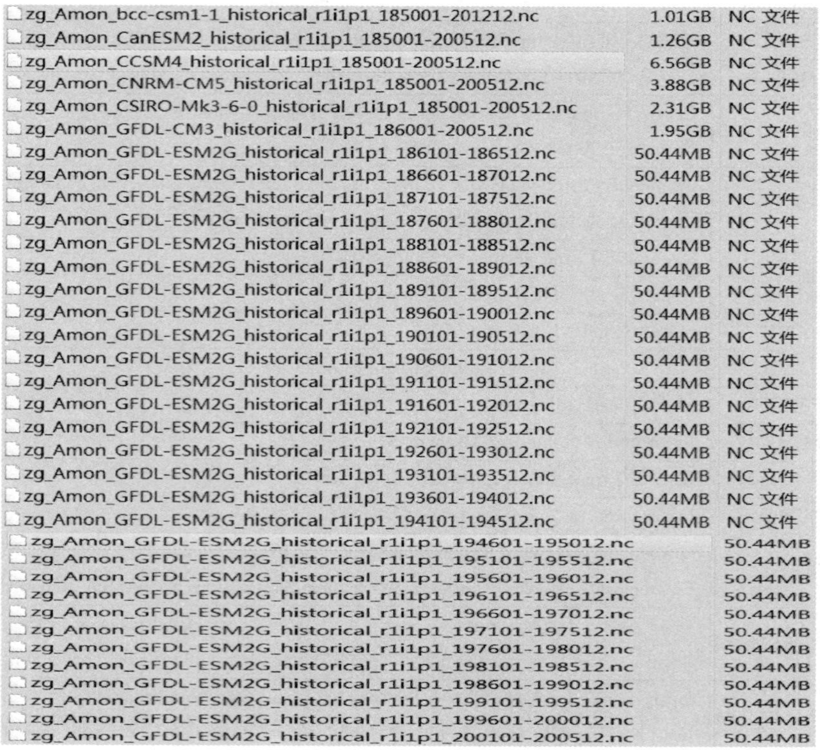

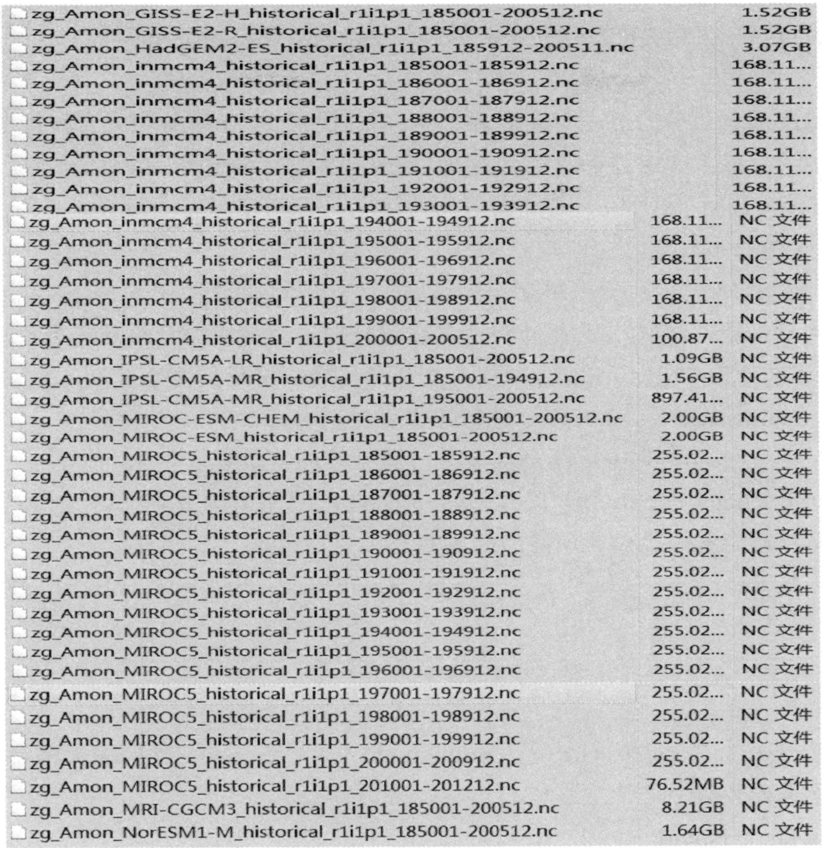

图 6.5　多模式变量的存放示意图

分析可知：①有些模式资料被分为很多个时间段，因此，需要选择研究时段数据；②由于 CMIP5 数据集中空间格点的精度各不相同，因此，各模式研究变量的存取切割方式也不相同。

此外，NCL 图形分析语言针对模式数据分析提供了专门的 ESMF（Earth System Modeling Framework）格点插值工具包，支持对大气海洋的各类空间格点类型进行插值计算。详细使用方法可以参看：

http://www.ncl.ucar.edu/Applications/ESMF.shtml　　(**53**)

(53)

多模式数据预处理的示例脚本“deal_multi_modes_data.ncl”如下：

```
load "$NCARG_ROOT/lib/ncarg/nclscripts/csm/shea_util.ncl"
begin
;-- 可将需提取年份的第一年和最后一年、模式数量、要处理的变量名和提取时
;-- 间维的文件名等都在处理前参数化,方便今后进行调整和重复使用处理文件
  yrStrt = 1981          ;-- 需要的时间为 1981—2000 年
  yrLast = 2000
  models = 18            ;-- 共有 18 个模式
  vn = (/"ta","zg"/) ;-- 提前将变量名进行输入以使用循环来重复处理多个变
                     ;-- 量,前提为变量的维数以及维数大小相同
  vnn = dimsizes (vn) ;-- 需要处理的变量数
  do fn = 0, vnn - 1  ;-- 循环次数为需要处理的变量数
    variablename = vn(fn) ;-- 后续的读取数据时使用转义字符
;-- 时间维需要从一个包含所需时间的完整文件中读取
    modeltime = vn(fn) + "_Amon_CanESM2_historical_r1i1p1_185001-\
200512.nc"
    path = "/disk01/hg-zsj/cmip5/historical/"  + vn(fn) + "/"   ;-- 文件存
放路径
    pathout = "/disk01/hg-zsj/cmip5/historical/"   ;-- 文件的输出路径
;-- 定义结果数组
    newlat =fspan(-90, 90, 73)
;-- 插值到 2.5°×2.5°格点场(lat:73,lon:144)
    newlon = fspan(0., 357.5, 144)
    newlat@units = "degrees_north"              ;-- 坐标变量单位
    newlon@units = "degrees_east"
;-- 等压面
    plev = (/1000, 925, 850, 700, 600, 500, 400, 300, 250, 200, 150, 100/)
    plev@units = "hPa"
;-- 定义变量维度(模式,时间,层数,纬度,经度):模式(18 个)×时间(20×12
;-- 个月)×层数(12 层)×纬度(73 个格点)×经度(144 个格点)
    newp = new((/models,(yrLast-yrStrt+1) * 12,12,73,144/),float)
    newp!0 = "model"
    newp!1 = "time"
    newp!2 = "plev"
```

```
    newp!3 = "lat"
    newp!4 = "lon"
    newp&model = ispan(1, models, 1)           ;-- 模式编号
    f = addfile(path+modeltime, "r")           ;-- 读取数据
    TIME1 = f->time
    YYYY1 = cd_calendar(TIME1, -1)/100         ;-- 提取年份
    iYYYY1 = ind(YYYY1.ge.yrStrt .and. YYYY1.le.yrLast)  ;-- 时间索引
    pre1 = f->$variablename$(iYYYY1,:,:,:,:)   ;-- 变量名可修改
    newp&time = pre1&time             ;-- 时间维赋值
    newp&lat = newlat                 ;-- 坐标赋值
    newp&lon = newlon
    newp&plev = plev
    newp@_FillValue = 1e20            ;-- 缺省值
;--------------------------------------- 资料处理 ------------------------------------------
    p= systemfunc ("ls "+path)        ;-- 文件名列表(注意确认文件顺序)
    pn= dimsizes (p)                  ;-- 获取维数
    j = 0                             ;-- 重置一些参数
    s = 0
    do i = 0, pn-1                    ;-- 该循环为读取每一个文件
      print(fn)                       ;-- 追踪变量(fn)、文件(i)和模式(j)
      print(i)
      print(j)
      f = addfile (path+p(i), "r")    ;-- 读取第 i 个文件
      TIME = f->time                  ;-- 从需要的时间段提取变量
      YYYY = cd_calendar(TIME,-1)/100
      iYYYY = ind(YYYY.ge.yrStrt .and. YYYY.le.yrLast)
      ni = dimsizes(iYYYY)
      print(ni)
;-- 如所读文件无需要时间段(ni = 1),删除用过的变量,
;-- 用 continue 命令跳读下一个文件
      if (ni .eq. 1) then
        delete(TIME)
        delete(YYYY)
```

```
          delete(iYYYY)
          delete(ni)
          continue
        end if
;-- 下面 if 判断:所需要的时间段数据被分别放在几个文件之中,
;-- 因此 ni 小于所需时间段(此为 240 个月),用 s 累加读取文件时间段
;-- 若 s = 240,则 j = j+1,进入下一个模式处理;
;-- 否则,继续同一模式资料读取
      if (ni .lt. (yrLast-yrStrt+1) * 12) then
        s = s + ni
        pre2 = f->$variablename$(iYYYY, 0:11, :, :)
        pre2@_FillValue = 1e20
        newp(j,s-ni:s-1,:,:,:,:) = linint2(pre2&lon, pre2&lat, \
                                   pre2, True, newlon, newlat, 0) ;-- 插值
        delete(pre2)
        if (s .eq. (yrLast-yrStrt+1) * 12) then
          j = j + 1
          s = 0
        end if
      else    ;-- if 判断另一情况:ni = 240,则插值后进入下一模式
        pre = f->$variablename$(iYYYY,0:11,:,:)
        pre@_FillValue = 1e20
        newp(j,:,:,:,:) = linint2(pre&lon, pre&lat, \
                          pre, True, newlon, newlat, 0)
        delete(pre)
        j = j + 1
      end if
        delete([/TIME,YYYY,iYYYY,ni,f/])
      end do
      setfileoption("nc", "Format", "LargeFile") ;-- 生成文件的属性(>2GB)
      printVarSummary(newp)
;---------------------- 多模式资料数组的输出 --------------------------------
      system("/bin/rm -f "+pathout+outfilename)
```

```
    ncdf = addfile(pathout+outfilename, "c")          ;-- 建立新的文件
    ncdf->$variablename$ = newp                       ;-- 输出变量
    delete(newp)                                      ;-- 释放内存
    delete(variablename)
    delete(modeltime)
    delete(path)
    delete(pathout)
    delete(outfilename)
    delete(p)
  end do
end
```

6.3.3 季节平均计算和水汽平衡方程分析

在对 CMIP5 初始输出数据进行插值预处理之后就可以进行常规的统计分析了。以下示例以分别处理的降水、水汽和环流三个变量的资料为基础，分析全球变暖下气候平均态的变化。因此，首先对 20 年逐月的资料分别分析计算 historical 和 RCP4.5 情形下的夏季平均。其次，根据水汽平衡方程：

$$\Delta \hat{P}_{H} \sim -\frac{1}{\rho_{w} g}(\Delta\omega \cdot q_{20} + \omega_{20} \cdot \Delta q)$$

利用水汽和环流的变化来拟合降水的变化，并与实际降水变化进行对比。

示例脚本“season_mean_vapor.ncl”如下：

```
load "$NCARG_ROOT/lib/ncarg/nclscripts/csm/shea_util.ncl"
begin
;-- 读取 historical 和 RCP45 的 500hPa 等压面垂直速度、近地面比湿和降水
;-- 维度为:模式(18)×时间(20×12)×纬度(73)×经度(144)
  f1 = addfile("/disk01/hg-zsj/cmip5/mmedata/wap500_his_MME.nc", "r")
  f2 = addfile("/disk01/hg-zsj/cmip5/mmedata/wap500_r45_MME.nc", "r")
  f3 = addfile("/disk01/hg-zsj/cmip5/mmedata/huss_his_MME.nc", "r")
  f4 = addfile("/disk01/hg-zsj/cmip5/mmedata/huss_r45_MME.nc", "r")
  f5 = addfile("/disk01/hg-zsj/cmip5/mmedata/pr_his_MME.nc", "r")
  f6 = addfile("/disk01/hg-zsj/cmip5/mmedata/pr_r45_MME.nc", "r")
  season = "JJA"          ;-- 设定 month_to_season 函数的参数
```

```
  latstart = -60              ;-- 纬度范围
  latend = 60
  wap20 = f1->wap(:, :, {latstart:latend}, :)
  wap21 = f2->wap(:, :, {latstart:latend}, :)
  q20 = f3->huss(:, :, {latstart:latend}, :)
  q21 = f4->huss(:, :, {latstart:latend}, :)
  pre20 = f5->pr(:, :, {latstart:latend}, :)
  pre21 = f6->pr(:, :, {latstart:latend}, :)
;-- 定义夏季数据数组(时间维 20 年)
;-- 技巧:如变量多,可将维相同的变量整合到数组(增一维放变量名)
  wap20_s = wap20(:, 0:19, :, :)
  wap21_s = wap21(:, 0:19, :, :)
  q20_s = q20(:, 0:19, :, :)
  q21_s = q21(:, 0:19, :, :)
  pre20_s = pre20(:, 0:19, :, :)
  pre21_s = pre21(:, 0:19, :, :)
  do model = 0, 17
    wap20_s(model, :, :, :) = month_to_season(wap20(model, :, :, :), season)
    wap21_s(model, :, :, :) = month_to_season(wap21(model, :, :, :), season)
    q20_s(model, :, :, :) = month_to_season(q20(model, :, :, :), season)
    q21_s(model, :, :, :) = month_to_season(q21(model, :, :, :), season)
    pre20_s(model, :, :, :) = month_to_season(pre20(model, :, :, :), season)
    pre21_s(model, :, :, :) = month_to_season(pre21(model, :, :, :), season)
  end do
  wap20_sm = dim_avg_n_Wrap(wap20_s, 1)    ;-- 时间维平均得到气候态
  wap21_sm = dim_avg_n_Wrap(wap21_s, 1)
  q20_sm = dim_avg_n_Wrap(q20_s, 1)
  q21_sm = dim_avg_n_Wrap(q21_s, 1)
  pre20_sm = dim_avg_n_Wrap(pre20_s, 1)
  pre21_sm = dim_avg_n_Wrap(pre21_s, 1)
;--------------------------------- 计算过程 ------------------------------------------
  P_h = wap20_sm                          ;-- 计算前赋予变量维度信息
```

```
  P_h = -((wap21_sm-wap20_sm) * q20_sm+ \
        (q21_sm-q20_sm) * wap20_sm) * (86400/9.8)
  d_pre = pre20_sm
  d_pre = 86400 * (pre21_sm-pre20_sm)      ;-- 模式预估降水变化计算
;------------------------------ 输出结果文件 ------------------------------------------
  pathout = "/disk01/hg-zsj/cmip5/"
  outfilename = "P_h.nc"
  system("/bin/rm -f "+pathout+outfilename)   ;-- 确认无重复文件
  ncdf= addfile(pathout+outfilename, "c")
  ncdf->ph = P_h
  ncdf->pr = d_pre
end
```

6.3.4 格点数据作图

分析获得模式预估的未来气候变化结果之后，对模式资料的空间绘图分析并无特殊之处，按照一般的空间二维平面作图即可。一般常用的投影方式有：墨卡托投影和圆锥投影。这里采用墨卡托投影、等值线填色作图。

示例脚本“CIMP5_modes_analysis.ncl”如下：

```
load "$NCARG_ROOT/lib/ncarg/nclscripts/csm/shea_util.ncl"
begin
;-- 读取分析结果数据
  f1 = addfile("/disk01/hg-zsj/cmip5/P_h.nc","r")
  ph = f1->ph
  pr = f1->pr
  ph_mme = dim_avg_n_Wrap(ph, 0)          ;-- 多模式集合平均
  pr_mme = dim_avg_n_Wrap(pr, 0)
;-- 绘图
  plots = new(2, graphic)
  wks = gsn_open_wks("x11", "plot_CMIP5_analysis")
  gsn_define_colormap(wks, "BlueWhiteOrangeRed")
  res = True
  res@gsnDraw = False
```

```
res@gsnFrame = False
res@gsnMaximize = False
res@gsnMajorLonSpacing = 60   ;-- 地图经纬度刻度最大和最小间隔
res@gsnMinorLonSpacing = 60
res@gsnMajorLatSpacing = 30
res@gsnMinorLatSpacing = 30
res@gsnSpreadColors = True    ;-- 渐变色
res@gsnAddCyclic = True       ;-- 全球格点
res@tmXBMode = "Explicit"     ;-- 自定义坐标刻度标示字符(符号字符)
res@tmXBLabels = (/"0~S~o", "60~S~o~N~E", "120~S~o~N~E", \
                 "180~S~o", "120~S~o~N~W", \
                 "60~S~o~N~W", "0~S~o"/)
res@tmYLMode = "Explicit"
res@tmYLLabels = (/"60~S~o~N~S", "30~S~o~N~S", "0~S~o", \
                 "30~S~o~N~N", "60~S~o~N~N"/)
res@tmXBLabelFontHeightF = 0.015
res@tmYLLabelFontHeightF = 0.015
res@lbLabelBarOn = False
res@cnLevelSelectionMode = "ExplicitLevels"
res@cnFillOn = True               ;-- 填色图
res@cnLinesOn = False             ;-- 等值线关闭
res@cnLineLabelsOn = False        ;-- 等值线上不标注
res@cnInfoLabelOn = False         ;-- 不绘制等值线相关信息框
res@cnSmoothingOn = True          ;-- 等值线平滑
res@mpFillOn = False
res@mpMinLatF = -60               ;-- 设定范围
res@mpMaxLatF = 60
res@mpMinLonF = 0
res@mpMaxLonF = 360
res@mpCenterLonF = 180
res@tmXTOn = False
res@tmYROn = False
res@tmXBLabelsOn = False
```

```
    res@gsnRightString = ""
    res@cnLevels = (/-1, -0.8, -0.6, -0.4, -0.2, 0, 0.2, 0.4, 0.6,\
                0.8, 1/)
    res@cnFillColors = (/240, 220, 200, 180, 160, 127, 127, 95, 75, 55, 35, 15/)
    res@gsnLeftString = "~F25~(a) ~F8~D~F25~P" ;-- 左上标题(符号字符)
    res@gsnStringFont = 0.02
    plots(0) = gsn_csm_contour_map(wks, pr_mme, res) ;-- 模式预估降水变化
    res@gsnLeftString = "~F25~(b) ~F8~D~F25~P_h" ;-- 符号字符题名
    res@tmXBLabelsOn = True ;-- 图 b 底轴经纬度显示打开
    plots(1) = gsn_csm_contour_map(wks, ph_mme, res);-- 公式计算结果
    resp = True
    resp@gsnPaperOrientation = "portrait"          ;-- 页面方向
    resp@gsnPanelDebug = True                      ;-- debug 可以输出页面信息
    resp@gsnPanelLabelBar = True
    resp@lbLabelAutoStride = True
    resp@lbBoxLinesOn = True                       ;-- 打开颜色标示样条框线
    resp@lbBoxLineColor = "white"                  ;-- 框线颜色变为白色
    resp@pmLabelBarOrthogonalPosF = -0.00
    resp@pmLabelBarWidthF = 0.5                    ;-- 宽度
    resp@pmLabelBarHeightF = 0.05                  ;-- 高度
    resp@gsnMaximize = False                       ;-- 关闭最大化输出
    resp@gsnPanelYWhiteSpacePercent = 5            ;-- 设定图间的垂直间距
    resp@lbTitleString = "~F25~mm day~S~-1"  ;-- 颜色标示样条名(单位)
    resp@lbTitlePosition = "Right"                 ;-- 颜色标示样条位置
    resp@lbTitleDirection = "Across"               ;-- 方向
    resp@lbTitleFontHeightF = 0.018
    resp@lbLabelFontHeightF = 0.018
    resp@gsnPanelTop = 0.99
    resp@gsnPanelBottom = 0.01
    resp@gsnPanelLeft = 0.01
    resp@gsnPanelRight = 0.99
    gsn_panel(wks, plots, (/2, 1/), resp)          ;-- 图形展板输出图形
end
```

分析结果的图形显示效果如图 6.6 所示。

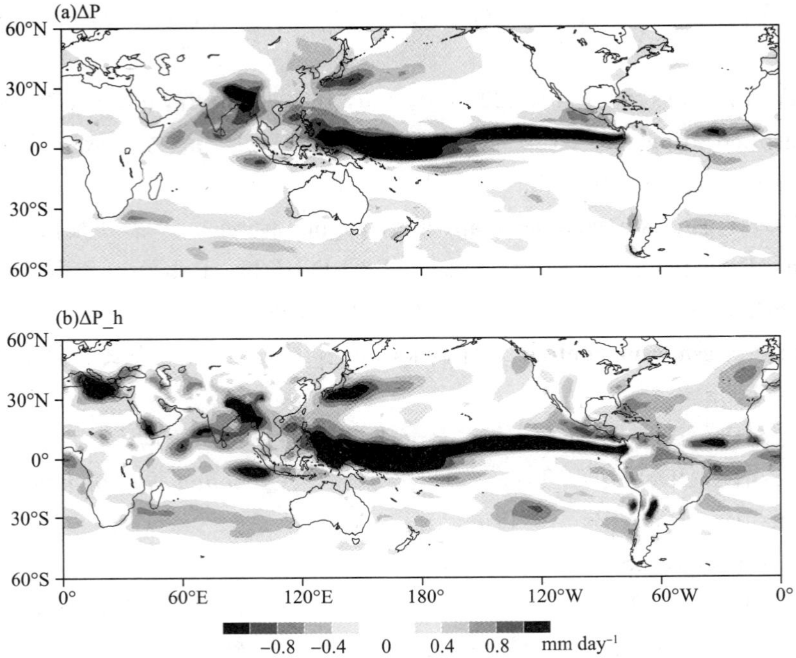

图 6.6　多模式拟合的现在和未来的全球降水变化

6.4　实战分析Ⅲ——东亚夏季风降水

东亚属于典型的季风气候区，夏季是东亚地区降水的主要季节。受东亚夏季风气候系统影响，东亚夏季平均降水异常具有典型的时空模态。因此，这里通过科研实例介绍如何利用 NCL 语言分析绘图来揭示东亚地区夏季降水的时空变异特征。

6.4.1　时空模态分析

东亚夏季风的气候特征最直接的体现在东亚夏季降水的气候特征上，并且夏季降水也是东亚季风研究的重点之一。因此，首先必须了解东亚季风区夏季降水的气候特征。

这里，使用的主要方法为主分量分析法（EOFs，aka：Principal Component Analysis），分析数据集来自全球降水气候计划（GPCP，Global Precipitation Climatology Project）的月降水数据集，数据下载地址如下：

https://www.esrl.noaa.gov/psd/data/gridded/data.gpcp.html　**（54）**

（54）

分析绘图所使用的一些重要函数如表 6.5 所示。

表 6.5　东亚夏季风降水分析绘图的常规函数列表

函数或过程名	功能
month_to_season	计算用户定义的 3 个月的季节平均值
dim_rmvmean_n_Wrap	对元数据计算指定维的距平(异常)
dtrend_n	对指定维去除线性趋势(内部变率)
eofunc_n_Wrap	对元数据计算分析指定维的 EOF 模态
eofunc_ts_n_Wrap	对元数据计算指定维的 EOF 模态时间序列
dim_standardize_n_Wrap	对元数据计算指定维的标准差
eofunc_north	EOF 模态差异显著性的 North 检验
write_matrix	按照矩阵方式输出结果数组
smth9_Wrap	9 点平滑处理(绘图平滑作用)

东亚夏季降水时空分布特征的示例脚本“east_asian_precipitation. ncl”如下：

```
load " $NCARG_ROOT/lib/ncarg/nclscripts/csm/shea_util. ncl "
begin

;------------------------------------ 数据预处理 ------------------------------------
  year = ispan(1979, 2015, 1)                        ;-- 选择研究时间段
  ny = dimsizes(year)                                ;-- 计算时间长度
  startm = (year(0)－1979) * 12                      ;-- 选定开始时间点(月)
  endm = (year(ny-1)－1979＋1) * 12-1                ;-- 选定结束时间点(月)
  in = addfile("precip. mon. mean-GPCP. nc", "r")      ;-- 读取数据,可下载
  pre = in－>precip(startm:endm, :, :)
  pres = month_to_season(sst, “JJA”)                 ;-- 计算夏季平均 6,7,8 三个月
  pres&time = year
  pres = dim_rmvmean_n_Wrap(slps, 0)                 ;-- 去除气候平均值(距平)
  pres = (/dtrend_n(pres, True, 0)/)                 ;-- 去除线性趋势(关注内部变率)
;-- 选定研究区域
  lon1 = 100
  lon2 = 150
  lat1 = 15
  lat2 = 50
```

```
;----------------------------- 计算 EOF 时空模态 ------------------------------------------
  neof = 2                                               ;-- 计算前两个主分量
  indat = pres(:, {lat1:lat2}, {lon1:lon2})              ;-- 降水数据范围(东亚)
  optEOF = True
  optEOF@jopt = 1        ;-- 使用相关矩阵的 EOF 计算(参数:0 为方差)
  eof_mode = eofunc_Wrap(indat(lat|:, lon|:, time|:), neof, optEOF)
                                                         ;-- 空间模态
  eof_mode = smth9_Wrap(eof_mode, 0.5, 0.5, True)  ;-- 9 点平滑
;-- 计算 EOF 主分量对应的时间序列
  optETS = True
  optETS@jopt = 1                          ;-- 与上设置一致
  ts = eofunc_ts_Wrap(indat, eof_mode, optETS)
  ts = dim_standardize_Wrap(ts, 1)         ;-- 标准化时间序列
;-- 定义时间序列 ts 的属性
  ts!0 = "eofs"
  ts!1 = "time"
  ts&eofs = (/1, 2/)                       ;-- 两个模态的
  ts&time = year
;-- 保存时间序列,后面分析使用
  opt = True
  filename = "eof_ts-pre-1979-2015.txt"  ;-- 文件名
  opt@fout = filename
  SYS_RM = "/bin/rm -f "+ filename
  system( SYS_RM )
  write_matrix (ts, ny+"f7.2", opt)        ;-- 保存时间序列
  pcvar = eof_mode@pcvar ;-- 获取方差贡献属性项(参看函数详解)
  prinfo = True
  sig_ev = eofunc_north(eof_mode@eval, ny, prinfo) ;-- 差异显著性
  printMinMax(eof_mode, True)              ;-- 获取 eof_mode 数值范围(评测)
```

```
;-----------------------------------绘图 ------------------------------------
  wks = gsn_open_wks("x11", "EOF_pre-"+year(0)+"_"+year(ny-1))
  gsn_define_colormap(wks, "BlWhRe")   ;-- 选择配色方案(下图为灰度图)
  stringw = (/"(a)", "(b)", "(c)", "(d)" /)        ;-- 定义图形标号数组
  plot = new(4, graphic)                           ;-- 定义图形数量
;-- 绘图空间场相关设置
  res = True
  res@gsnDraw = False
  res@gsnFrame = False
  res@gsnLeftString = ""
  res@gsnRightString = ""
  res@gsnSpreadColors = True
  res@gsnAddCyclic = False
  res@cnInfoLabelOn = False
  res@cnLevelSelectionMode = "ExplicitLevels"
  res@cnLevels= ispan(-16,16,2)/100.
  res@cnLinesOn = False
  res@cnLineLabelsOn = False
  res@cnInfoLabelOn = False
  res@cnFillOn = True
  res@mpMinLatF = lat1
  res@mpMaxLatF = lat2
  res@mpMinLonF = lon1
  res@mpMaxLonF = lon2
  res@mpFillOn = False
  res@mpShapeMode = "FreeAspect"
  res@tmXTOn = False
  res@tmYROn = False
  res@tmXBLabelFontHeightF = 0.02
  res@tmYLLabelFontHeightF = 0.02
  res@vpHeightF = 0.45
  res@vpWidthF = 0.6
  res@pmTickMarkDisplayMode = "Always"
```

```
res@lbLabelBarOn = False
res@gsnLeftStringFontHeightF = 0.02
nhres = res
nhres@gsnMaximize = False
nhres@vpHeightF = 0.15
nhres@vpWidthF = 0.15
nhres@mpMinLatF = 2
nhres@mpMaxLatF = 23
nhres@mpMinLonF = 105
nhres@mpMaxLonF = 123
nhres@lbLabelBarOn = False
nhres@tmXBOn = False
nhres@tmXTOn = False
nhres@tmYLOn = False
nhres@tmYROn = False
nhres@gsnLeftString = ""
nhres@gsnRightString = ""
nhres@cnFillOn= False
nhres@mpOutlineOn= True
nhres@mpFillPatternBackground= 0
map_nanhai= plot
plotnh = plot
adres = True
adres@amParallelPosF = 0.495
adres@amOrthogonalPosF = 0.49
adres@amJust = "BottomRight"

do i = 0, 1
  res@gsnLeftString = stringw(i) + " EOF" + (i+1) + \
                      " (" + sprintf("%4.1f", pcvar(i)) + "%)"
  plots(i) = gsn_csm_contour_map_ce(wks, eof(i, :, :), res)
  map_nanhai(i) =gsn_csm_contour_map(wks,eof_mode(i,:,:),nhres)
  plotnh(i) = gsn_add_annotation(plot(i),map_nanhai(i),adres)
end do
```

```
;-- 绘图时间场相关设置
  rts = True
  rts@gsnDraw = False                          ;-- 暂不绘制
  rts@gsnFrame = False                         ;-- 暂不输出
  rts@gsnScale = True                          ;-- 强制文本缩放
  rts@gsnYRefLine = 0.                         ;-- 参考线
  rts@gsnXYBarChart = True                     ;-- 直方图
  rts@gsnAboveYRefLineColor = "black"          ;-- 参考线以上黑色
  rts@gsnBelowYRefLineColor = "grey20"         ;-- 参考线以下灰色
  rts@vpHeightF = 0.25                         ;-- 改变图形纵横比
  rts@vpWidthF = 0.6
  rts@tiYAxisString = ""                       ;-- panel 无标题
  rts@trXMinF = min(year) - 1                  ;-- 设定 x 轴最小值
  rts@trXMaxF = max(year) + 1                  ;-- 设定 x 轴最大值
  rts@trYMinF = -3
  rts@trYMaxF = 3
  rts@tmXTOn = False
  rts@tmYROn = False
  rts@tmXBLabelFontHeightF = 0.02
  rts@tmYLLabelFontHeightF =  0.02
  rts@tmXBMode = "Explicit"
  rts@tmXBValues = ispan(1960,2016,10)
  rts@tmXBLabels = ispan(1960,2016,10)
  rts@tmYLMode = "Explicit"
  rts@tmYLValues = ispan(-30, 30, 10)/10.
  rts@tmYLLabels = ispan(-30, 30, 10)/10.
  rts@gsnLeftStringFontHeightF = 0.02
  rts@tiXAxisString ="Time"

  do i = 0, 1
    rts@gsnLeftString = stringw(i+2)+ " PC"+(i+1)  ;-- 左上图标号和图名
    plots(i+2) = gsn_csm_xy (wks, year, ts(i, :), rts)
  end do

    pnlres = True
```

```
    pnlres@amJust = "TopLeft"

    gsn_panel(wks, plots, (/2, 2/), pnlres)      ;-- 图形展板显示
end
```

时空分布特征如图 6.7 所示。

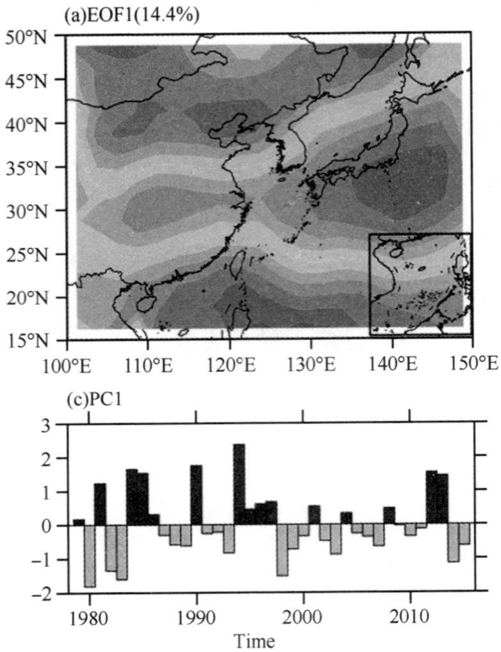

图 6.7　东亚夏季降水的时空分布特征

这样，东亚夏季降水的空间分布及其对应的时间序列被直观地反映出来。简要的分析表述为：1979—2015 年东亚地区夏季降水异常第一模态方差贡献为 14.4%，表现为经向三极子型分布特征并且存在显著的年际变化特征。同样，第二模态方差贡献 10.4%，表现为经向偶极子型分布特征并且也存在显著的年际变化特征。

6.4.2　主分量的功率谱分析

谱分析能够更好地捕捉时间序列中的周期性特征，常用于年际和年代际特征的分析。这里对上面 EOF 示例计算的主分量 PC1 和 PC2 的时间序列（ts）进行递进分析，需要用到谱分析函数“specx_anal”及其信度区间的计算函数“specx_ci”。

功率谱绘图分析示例脚本“spectra_analysis.ncl”如下：

```
load "$NCARG_ROOT/lib/ncarg/nclscripts/csm/shea_util.ncl"
begin
  year = ispan(1979, 2015, 1)
  ny = dimsizes(year)
  ts = asciiread("eof_ts-pre-1979-2015.txt", (/2, ny/), "float") ;-- ts时间序列
  ts!1 = "time"        ;-- 需重新定义维属性
  ts&time = year
;-- 绘图
  wks= gsn_open_wks("x11", "plot_spectra")
  plots = new(2, graphic)
  res = True
  res@gsnDraw= False
  res@gsnFrame= False
  res@tiXAxisString = "Period(year)"                  ;-- 坐标轴名称
  res@tiYAxisString = "Variance"
  res@trYLog = True                                   ;-- Y轴为对数坐标
  res@trXMaxF =20
  res@vpHeightF = 0.3
  res@vpWidthF = 0.6
  res@tmYROn = False                                  ;-- 关闭右侧Y轴坐标刻度
  res@tmXTOn = False
  res@xyLineThicknesses = (/3., 2./)                  ;-- 定义线粗细
  res@xyDashPatterns = (/0, 2/)                       ;-- 线型
  res@xyLineColors = (/"foreground", "black"/)        ;-- 线颜色
  do i = 0, 1
  dtrend_opt = 1    ;-- 去趋势参数:0为去平均,1为去平均和线性趋势
  sm= 3             ;-- 平滑(至少为3)
  pct = 0.1         ;-- 锥形百分比(0.0 <= pct <= 1.0),一般为0.10
  sdof = specx_anal(ts(i, :), dtrend_opt, sm, pct)    ;-- 计算功率谱
  freq=sdof@frq
  splt1 = specx_ci(sdof, 0.90, 0.95)                  ;-- 信度计算
  sig_90 = splt1(2, :)                     ;-- 参数0为90%,1为95%
```

```
  freq = 1./freq
  splt = (/spec, spec@sig_90/)        ;-- 根据实际结果选择信度水平

  plots(i) = gsn_csm_xy(wks, freq, splt, res)
  end do

;-- 输出图形展板
  panres = True
  panres@gsnPanelLabelBar = False
  panres@gsnPaperOrientation = "portrait"
  panres@gsnPanelFigureStrings = (/"PC1","PC2"/)
  panres@amJust = "TopLeft"
  panres@gsnPanelFigureStringsPerimOn = False
  panres@gsnPanelFigureStringsFontHeightF = 0.01

  gsn_panel(wks, plots, (/2, 1/), panres)

end
```

功率谱特征如图 6.8 所示。

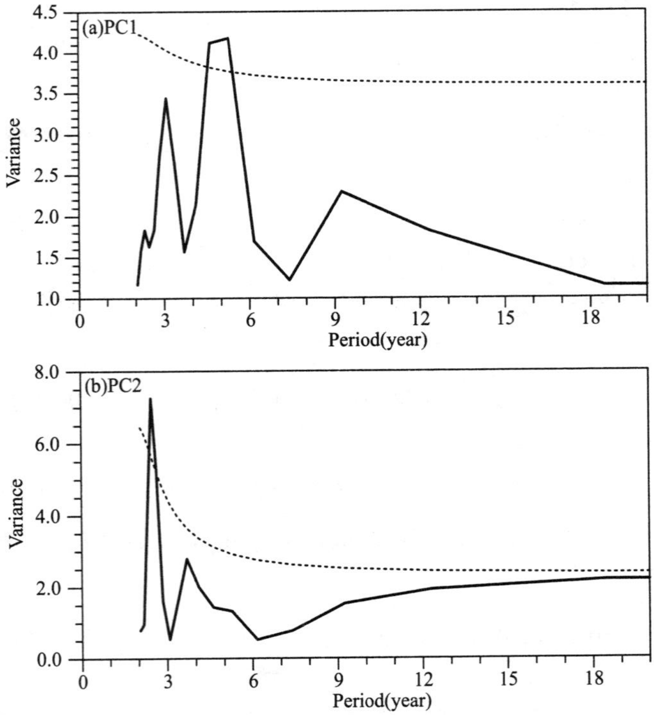

图 6.8 东亚夏季降水模态时间序列的功率谱

这里，信度曲线（点线）以上的功率谱峰值表示显著的时间序列周期。可知，PC1 表现出 4～6 年的变化周期，而 PC2 则表现为 2～3 年的变化周期。

6.4.3　主分量的小波谱分析

相较于单纯的功率谱分析而言，小波谱分析能够获得更多的时间序列中的周期性信息，其中包括年代际的转变过程信息。仍然使用前面的主分量时间序列进行小波谱分析，需使用小波谱分析函数“wavelet”转换时间序列的小波谱及其显著性水平。

小波谱绘图分析示例脚本“wavelet_analysis.ncl”如下：

```
load "$NCARG_ROOT/lib/ncarg/nclscripts/csm/shea_util.ncl"
begin
  year = ispan(1979, 2015, 1)
  ny = dimsizes(year)
  ts =asciiread("eof_ts-pre-1979-2015.txt", (/2, ny/), "float") ;-- 时间序列
  wks =gsn_open_wks("x11", "plot_wavelet")
  gsn_define_colormap(wks, "gsdtol")
  plots = new(2, graphic)
;-- 小波分析参数设置
  N = dimsizes(year)
  mother= 0                  ;-- 基波(0 = 'Morlet',1 = 'Paul',2 = 'DOG')
  param= 6.0                 ;-- 基波参数
  dt= 1                      ;-- 年时间步长
  s0= dt                     ;-- 步长缩放
  dj= 0.25                   ;-- 空间离散尺度
  jtot= 1+floattointeger(((log10(N * dt/s0))/dj)/log10(2.))   ;-- 整数尺度
  npad= N                      ;-- 转换点数
  nadof= 0                     ;-- 忽略值
  noise= 1                     ;-- 噪声测试参数
  siglvl= 0.1                  ;-- 显著性水平
  isigtest = 1                 ;-- 检测方式
;-- 分别计算 PC1 和 PC2 的时间序列的小波谱
  do i = 0, 1
    w =wavelet (ts(i, :),mother,dt,param,s0,dj, \
             jtot,npad,noise,isigtest,siglvl,nadof)
    dof = w@dof                      ;-- 重定义计算结果数组属性信息
```

```
    sigif = w@signif
    power = onedtond(w@power, (/jtot, N/))
    power!0 = "period"
    power&period = w@period
    power!1 = "time"
    power&time = year
    power@long_name = "Power Spectrum"
    power@units = "1/unit-freq"
;-- 计算显著性水平( >= 1 为显著)
    SIG = power                               ;-- 传递元数据
    SIG = power/conform (power, w@signif, 0)
    SIG@long_name = "Significance"
    SIG@units = " "
    res = True
    res@gsnDraw = False
    res@gsnFrame = False
    res@cnFillOn = True
    res@cnLinesOn = False
    res@cnLineLabelsOn = False
    res@cnInfoLabelOn = False
    res@cnFillColors = (/0, 25, 23, 20, 16, 14, 12/)
    res@trYReverse = True                     ;-- 反转 Y 轴
    res@lbLabelBarOn = False
    res@trYMaxF = 16
    res@tmYLMode = "Explicit"
    res@tmYLValues = 2^ispan(1, 4, 1)
    res@tmYLLabels = 2^ispan(1, 4, 1)  ;-- 应为:(/"1", "2", "4", "8", "16"/)
    res@tmXBMode = "Explicit"
    res@tmXBValues = ispan(1960, 2010, 10)
    res@tmXBLabels = ispan(1960, 2010, 10)
    res@tmLabelAutoStride = True
    res@vpHeightF = .2
    res@vpWidthF = .4
    res@tmXTOn = False
    res@tmYROn = False
```

```
res@cnLevelSelectionMode = "ExplicitLevels"
res@cnLevels = (/1, 1.5, 2.5, 3.5/)
res@gsnRightString = ""
res@gsnLeftString = ""
res@tiYAxisString = "Period (year)"
res@tiXAxisString ="Time"
res@gsnLeftStringFontHeightF = 0.018
res@gsnRightStringFontHeightF = 0.018
res@tiYAxisFontThicknessF = 2
res@tmXBLabelFontHeightF = 0.012
res@tmYLLabelFontHeightF = 0.012
res@cnLineLabelFontHeightF = 0.010
plots(i) = gsn_csm_contour(wks, SIG, res)
delete(res@cnLevels)
res3 = res
res3@cnFillOn = False
res3@cnLinesOn = True
res3@cnLineLabelsOn = True
res3@cnLevelSelectionMode = "ExplicitLevels"
res3@cnLevels = ispan(0, 50, 5)/10. * 2      ;-- 应为:(/0.5, 1, 2, 3, 4/)
res3@cnLineThicknessF = 1.6
res3@cnLineLabelFontHeightF = 0.018
res3@cnLineLabelPlacementMode = "constant"
res3@cnLineLabelInterval = 2
res3@cnLineLabelDensityF = 0.2
res3@cnLineLabelFormat = "@*^sg"          ;-- 只显示整数部分
res3@cnLineLabelFontHeightF = 0.01
plotP = gsn_csm_contour(wks, power, res3)
overlay(plots(i), plotP)

coi = w@coi
resxx = True
resxx@gsnDraw = False
resxx@gsnFrame = False
resxx@xyLineThicknessF = 1.5
iplot2 = gsn_csm_xy(wks, year, coi, resxx)
```

```
    overlay(plots(i), iplot2)
  end do
  panres = True
  panres@gsnPanelLabelBar = False
  panres@gsnPaperOrientation = "portrait"      ;-- 竖版显示
  panres@gsnPanelFigureStrings = (/"(a) PC1","(b) PC2"/)
  panres@amJust = "TopLeft"
  panres@gsnPanelFigureStringsPerimOn = False
  panres@gsnPanelFigureStringsFontHeightF =0.02
  gsn_panel(wks, plots, (/2, 1/), panres)      ;-- 图形展板输出
end
```

小波谱特征如图 6.9 所示。

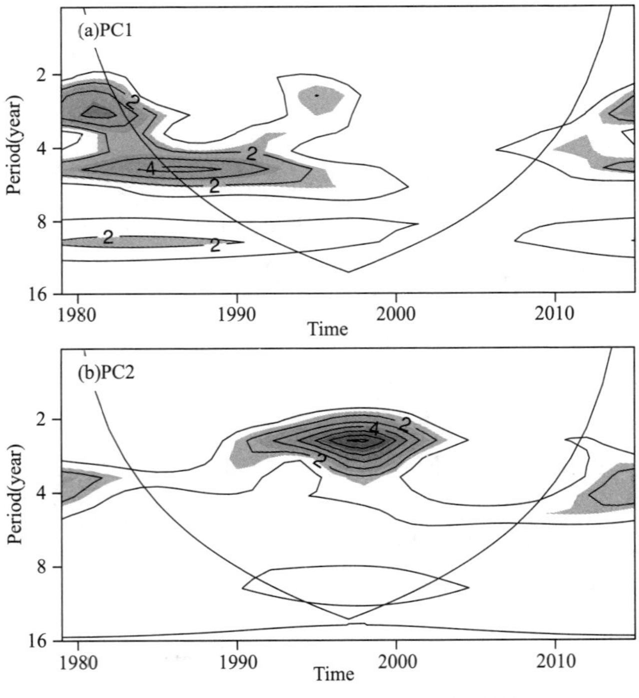

图 6.9　东亚夏季降水模态的小波谱分析

这里,小波谱分析的结果与功率谱的分析结果一致。此外,小波谱分析图中还给出了信度区间范围(如图 6.9 中“碗”状曲线上部)和显著性区域(阴影区)的信息。因此,又说明 PC1 的 4～6 年变化周期在 20 世纪 90 年代中期以前最为显著,而 PC2 的 2～3 年变化周期则在 1990—2002 年间表现最为显著,两个模态都存在显著的年代际变化特征。

第 7 章　图形分析进阶

NCL 语言的图形部分除了提供基础的绘图功能外，还发展和衍生出大量专业领域需要的特殊图形效果。作为开放代码的解释性语言，用户可以不断发展自定义的函数和过程，也能针对性地构建研究对象所需的分析图形展现方式。这里，选择一些代表性的图形介绍，以便用户更深刻地理解 NCL 语言的图形控制方法，建立灵活运用的能力。

7.1　水平柱状图(horizontal bar charts)

实际上，柱状图的本质还是简单的 XY 折线图，但是强制每个数据点的表现形式变为条柱形显示。折线图转换为柱状图的图形属性资源设置如下：

sample = True → 示例图形属性名称

sample@gsnXYBarChart = True → 柱状图资源类开关参数项

对于 XY 折线图或柱状图来说，控制显示效果的图形属性资源类为“@gsn”下有关的参数项，具体可参看：

(55)

http://www.ncl.ucar.edu/Document/Graphics/Resources/gsn.shtml　(**55**)

通常来说，柱状图的默认显示都是垂直方向的，而如果在实际分析过程中 y 坐标轴的序列明显长于 x 坐标轴时，为了避免图形过分扁平则采用水平方向的柱状图来绘制。打开水平柱状图的方式很简单，就是设置图形的参考线为垂直方向，即设置图形属性资源“@gsnXRefLine”为用户自定义值。

示例脚本“bar_honz_1.ncl”如下：

```
begin
  f = addfile ("SOI_Darwin.nc", "r")

  date = f->date                           ;-- 时间格式 YYYYMM
  dsoik = f->DSOI                          ;-- 数据 Darwin SOI Index
  dimDate = dimsizes (date)                ;-- 时间数
;-- 转换整型时间格式 YYYYMM 为浮点型,如:201706 转化为 2017.5
  dateF = yyyymm_to_yyyyfrac (date, 0)
```

```
;-- 绘图
  wks = gsn_open_wks ("x11", "bar_horz")

  res = True
  res@gsnScale = True
  res@gsnMaximize = True
  res@vpHeightF = 0.85              ;-- 设置图形纵横比
  res@vpWidthF = 0.43

  res@tiYAxisString = "Year"        ;-- 不标记坐标轴名称
  res@tiXAxisString = "Anomalies"   ;-- 默认为"XAxis"或"YAxis"
  res@tiMainString = "Bar plot with a reference line"
  res@gsnXYBarChartOutlineOnly = True
  res@tiMainFontHeightF = 0.025

  res@gsnXYBarChart = True          ;-- 直方图绘制开关
  res@gsnXRefLine = 0               ;-- 通过参考线设置打开水平直方图
  res@gsnXRefLineColor = "black"    ;-- 默认为前景色

  plot = gsn_csm_xy (wks, dsoik(::8), dateF(::8), res) ;-- 数据和时间对应
end
```

图形显示效果如图 7.1 所示。

7.2 箱线图(box plots)

在科学计算分析前需要对数据进行评估，通常认为数据符合正态分布。但是在使用描述同一研究对象的不同数据集时，就需要对这几个数据集的形状、偏态和尾重有所比较。那么，箱线图则是使用比较广泛的一种形式。

NCL 语言提供了专门的绘图函数"boxplot"来绘制箱线图，如下：

```
function boxplot (
    wks          : graphic,   →  当前绘图空间
    x [ * ]      : numeric,   →  一维 x 轴箱线位置坐标数组
    y [ * ][ * ] : numeric,   →  二维数组，第二维为四分位和中位值
    boxOpts      : logical,   →  箱线图形属性设置
    plotres      : logical,   →  类似 XY 折线图的图形属性设置
```

lineres　　　: logical　　→　线型设置

)

return_val [1]　　:　graphic　　→　函数返回值为图形

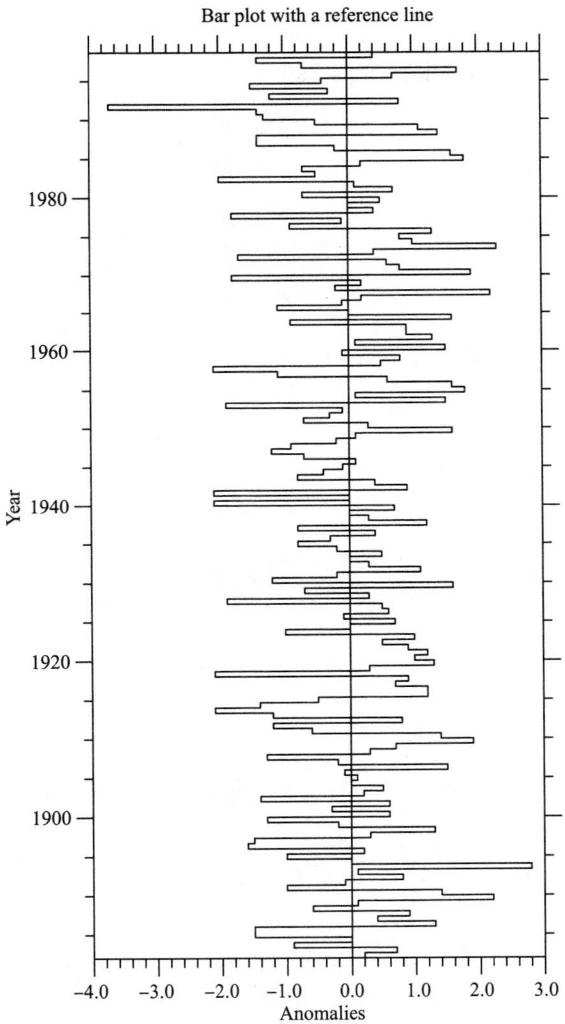

图 7.1　水平柱状图的显示效果

函数的详细使用可参看：

http://www.ncl.ucar.edu/Document/Functions/Shea_util/boxplot.shtml　(**56**)

(56)

简单的示例脚本“box_1. ncl”如下：

```
load "$NCARG_ROOT/lib/ncarg/nclscripts/csm/shea_util.ncl"
begin
;-- 构造示例数据(3 组)
  yval =new ((/3, 5/), "float", -999.)

  yval(0, 0) = -3.                  ;-- 低位值
  yval(0, 1) = -1.                  ;-- 箱底值
  yval(0, 2) = 1.5                  ;-- 中位值
  yval(0, 3) = 4.2                  ;-- 箱顶值
  yval(0, 4) = 6.                   ;-- 高位值

  yval(1, 0) = -1.                  ;-- 同上设置
  yval(1, 1) = 0.
  yval(1, 2) = 1.
  yval(1, 3) = 2.5
  yval(1, 4) = 4.

  yval(2, 0) = -1.5                 ;-- 同上设置
  yval(2, 1) = 0.
  yval(2, 2) = .75
  yval(2, 3) = 2.
  yval(2, 4) = 6.5
  x = (/-3., -1., 1./)              ;-- 3 组箱线的 x 轴坐标位置
;-- 绘图
  wks =gsn_open_wks ("x11", "box")
  res = True
  res@tmXBLabels = (/"Control", "-2Xna", "2Xna"/) ;-- x 轴刻度标注
  res@tiMainString = "Default Box Plot"
;-- 函数 boxplot 有三种图形属性资源类可设置
  plot = boxplot (wks, x, yval, False, res, False)
;-- 该函数需要用户自己完成最终绘图操作
  draw (wks)
  frame (wks)
end
```

图形显示效果如图 7.2 所示。

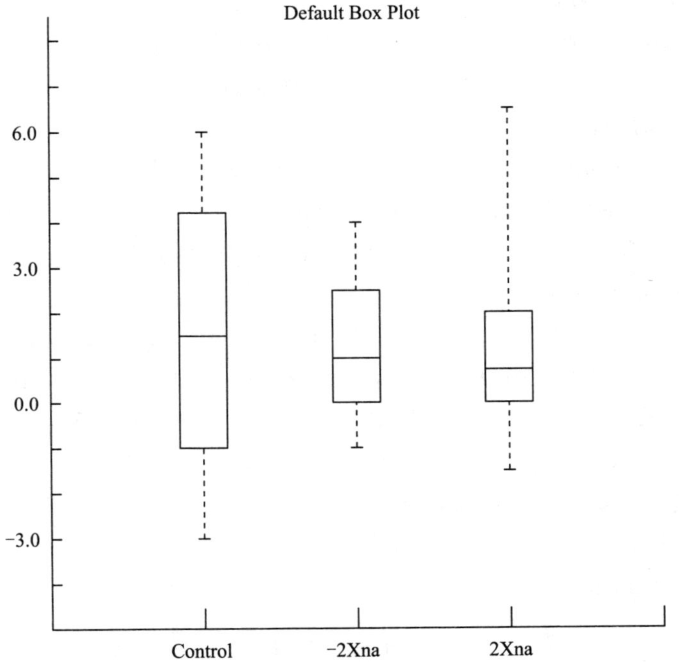

图 7.2　三组数据特征比较的箱线图

7.3　预报图(meteograms)

实际预报业务中,通常需要对预报地区的高度场、风场和有关物理量的预报时间序列进行展示。NCL 语言的图层叠加、剖面图和 XY 折线图能够提供整体预报时效期的演变过程,方便预报用户的使用。

一个由 5 张分析图构成的预报图的示例脚本"meteo_1.ncl"如下:

```
begin
  cdf = addfile ("$NCARG_ROOT/lib/ncarg/data/cdf/meteo_data.nc", "r")

  tempisobar = cdf->tempisobar        ;-- 标准等压面温度
  levels = cdf->levels                ;-- 高度层次
  taus = cdf->taus                    ;-- 预报时间
  rh = cdf->rh                        ;-- 相对湿度
  ugrid = cdf->ugrid                  ;-- u 风速
```

```
  vgrid = cdf->vgrid                    ;-- v 风速
  rain03 = cdf->rain03                  ;-- 3 小时降水量
  tempht = cdf->tempht                  ;-- 地表温度
;-- 平滑温度和湿度
  smothtemp =smth9 (tempisobar, 0.50, -0.25, False)
  smothrh =smth9 (rh, 0.50, -0.25, False)
;-- 打开绘图空间并定义三原色颜色表(下面给出的图为灰度图)
  wks =gsn_open_wks ("x11", "meteo")
  colors =(/ (/255,255,255/), (/255,255,255/), (/255,255,255/), \
          (/240,255,240/), (/220,255,220/), (/190,255,190/), \
          (/120,255,120/), (/ 80,255, 80/), (/ 50,200, 50/), \
          (/ 20,150, 20/) /) / 255.        ;-- 除以 255.
;-- 分别设置 5 个图形的图形属性名并打开
  rh_res = True
  temp_res = True
  uv_res = True
  rain_res = True
  tempsfc_res = True
;-- 图形属性 rh_res, temp_res 和 uv_res 设置(需考虑叠加效果)
  rh_res@trYReverse = True              ;-- 反转 y 坐标
  rh_res@gsnDraw = False
  rh_res@gsnFrame = False               ;-- 先不绘图显示
  rh_res@vpXF = 0.15
  rh_res@vpYF = 0.90                    ;-- 显示位置设置
  rh_res@vpWidthF = 0.7
  rh_res@vpHeightF = 0.40               ;-- 纵横比设置
  temp_res= rh_res                      ;-- 共享设置
  uv_res = rh_res
;-- rh_res 图形属性补充设置
  rh_res@cnFillOn = True
  rh_res@cnFillPalette = colors
  rh_res@cnLineLabelsOn = True
```

```
  rh_res@tiMainString = "Meteogram for LGSA, 28/12Z"

  rh_res@sfXArray = taus                ;-- 定义 X、Y 坐标值
  rh_res@sfYArray = levels
  rh_res@tiYAxisString = "Pressure (hPa)"
;-- 左侧 y 轴设置
  rh_res@tmYLMode = "Explicit"
  rh_res@tmYLValues = levels
  rh_res@tmYLLabels = levels
  rh_res@tmYLMinorOn = False
;-- 底部 x 轴设置
  rh_res@tmXBMode = "Explicit" ;-- 自定义坐标刻度标注
  rh_res@tmXBValues = taus      ;-- 底部 x 轴刻度值，下面为自定义标注
  rh_res@tmXBLabels = (/"12z", "15z", "18z",  "21z", "Apr29", \
                        "03z", "06z", "09z",  "12z", "15z", \
                        "18z", "21z", "Apr30","03z", "06z", \
                        "09z", "12z", "15z",  "18z", "21z", \
                        "May01", "03z", "06z",  "09z", "12z"/)

  rh_res@tmXBLabelAngleF = 90.         ;-- 改变标注角度，避免重叠
  rh_res@tmXBMinorOn = False
  rh_res@tmXBLabelJust = "CenterCenter"
  rh_res@tmXBLabelFontHeightF = .016
  rh_res@tiXAxisString = ""
;-- temp_res 补充图形属性设置
  temp_res@sfXArray = taus             ;-- 同上
  temp_res@sfYArray = levels

  temp_res@cnLineLabelsOn = True
  temp_res@cnLineThicknessF = 3.0
  temp_res@cnLineColor = "Red"
;-- uv_res 补充图形属性设置
  uv_res@vfXArray = taus               ;-- 同上
  uv_res@vfYArray = levels
  uv_res@vcRefAnnoOn = False
```

```
  uv_res@vcRefLengthF = 0.040
  uv_res@vcGlyphStyle = "WindBarb"        ;-- 使用风杆绘制
  uv_res@vcMonoWindBarbColor = True
  uv_res@vcMapDirection = False
;-- 降水图的单独图形属性设置
  rain_res@vpXF = 0.15
  rain_res@vpYF = 0.34
  rain_res@vpWidthF = 0.70
  rain_res@vpHeightF = 0.10
  rain_res@trYMinF = 0.0
  rain_res@trYMaxF = 0.5
  rain_res@trXMinF = 0.0
  rain_res@trXMaxF = 72.0

  rain_res@tiXAxisString = ""
  rain_res@tiYAxisString = "3hr rain(inches)"
  rain_res@tmXBMode = "Explicit"
  rain_res@tmXBValues = taus
  rain_res@tmXBLabels = (/"12z", "", "18z",  "", "Apr29", \
                          "", "06z", "",  "12z", "", \
                          "18z", "", "Apr30","", "06z", \
                          "", "12z", "",  "18z", "", \
                          "May01", "", "06z",  "", "12z"/)
  rain_res@tmXTOn = False
  rain_res@tmXBMinorOn = False

  rain_res@gsnDraw = False
  rain_res@gsnFrame = False
  rain_res@gsnYRefLine = 0.0
  rain_res@gsnAboveYRefLineColor = "green"
  rain_res@gsnXYBarChart = True           ;-- 选择直方图
;-- 温度图的单独图形属性设置
  tempsfc_res@vpXF = 0.15
  tempsfc_res@vpYF = 0.18
  tempsfc_res@vpWidthF = 0.70
```

```
  tempsfc_res@vpHeightF = 0.10
  tempsfc_res@trXMaxF = 72.0
  tempsfc_res@trYMaxF = max (tempht)+.5      ;-- 确定 y 轴最大值
  tempsfc_res@trYMinF = min (tempht)-.5      ;-- 确定 y 轴最小值

  tempsfc_res@tiXAxisString = "Time"
  tempsfc_res@tiYAxisString = "Temp(~S~o~N~F)"
  tempsfc_res@tmXBMode = "Explicit"
  tempsfc_res@tmXBValues = taus
  tempsfc_res@tmXBLabels = (/"12z", "", "18z",  "", "Apr29", \
                            "", "06z", "",  "12z", "", \
                            "18z", "", "Apr30","", "06z", \
                            "", "12z", "",  "18z", "", \
                            "May01", "", "06z",  "", "12z"/)
  tempsfc_res@tmXTOn = False
  tempsfc_res@xyLineThicknesses = 2
  tempsfc_res@xyLineColor = "red"

  tempsfc_res@gsnDraw = False
  tempsfc_res@gsnFrame = False
;-- 创建上面 5 幅图,但不绘制
  rhfill =gsn_contour (wks, smothrh, rh_res)
  templine =gsn_contour (wks, smothtemp, temp_res)
  windlayer =gsn_vector (wks, ugrid, vgrid, uv_res)
  rainhist= gsn_csm_xy (wks, taus, rain03, rain_res)
  temptmsz= gsn_csm_xy (wks, taus, tempht, tempsfc_res)

;-- 利用函数 overlay 叠加前 3 幅图形
  overlay (rhfill, templine)      ;-- 叠加温度场
  overlay (rhfill, windlayer)     ;-- 叠加风场
;-- 绘制最终的 3 幅图形输出
  draw (rhfill)                   ;-- 3 幅叠加效果
  draw (rainhist)                 ;-- 降水图
  draw (temptmsz)                 ;-- 温度图
  frame (wks)                     ;-- 同一页面显示 3 幅图形
end
```

图形显示效果如图 7.3 所示(灰度图)。

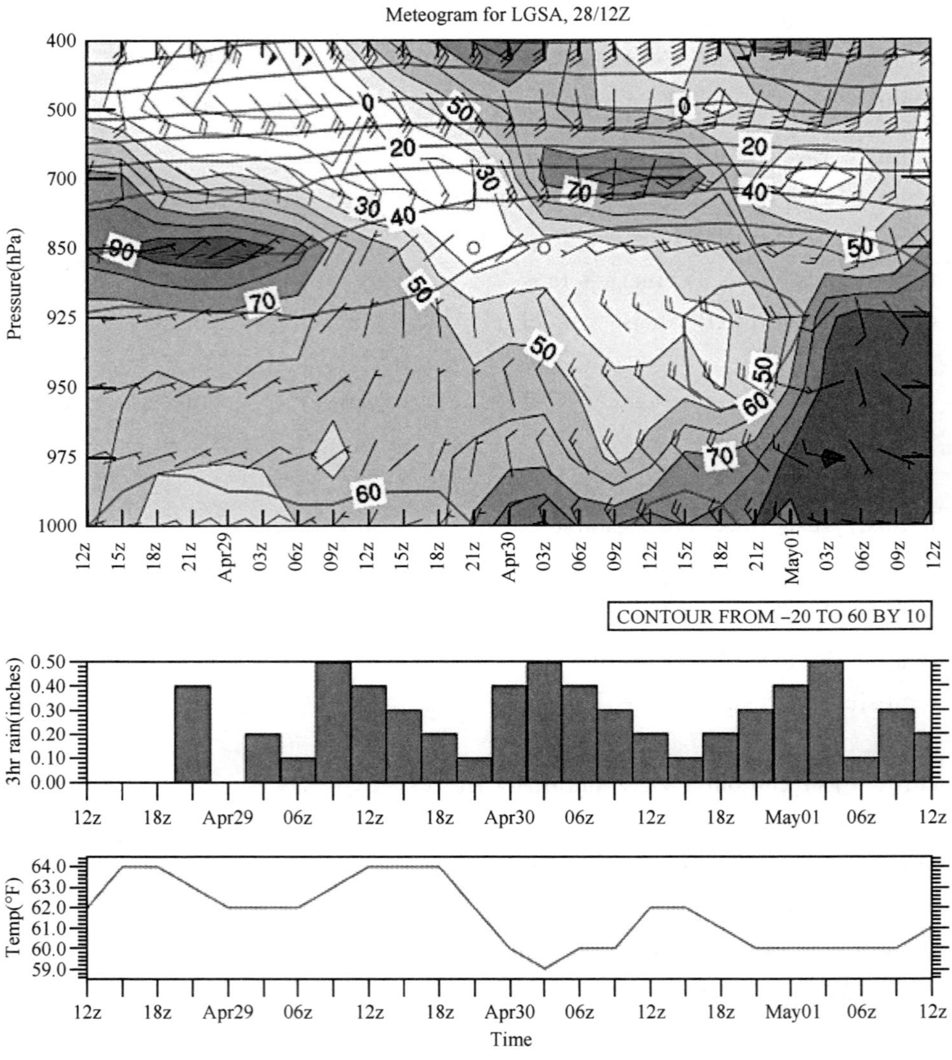

图 7.3　气压场、风场、温度和降水构成的预报图

用户在绘制类似图 7.3 的图形时,建议在已有示例脚本的基础上改写。同时,图形的最终显示效果还要通过图形属性资源设置的不断调整才能达到最优,这些都需要在不断的应用实践中才能逐渐熟练掌握。

此外,图 7.3 示例中的坐标轴显示控制、等值线图叠加于填色图、风杆的绘制以及多图的同页面显示设置等都是用户需要注意的方面。当然,最终的 3 幅图形也可以采用绘图函数“gsn_panel”图形展板形式集中绘制。

7.4　饼图(pie charts)

饼图可以看作是直方图或柱状图的变形效果,NCL 语言提供了专门的绘图函数“pie_chart”来绘制饼形图。

该函数需要加载 4 个库的支持,但如果是 NCL 语言 V6.4.0 版本以后则可自动加载完成。函数解释如下:

load " *$NCARG_ROOT/lib/ncarg/nclscripts/csm/shea_util.ncl* "

function pie_chart (

wks	[1]	: graphic,	→	打开绘图空间
percent	[*]	: numeric,	→	各部分百分比数组(总和 100%)
name	[*]	: string ,	→	各部分的名称数组
color	[*]	: string,	→	各部分颜色表
res	[1]	: logical	→	图形属性设置

)

return_val　[1] :　type "graphic" →　返回值为图形

饼图各部分以扇形分布在 360 度的圆形范围内,并且按照顺时针方向摆放,图形属性资源可采用部分直方图和柱状图的设置,其自身的图形属性资源参数项主要是设置字符标注的类型,如:

res@pcLabelType = “section”　→　默认参数,标注字符位于每一部分旁边

res@pcLabelType =”block”　→　标注标签集中在图形下方

函数的具体使用可参看:

http://www.ncl.ucar.edu/Document/Functions/Shea_util/pie_chart.shtml　(**57**)

(**57**)

简单的示例脚本“pie_chart_1.ncl”如下:

```
begin
;-- 构造示例数据,定义各部分百分比、名字和颜色
  percent = (/30.0, 12,0.5, 4,16, 8, 11.5,18.0/)
  color = (/ "red", "green", "orange", "yellow", \
           "brown","magenta","blue","gray" /)
  name = (/ "Deciduous", "Savanna", "Wetland", \
           "Tundra", "Evergreen", "Desert", "Cropland", "Grassland" /)
```

```
  wks = gsn_open_wks ("x11", "pie_chart")
;-- 饼图的图形属性设置
  pcRes = True
  pcRes@gsnMaximize = True
;-- "section"默认方式绘制
  pcRes@tiMainString = "Surface Type: Sector Labels"


;-- 无需使用 draw 和 frame 绘图输出
  plot = pie_chart (wks, percent, name, color, pcRes)
;-- "block"方式绘制(取消下面注释,将第一种默认方式注释掉再绘图)
; pcRes@pcLabelType = "block"
; pcRes@tiMainString = "Surface Type: Block Labels"
; plot = pie_chart (wks, percent, name, color, pcRes)
end
```

使用上面的示例脚本应注意几个问题:一是加载项取决于用户当前的 NCL 版本支持;二是示例中为了简化,第二种绘制方式被先标记为注释内容,如需绘制需要将第一种默认方法的语句标记为注释内容,同时更改第二种方式为脚本执行内容,这种方式可以在用户编写脚本时提高通用性。

两种方法的绘图效果比较见表 7.1。

表 7.1　两种方法绘制的饼图对比

pcRes@pcLabelType = "section"(默认)	pcRes@pcLabelType = "block"

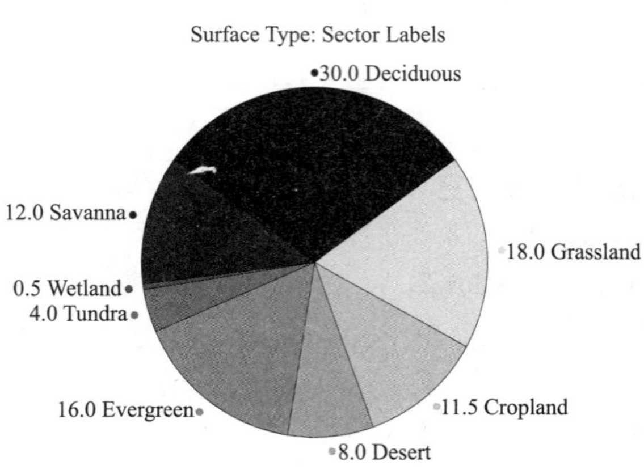

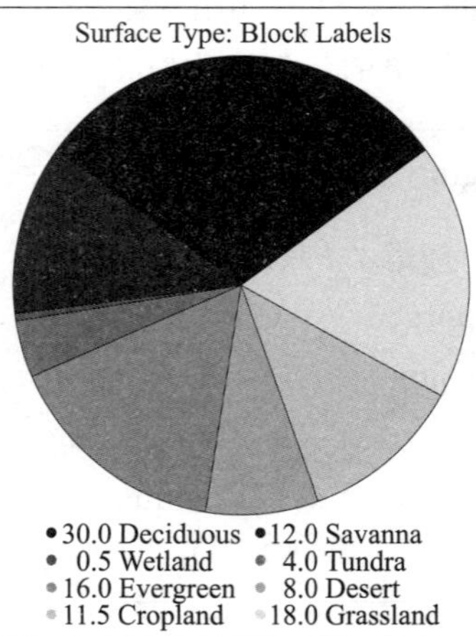

7.5 温度对数压力图(skew-T)

温度对数压力图在实际业务预报中作为重要的诊断工具广泛使用，其对对流有效位能(CAPE)的诊断可以反映当前大气的垂直不稳定状态。NCL 语言提供的温度对数来自于函数库“skewt_func.ncl”，使用时必须进行加载：

load " *$NCARG_ROOT/lib/ncarg/nclscripts/csm/skewt_func.ncl* "

当使用支持函数绘图时，方向风速或者 u-v 风速都可以使用，对于变量的缺省值则需要在变量属性信息中给出。实现温度对数压力图的绘制需要两个函数“skewT_BackGround”和“skewT_PlotData”共同来完成，前一函数负责完成温度对数压力图底图的绘制，后一函数则负责完成在底图上的探空数据绘制。上述两个函数都可以通过设置对应的图形属性资源来改变温度对数压力图的最终效果。此外，两个函数都未输出最终图形，需要使用绘图函数“draw”和“frame”完成最后的图形显示和输出。

7.5.1 绘制温度对数压力图底图

底图绘制函数说明如下(注意默认参数设置)：

function skewT_BackGround (wks: graphic, Opts: logical)

return_val [1] : type "graphic" → 返回值为图形

有关底图设置的图形属性参数项见表 7.2。

表 7.2 温度对数压力图的底图有关的图形属性参数项

图形属性	默认值	参数说明
DrawIsotherm	= True	标准等温线
DrawIsobar	= True	标准等压线
DrawMixRatio	= True	混合比
DrawDryAdiabat	= True	干绝热线
DrawMoistAdiabat	= True	湿绝热线(饱和或假绝热)
DrawWind	= True	风场
DrawStandardAtm	= True	标准大气状态线
DrawStandardAtmThk	= 2.0	状态线粗细
DrawColLine	= True	垂直线
DrawColAreaFill	= False	垂直区域填充
DrawFahrenheit	= True	x 轴为华氏度(False:摄氏度)

续表

图形属性	默认值	参数说明
DrawHeightScale	= False	高度标尺
DrawHeightScaleFt	= True	高度标尺单位为英尺(False：米)
UseMyColorMap	= False	自定义颜色表
PrintOpts	= False	打印图形属性设置(调试项)
Font	= "helvetica"	字体

下面对函数“skewT_BackGround”设置图形属性，将 x 轴转换为摄氏温度单位，绘制高度标尺并改变其单位为米，垂直区域进行填充。

底图绘制的示例脚本“skewt_1. ncl”如下：

```
load " $NCARG_ROOT/lib/ncarg/nclscripts/csm/skewt_func. ncl "
begin

  wks = gsn_open_wks ("x11", "skewt")
  skewtOpts = True

  skewtOpts@DrawColAreaFill = True       ;-- 垂直填充效果开,默认:False
  skewtOpts@DrawHeightScale = True       ;-- 绘制高度标尺,默认:False
  skewtOpts@DrawHeightScaleFt = False    ;-- 高度标尺单位米,默认:True
  skewtOpts@DrawFahrenheit = False       ;-- x 轴单位摄氏度,默认:True
  skewtOpts@tiMainString = "Centigrade - Meters"
  skewt_bkgd= skewT_BackGround (wks, skewtOpts)
  draw (skewt_bkgd)                      ;-- 绘制输出(此函数自身无该过程)
  frame (wks)

end
```

温度对数压力图底图显示效果如图 7.4 所示。

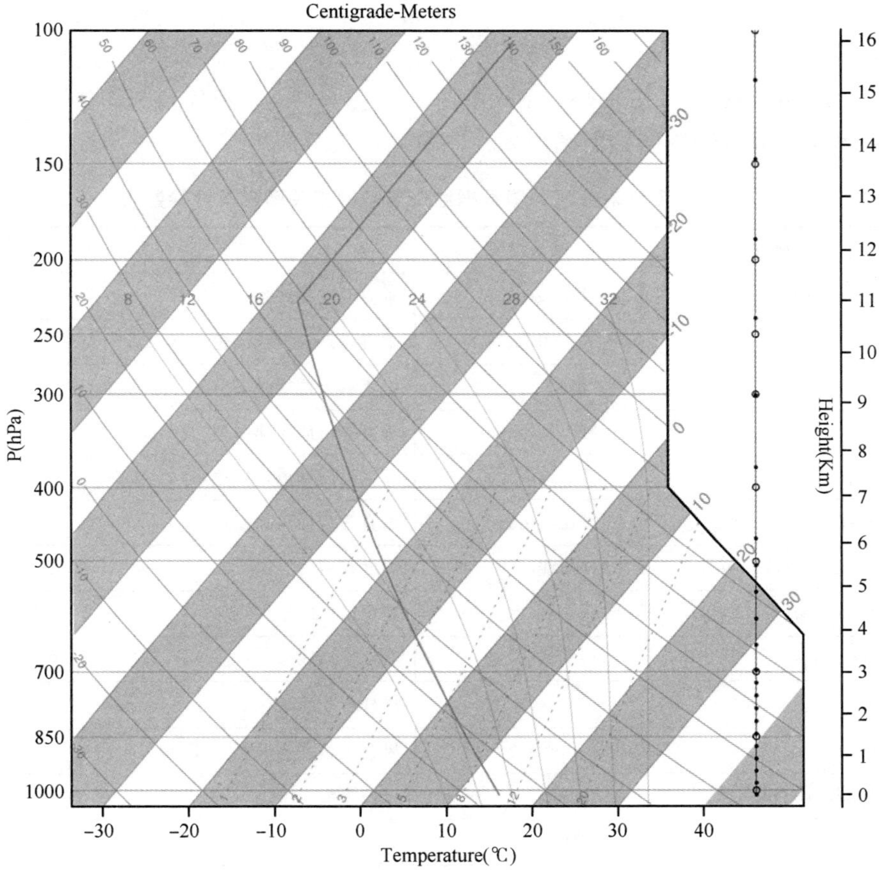

图 7.4　温度对数压力图的底图

7.5.2　温度对数压力图底图上绘制探空数据

底图上的探空数据绘制函数说明如下(注意默认参数设置):

function skewT_PlotData (

wks　:　graphic,　→　绘图空间
skewt_bkgd　:　graphic,　→　底图
P [*]　:　numeric,　→　气压
TC[*]　:　numeric,　→　温度(默认华氏)
TDC[*]　:　numeric,　→　露点温度(默认华氏)
Z[*]　:　numeric,　→　位势高度
WSPD[*]　:　numeric,　→　风速或 u
WDIR[*]　:　numeric,　→　风向或 v

dataOpts : logical → 图形属性设置

)

return_val [1] : type "graphic" → 返回值为图形

有关探空数据绘制函数的图形属性参数项见表 7.3。

表 7.3 温度对数压力图数据绘制函数的相关图形属性参数项

图形属性	默认设置	说明
colTemperature	= "Foreground"	垂直温度线颜色
colDewPt	="RoyalBlue"	垂直露点温度线颜色
colCape	= "Red"	垂直有效位能线颜色
colWindP	= "Foreground"	垂直等压面风速颜色
colWindZ	= "Foreground"	探空高度层风速颜色
colWindH	= "Foreground"	垂直等高面风速颜色
linePatternTemperature	= 1(实线)	温度线型
linePatternDewPt	= 1(实线)	露点温度线型
linePatternCape	= 1(实线)	有效位能线型
xpWind	= 45	风杆位于 x 轴位置
WspdWdir	= True	风速表达方式(默认方向和大小)
DrawWindBarbThk	= 1.0	风杆粗细
hemisphere	="NH"	北半球 NH,南半球 SH
Wthin	= 1	风杆的垂直间隔
PlotWindH	= False	绘制高度层风速
HspdHdir	= True	风速大小和方向(或者 u 和 v)
Height	= hght	高度层
Hspd	= hspd	风速大小(u)
Hdir	= hdir	风速方向(v)
PrintZ	= True	打印高度轴线
PlotWindP	= True	绘制等压面风速
ThermoInfo	= True	图上部绘制有效位能概要信息
Parcel	= 0	初始包下标位置

如果获得了探空数据,则需要使用函数“skewT_PlotData”将数据绘制在已有的由函数“skewT_BackGround”创建的底图之上,类似一个“overlay”的过程(注意在使

用图形展板时可能风杆不能正确叠加)。

此外,有效位能及有关稳定度的信息会通过绘图属性资源参数项“@ThermoInfo”来控制显示与否(默认显示在温度对数压力图上部),有关返回信息的参数项和说明见表 7.4。

表 7.4　相关返回信息的图形属性参数项

图形属性	说明
cape	对流有效位能(CAPE,单位:J)
pwat	大气可降水量(单位:cm)
shox	Showalter 指数(稳定度指数)
plcl	抬升凝集高度气压(单位:hPa)
tlcl	抬升凝结高度气温(单位:℃)

总之,绘制温度对数压力图不仅需要控制底图的基本信息的显示效果,还需要控制叠加探空数据的显示效果。

在同一底图上绘制两次探空数据的示例脚本“skewt_4. ncl”如下:

```
load " $NCARG_ROOT/lib/ncarg/nclscripts/csm/skewt_func. ncl "
begin

  diri = "./"
  fili = "sounding_ATS. dat. txt"   ;-- 探空仪数据样本
  nlvl = 65
  ncol = 7

  TestData = asciiread (diri+fili, (/nlvl, ncol/), "float")
  p= TestData (:,0)          ;-- 气压
  tc= TestData (:,1)         ;-- 温度
  tdc= TestData (:,2)        ;-- 露点温度
  q= TestData (:,3)          ;-- 比湿
  z= TestData (:,4)          ;-- 高度
  wspd = TestData (:,5)      ;-- 风速
  wdir = TestData (:,6)      ;-- 风向
```

```
;-- 绘图(首先绘制底图,然后再叠加探空数据)
  wks= gsn_open_wks ("x11", "skewt")

  skewtOpts= True                           ;-- 底图图形属性资源
  skewtOpts@DrawColAreaFill = True          ;-- 默认:False
  skewtOpts@tiMainString = "ATS Rawindsonde: Multiple Soundings"

  skewt_bkgd =skewT_BackGround (wks, skewtOpts)   ;-- 底图
  draw (skewt_bkgd)

  dataOpts = True ;-- 探空数据图形属性资源
;-- dataOpts@DrawFahrenheit = False    ;-- 注释:华氏温度转摄氏温度
  dataOpts@PrintZ = False               ;-- 不输出 z 坐标
  dataOpts@ThermoInfo = False           ;-- 不显示热力学诊断量信息

;-- 叠加第一个探空数据
  dataOpts@colTemperature = "black"
  dataOpts@colDewPt = dataOpts@colTemperature
  dataOpts@linePatternDewPt = 1

  skewt_data =skewT_PlotData (wks, skewt_bkgd, p, tc, tdc, z \
                        , wspd, wdir, dataOpts)  ;-- 探空数据 1
  draw (skewt_data)

;-- 叠加第二个探空数据(作为示例,修改第一次探空数据得到)
  tc= TestData (:, 1) + 5
  tdc= TestData (:, 2) - random_normal (5,1,nlvl)    ;-- 标准分布的随机数
  q= TestData (:, 3)


;-- z = TestData (:, 4)                              ;-- 注释行


  wspd = TestData (:, 5)
  wdir = TestData (:, 6)

  dataOpts@Wthin = 3                                 ;-- 每隔 3 个画一风杆
  dataOpts@xpWind = 40.
  dataOpts@colTemperature = "magenta"                ;-- 垂直温度线颜色
  dataOpts@colDewPt = dataOpts@colTemperature
```

```
    dataOpts@colWindP = dataOpts@colTemperature
    skewt_data =skewT_PlotData (wks, skewt_bkgd, p, tc, tdc, z \
                               , wspd, wdir, dataOpts) ;-- 探空数据 2
    draw (skewt_data)
    frame (wks)          ;-- 全部叠加后输出图形
end
```

探空图显示效果如图 7.5 所示。

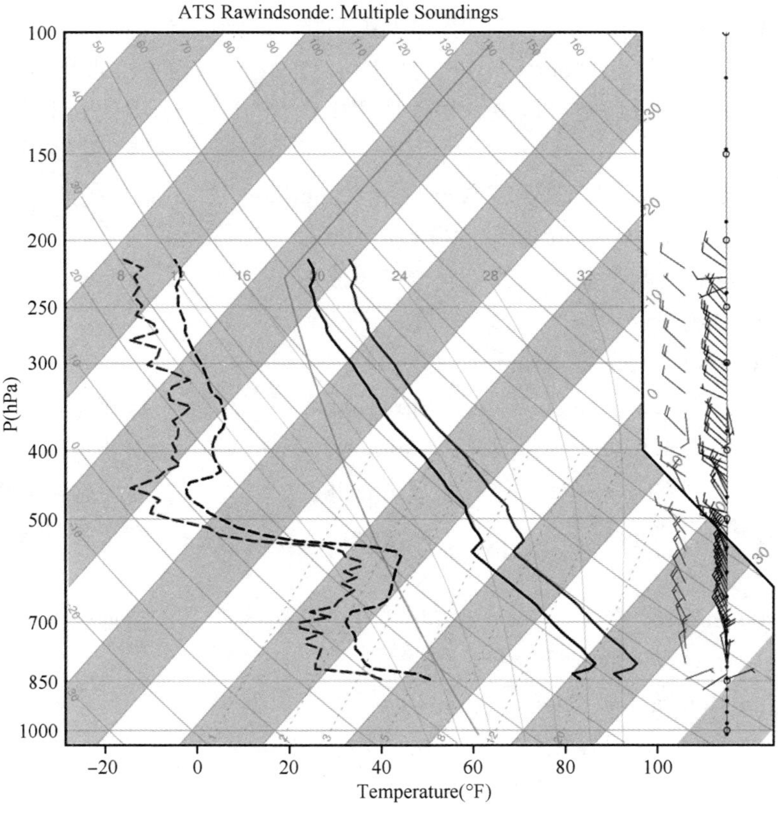

图 7.5　叠加探空数据的温度对数压力图

温度对数压力图的物理意义的理解和实际探空观测的经验对本部分内容的掌握至关重要，同时也需要更多的实践过程来充分了解各种图形属性资源参数项的设置效果差异。

7.6 泰勒诊断图(Taylor diagrams)

泰勒诊断图提供了可视化的架构用以比较多个测试数据集的变量差异。通常，在模式结果分析中不同模式或者不同控制试验的结果与观测数据集的统计学分析常使用泰勒诊断分析方法。一般而言，泰勒诊断图的绘图数据来自于气候学分析中的月平均、季节平均或年平均值，由于不同的变量(如降水，温度等)具有较大的取值区域差异，因此，需要对数据进行标准化过程，而标准化后的方差占比则体现了模式结果和观测结果的相关程度。

绘制泰勒诊断图形需要计算三个统计基本量，即：加权计算的中心模态相关系数(NCL 语言提供统计函数“pattern_cor”计算)、标准化后的均方根占比以及偏差。在 NCL 语言版本 6.5 以后则可以更方便地使用函数“taylor_stats”计算上面 3 个量，可参看：

http://www.ncl.ucar.edu/Document/Functions/Contributed/taylor_stats.shtml **(58)**

(58)

NCL 语言提供两个绘图函数绘制泰勒诊断图。

(1)经典泰勒诊断：

```
function taylor_diagram (
        wks             : graphic,     →  绘图空间
        RATIO[ * ][ * ] : numeric,     →  占比(标准化方差)
        CC[ * ][ * ]    : numeric,     →  各模态相关系数(0～1)
        rOpts           : logical      →  图形属性设置
)
return_val [1] :  type "graphic"       →  返回值为图形
```

(2)具有相对偏度的泰勒诊断：

```
function taylor_diagram_cam (
        wks             : graphic,
        RATIO[ * ][ * ] : numeric,
        CC[ * ][ * ]    : numeric,
        BIAS[ * ][ * ]  : numeric,     →  相对偏度(%)
        rOpts           : logical
)
return_val [1] :  type "graphic"       →  返回值为图形
```

上面函数的参数项中，各模态的最终统计数据(RATIO、CC 和 BIAS)实际为二

维数组，左边维对应每个模态，右边维对应绘图数值。如果只有一个模态被计算，则返回的标量在绘图时也需要按照函数的参数项要求转化为二维数组，例如：

CC = **conform_dims** ((/1,1/), cc)

RATIO = **conform_dims** ((/1,1/), ratio)

BIAS = **conform_dims** ((/1,1/), bias)

默认情况下，上述泰勒诊断绘图函数支持 10 个变量或模态的对比分析，绘图时分别采用不同颜色的标记符号进行区别表示，默认列表如下：

Markers = (/ 4, 6, 8, 0, 9, 12, 7, 2, 11, 16/) → 标记符号索引

Colors = (/ "red", "blue", "green", "cyan", "orange" , "turquoise",\
"brown", "yellow", "purple", "black" /) → 颜色表

泰勒诊断图的用户可定义图形属性设置见表 7.5。

表 7.5　泰勒诊断图的图形属性参数项

图形属性	默认设置	说明
tiMainString	=" "	图名(字符串)
Markers	=(/ … /)	标记符号(默认列表 10 种)
Colors	=(/ … /)	标记符号颜色(默认列表 10 种)
caseLabels	=(/ … /)	标记符号标注
VarLabels	=(/ … /)	变量或模态标注
caseLabelsFontHeightF	= 0.012	标记符号标注字体大小
varLabelsFontHeightF	= 0.013	变量或模态标注字体大小
varLabelsYloc	= 0.45	变量或模态标注位置
gsMarkerSizeF	= 0.0085	标记符号大小
stnRad	=(/ … /)	附加标准雷达线
ccRays	=(/ … /)	相关系数射线
centerDiffRMS	=False	标准化均方差圆环
ccRays_color	="Black"	相关系数射线颜色
centerDiffRMS_color	="Black"	标准化均方差圆环颜色
taylorFrame	=True	输出泰勒诊断图

经典泰勒诊断绘图示例脚本“taylor. ncl”如下：

```
load "./taylor_diagram.ncl"
begin
;-- 2个模式样本数据(假设绘图数据已经计算得到)
  case= (/ "Case A", "Case B" /)
  nCase =dimsizes (case )
;-- 比较变量
  var = (/ "SLP", "Tsfc", "Prc", "Prc 30S-30N", "LW", "SW", \
        "U300", "Guess" /)
  nVar= dimsizes (var)                        ;-- 计算变量数(8)
;-- "Case A"
  CA_ratio= (/1.230, 0.988, 1.092, 1.172, 1.064, 0.966, 1.079, 0.781/)
  CA_cc= (/0.958, 0.973, 0.740, 0.743, 0.922, 0.982, 0.952, 0.433/)
;-- "Case B"
  CB_ratio= (/1.129, 0.996, 1.016, 1.134, 1.023, 0.962, 1.048, 0.852 /)
  CB_cc= (/0.963, 0.975, 0.801, 0.814, 0.946, 0.984, 0.968, 0.647 /)
;-- 传递绘图函数需求的参数数组
  ratio= new ((/nCase, nVar/), typeof (CA_cc))
  cc= new ((/nCase, nVar/), typeof (CA_cc))
  ratio(0, :) = CA_ratio
  ratio(1, :) = CB_ratio
  cc(0, :) = CA_cc
  cc(1, :) = CB_cc

  res = True                                  ;-- 设置图形属性并绘图
  res@Markers = (/16, 16/)                    ;-- 2种标记符号
  res@Colors = (/"black", "grey40" /)
  res@varLabels = var
  res@caseLabels = case

  wks = gsn_open_wks ("x11", "plot_taylor")
  plot = taylor_diagram (wks, ratio, cc, res) ;-- 经典泰勒诊断图
end
```

图形效果如图 7.6 所示。

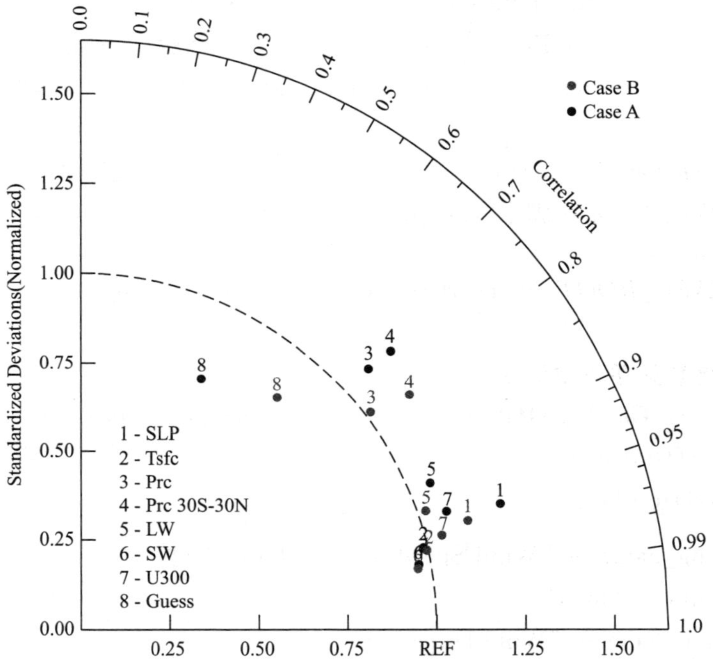

图 7.6　两个样本比较的泰勒诊断图

7.7　风玫瑰图(wind rose)

风玫瑰图一般用于分析特定地点和时期的风向频率以及风速大小。NCL 语言绘制的风玫瑰图通过圆形风圈来表示各方向风的出现百分比,而平均风速标记于各风向线的尾部,风玫瑰图的标题中则包含了全部的统计结果。

NCL 语言提供了 3 个函数绘制三种略有差异的风玫瑰图:基本型、粗线型和彩色型,且都需要加载函数库:

load " *$NCARG_ROOT/lib/ncarg/nclscripts/csm/wind_rose. ncl* "

7.7.1　基本风玫瑰图

基本风玫瑰图绘制函数说明如下:

function WindRoseBasic (

wks　　　　: graphic,　→　绘图空间

wspd[*]　: numeric,　→　一维风速数组

```
              wdir[ * ]      : numeric,     →  一维风向数组
              numPetals      : integer,     →  风向个数
              circFr         : float,       →  频数圈间隔
              res            : graphic      →  图形设置
    )
    return_val   :  graphic                 →  返回值为图形
```

基本风玫瑰图的示例脚本“rose_base. ncl”如下：

```
load " $NCARG_ROOT/lib/ncarg/nclscripts/csm/wind_rose. ncl "
begin
;-- 构造示例数据并添加属性
  wrData =wr_GenBogusData (200)   ;-- 加载库中的风场样本生成函数
  wspd= wrData(0, :)
  wdir= wrData(1, :)

  wspd@long_name = "Wind Speed" ;-- 添加变量属性
  wspd@units = "m/s"
  wdir@long_name = "Wind Direction"

;-- 定义绘图参数
  numPetals =8                    ;-- 8 风向: N, NE, E, SE, S, SW, W, NW

  circFr = 10.                    ;-- 频数间隔 10%

;-- 生成基本风玫瑰图
  wks =gsn_open_wks ("x11", "plot_rose_base")

  res = True
  res@tiMainString = "Wind Rose: Basic"

  plot = WindRoseBasic (wks, wspd, wdir, numPetals, circFr, res)
end
```

基本风玫瑰图显示效果如图 7.7 所示。

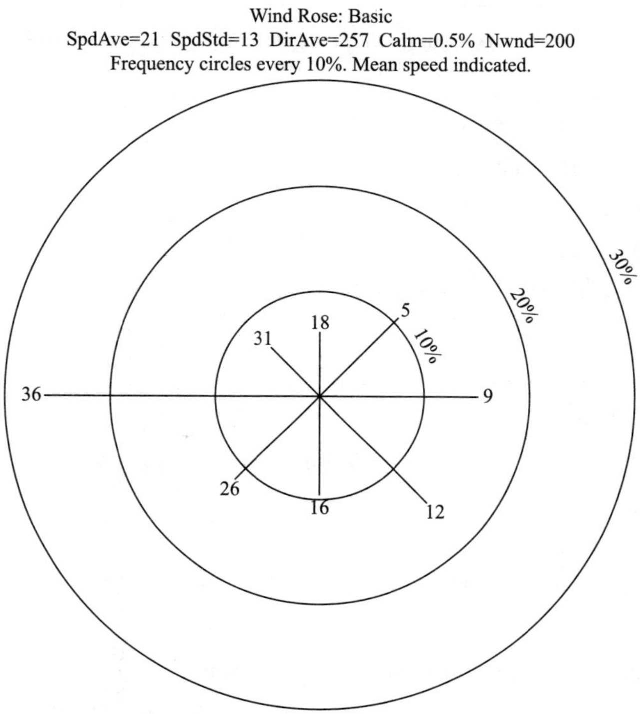

图 7.7　基本型风玫瑰图

7.7.2　粗线风玫瑰图

粗线风玫瑰图绘制函数(加入风速范围表)说明如下：

```
function WindRoseThickLine (
                wks            : graphic,
                wspd[ * ]      : numeric,
                wdir[ * ]      : numeric,
                numPetals      : integer,
                circFr         : float,
                spdBounds[ * ] : float,   →  风速范围
                res            : graphic
)
return_val  :  graphic
```

粗线风玫瑰图的示例脚本“rose_line.ncl”如下：

```
load " $NCARG_ROOT/lib/ncarg/nclscripts/csm/wind_rose.ncl "
begin
;-- 构造示例数据并添加属性
  wrData = wr_GenBogusData (200)
  wspd = wrData(0, :)
  wdir = wrData(1, :)
  wspd@long_name = "Wind Speed"
  wspd@units = "m/s"
  wdir@long_name = "Wind Direction"
;-- 定义绘图参数项
  numPetals = 8                    ;-- 8 方向: N, NE, E, SE, S, SW, W, NW
  circFr = 10.
;-- 生成粗线风玫瑰图
  wks = gsn_open_wks ("x11", "plot_rose_line")
  res = True
  res@tiMainString = "Wind Rose: Variable Line Thickness"
  spdBounds = (/ 10., 20., 30., 100. /)   ;-- 给出风速区间(区别于上图)
  wrBasic = WindRoseThickLine(wks, wspd, wdir, \
                      numPetals, circFr, spdBounds, res)
end
```

粗线风玫瑰图显示效果如图 7.8 所示。

7.7.3 彩色风玫瑰图

彩色风玫瑰图绘制函数(加入风速颜色表)说明如下：

```
function WindRoseColor (
        wks            : graphic,
        wspd[ * ]      : numeric,
        wdir[ * ]      : numeric,
        numPetals      : integer,
        circFr         : float,
        spdBounds[ * ] : float,     →  风速范围
        colorBounds[ * ] : string,  →  风速范围对应的颜色
```

```
              res                    : graphic
    )
```

return_val　:　graphic

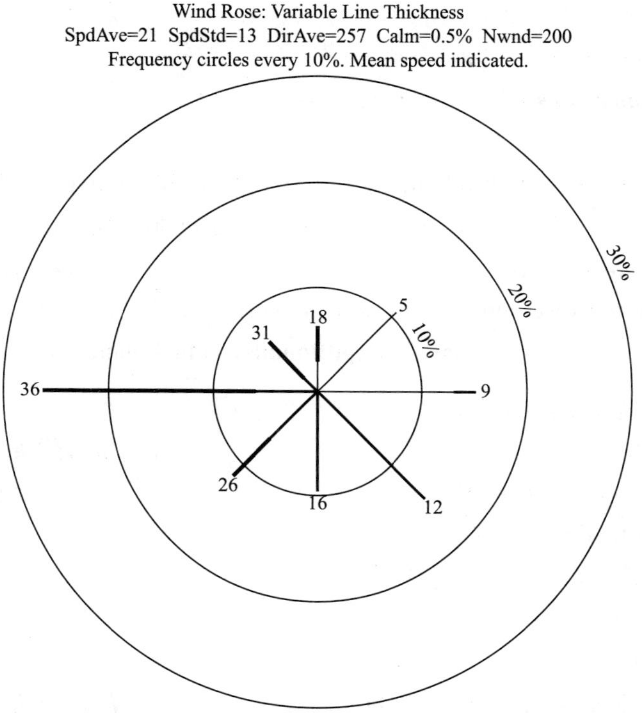

图 7.8　粗线型风玫瑰图

彩色风玫瑰图的示例脚本"rose_color. ncl"如下：

```
load "$NCARG_ROOT/lib/ncarg/nclscripts/csm/wind_rose.ncl"
begin
;-- 构造示例数据并添加属性
  wrData = wr_GenBogusData (200)
  wspd= wrData(0, :)
  wdir = wrData(1, :)

  wspd@long_name = "Wind Speed"
  wspd@units = "m/s"
  wdir@long_name = "Wind Direction"
```

```
;-- 定义绘图参数项
  numPetals =8                    ;-- 8 方向:N, NE, E, SE, S, SW, W, NW
  circFr = 10.
  spdBounds = (/ 10, 20, 30, 50, 100 /) * 1.0      ;-- 范围表
;-- 生成彩色风玫瑰图
  wks =gsn_open_wks ("x11", "plot_rose_color")
  res = True
  res@tiMainString = "Wind Rose: Color + Variable Thickness"
  colorBounds = (/ "black","grey","grey30","grey60","grey90" /) ;-- 颜色表
  res@gsnFrame = False                               ;-- 暂不输出图形
  wrColor =WindRoseColor (wks, wspd, wdir, numPetals, \
                          circFr, spdBounds, colorBounds, res)
;-- 图上添加风速范围资源标注
  lbres = True                                       ;-- 标示样条图形属性设置
  lbres@lbAutoManage = False                         ;-- 自定义显示大小
  lbres@vpWidthF = 0.05
  lbres@vpHeightF = 0.15
  lbres@vpXF = 0.78
  lbres@vpYF = 0.58
  lbres@lbBoxMajorExtentF = 0.80                     ;-- 样条间隔
  lbres@lbFillColors = colorBounds                   ;-- 标示样条颜色表
  lbres@lbMonoFillPattern = True
  lbres@lbLabelFontHeightF = 0.015
  lbres@lbPerimOn = False                            ;-- 关闭样条边框
  lbres@lbTitleString = "Wind Speed(m/s)"
  lbres@lbTitleFontHeightF = 0.01
;-- 绘制标签
  nbar= dimsizes (spdBounds)
  labels =new (nbar, string)
  labels(0) = 0 + "~~" + spdBounds(0)
  do i = 1, nbar-1
    labels(i) = spdBounds(i-1) + "~~" +spdBounds(i)
  end do
```

```
  lbid = gsn_create_labelbar (wks, nbar, labels, lbres)
  draw (lbid)
  frame (wks)          ;-- 最后输出图形
end
```

彩色(灰度)风玫瑰图显示效果如图 7.9 所示。

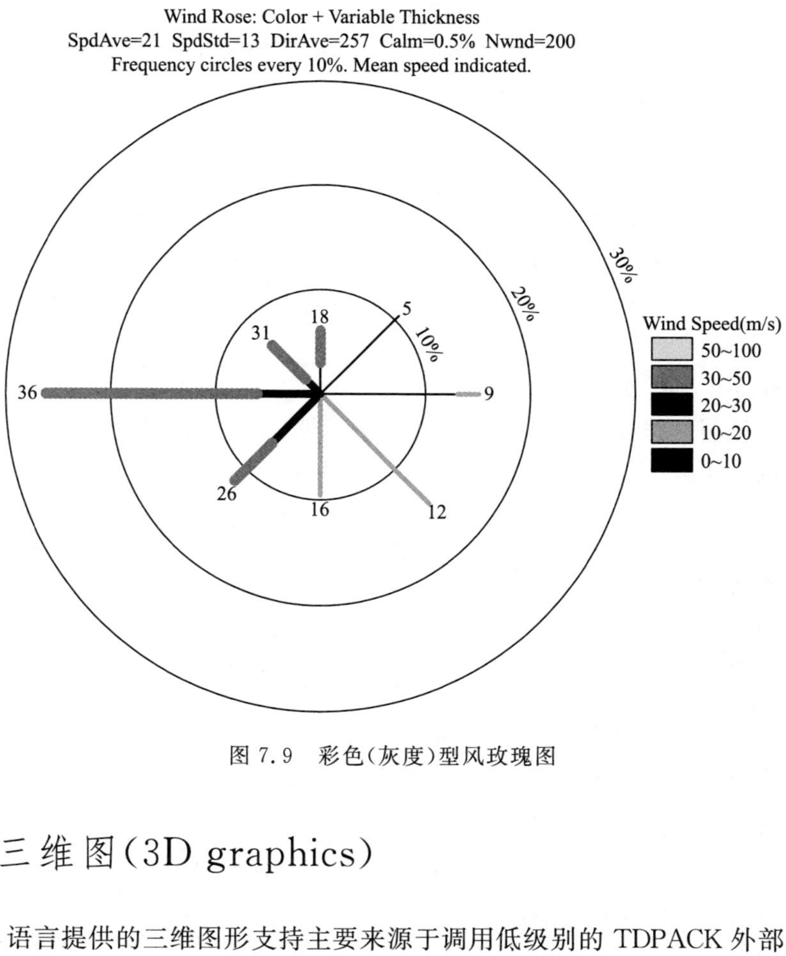

图 7.9　彩色(灰度)型风玫瑰图

7.8　三维图(3D graphics)

NCL 语言提供的三维图形支持主要来源于调用低级别的 TDPACK 外部三维图形代码库(由 FORTRAN 或 C 语言编写)。从严格意义上来说,仅实现了三维数据向二维空间投影显示的功能,而不具备多角度转换显示的真三维绘图。因此,这里只介绍最基本的三维图形效果的实现方式,用户如需要进一步了解可参看:

http://www.ncarg.ucar.edu//supplements/tdpack/　　**(59)**

(59)

此外，NCL 还针对 WRF 模式的输出结果提供三维绘图支持，但需要下载专用的 VAPOR（Visualization and Analysis Platform for Ocean，Atmosphere，and Solar Researchers）软件应用，具体参看：

https://www.vapor.ucar.edu （**60**）

(60)

简单的三维曲面的绘制函数：

```
procedure tdez2d (
            wks    [1] : graphic,
            x      [*] : float,        →  一维 x 坐标数组(单调)
            y      [*] : float,        →  一维 y 坐标数组(单调)
            z   [*][*] : float,        →  对应于(x(i), y(j))的 z(i, j)值
            rmult  [1] : float,        →  视觉显示对角线参数
            theta  [1] : float,        →  视觉显示平面夹角
            phi    [1] : float,        →  视觉显示垂直夹角
            st     [1] : integer       →  表面阴影填充类型索引
)
return_val : graphic
```

由于是调用外部程序包实现绘图，绘图的属性控制参数项较少。

简单的示例脚本"tdpack.ncl"如下：

```
begin
;-- 创建输入数组
  nxi = 11
  nyi = 17

  xi = fspan (0., 1., nxi)
  yi = fspan (0., 1., nyi)

  zi = new ((/nxi, nyi/), float)
  zi = 0.5 + 0.25 * (sin (-7. * conform (zi, xi, 0)) +\
        cos (5. * conform (zi, yi, 1)))

;-- 建立输出格点
  nxo = 31
  nyo = 21
  xo = fspan(0., 1., nxo)
  yo = fspan(0., 1., nyo)
```

```
;-- 插值
  zo = ftsurf (xi, yi, zi, xo, yo)

;-- 绘图
  wks = gsn_open_wks ("x11", "plot_tdpack")

  rho = 3.        ;-- 视觉参数设置
  theta = 36.
  phi = 67.

  tdez2d (wks, xo, yo, zo, rho, theta, phi, -6)

  frame (wks)
end
```

图形显示效果如图 7.10 所示。

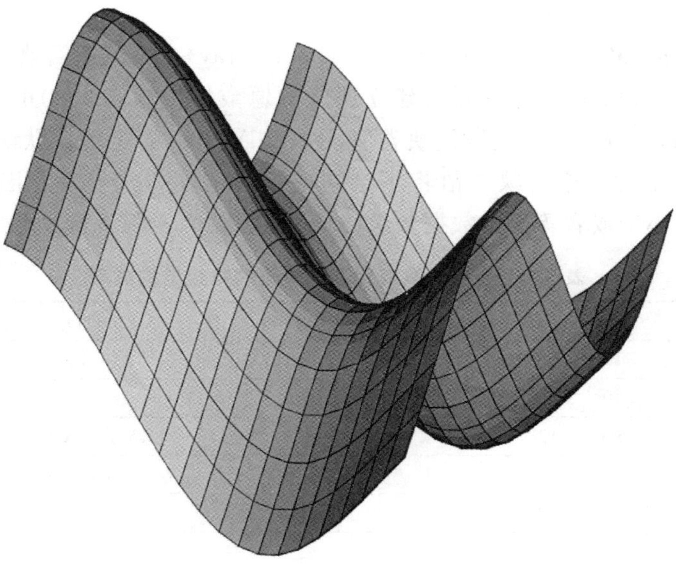

图 7.10　三维图形显示效果示意图

7.9　图形蒙版(masking)

图形蒙版类似于专业图形处理软件中的蒙版功能，主要是通过技术手段遮蔽非关注区域的方法。对于图形分析来说，创建蒙版效果而不绘制非关键区域的数据也是常使用的一种技巧，例如：只显示定义区域内的数据、叠加地形、海陆区域显示或者特定地理区域表示等。

NCL 语言一般使用四种方式来实现图形蒙版效果：

(1)直接使用内建函数"mask"来改变绘图数据缺省值的方式；

(2)使用函数"gc_inout"改变绘图数据缺省值的方式；

(3)通过图形属性资源的参数项设置来控制蒙版效果；

(4)通过图层或图形元素的绘制顺序来实现蒙版效果。

7.9.1 "mask"函数创建

函数说明如下：

function mask (

array :any type and dims, → 主数据数组(任意类型和维数)

marray :any type and dims, → 蒙版数组(不大于主数组)

mvalue :scalar or logical → 蒙版值(数值类型需一致)

)

return_val [dimsizes(array)] : typeof(array) → 返回数组

该函数的机制实际上是在需要建立蒙版的原数据数组(array)的基础上构造一个子数组(marry)以传递给主数组缺省值(@_FillValue)的过程。默认情况下，NCL 语言计算或绘图过程中对缺省值将不绘制或按自定义方式处理。因此，蒙版数组(marray)必须小于或者等于主数据数组(array)，如表 7.6 所示意。

表 7.6 利用子数组传递缺省值的数组结构关系

array	marray
10 x 20	10 x 20
10 x 20	20
18 x 64 x 128	18 x 64 x 128
18 x 64 x 128	64 x 128
18 x 64 x 128	128

需要注意：

(1)蒙版值(mvalue)为蒙版数组中元素标量形式，蒙版区域的原数组的数据受保护不发生变化，即：对原数据数组的缺省值(@_FillValue)赋值位置是对应于蒙版数组中不等于蒙版值(mvalue)的其余位置。

(2)蒙版值(mvalue)如果取逻辑型(True 或 False)：当为"True"时，条件定义的蒙版区域为数据保护区(即原数据数组位置的数据无变化)；当为"False"时，数据保护区反之。

这部分比较容易混淆，以下给出示例：

假定示例数据数组 x 与表征海洋一陆地位置二维格点数组 oro(lat,lon)维度一致,并且 oro 数组中元素值为 1 表示陆地格点,而元素值为 0 表示海洋格点。那么,为了实现仅陆地区域数据的绘制(海洋格点位置的数据的数组元素值赋值为缺省值@_FillValue),可用如下方式实现:

xLand = mask (x, oro, 1)

或者

xLand = mask (x, oro. eq. 1, True)

xLand = mask (x, oro. eq. 0, False)

示例脚本"mask_1. ncl"如下:

```
begin
;-- 读取 netCDF 数据文件
  in = addfile ("atmos. nc", "r")
  ts = in->TS(0, :, :)

;-- 使用 mask 函数对数据区域蒙版
  range_only = ts                                    ;-- 备份元数据
  range_only= mask (ts, (ts. ge. 279), True)
;-- 绘图
  wks = gsn_open_wks ("x11", "mask1")
  cmap = read_colormap_file ("MPL_Greys")            ;-- 读取颜色表文件

  res = True
  res@cnFillOn = True                                ;-- 填充图
  res@cnLinesOn = False
  res@cnFillPalette = cmap(10:96, :)
  res@cnLevelSelectionMode = "ManualLevels"
  res@cnMinLevelValF = 219
  res@cnMaxLevelValF = 310
  res@cnLevelSpacingF = 3

  res@mpLandFillColor = "white"                      ;-- 设置陆地填充颜色
  res@lbLabelStride = 4
  res@tiMainString = "Range Only"

  plot = gsn_csm_contour_map (wks, range_only, res)
end
```

图形显示效果如图 7.11 所示。

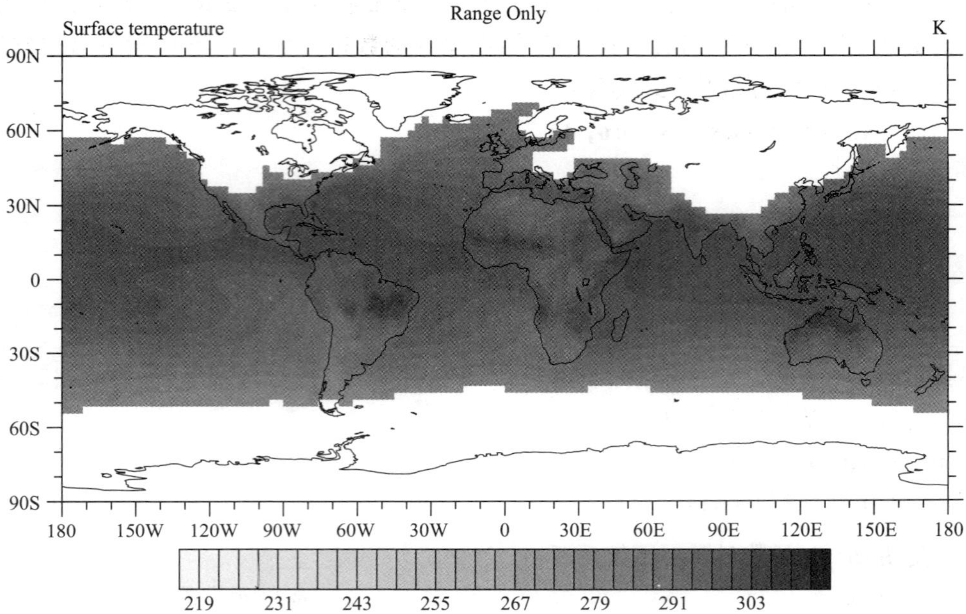

图 7.11　定义缺省值方式的图形蒙版效果

7.9.2　"gc_inout"函数创建

除了利用蒙版数组对数据数组的缺省值操作实现图形蒙版效果外，另一种方式是借助内建函数"gc_inout"构造轮廓线(格点场表示为球面多边形)来确定蒙版区域。

函数说明如下：

```
function gc_inout (
        plat[ * ]  :  numeric,  →  数据格点纬度数组(度)
        plon[ * ]  :  numeric,  →  数据格点经度数组(度)
        lat[ * ]   :  numeric,  →  轮廓线各顶点纬度数组(度)
        lon[ * ]   :  numeric   →  轮廓线各顶点经度数组(度)
)
return_val[ * ]  :  logical     →  返回数据格点逻辑型数组
```

该函数的机制就是判断数据格点的所有坐标位置位于给定的闭合球面多边形轮廓线的内部还是外部，如果函数侦测到给定的球面多边形未闭合，则自动添加顶点使其闭合。某点在轮廓线严格内部或者弧线上(需要误差小于 10^{-10} 度)都返回逻辑值 True，否则为 False。

单点判断的示例脚本如下：

```
begin
  plat = 20.
  plon = 0.
  qlat = (/0.0, 45.0, 45.0, 0.0/)
  qlon = (/0.0, 45.0, 0.0, 0.0/)
  inout =gc_inout (plat, plon, qlat, qlon)    ;-- 该点在弧线上
  print (inout)
end
```

屏幕输出结果如下：

```
Variable: inout
Type: logical
Total Size:      4 bytes
                 1 values
Number of Dimensions: 1
Dimensions and sizes: [1]
Coordinates:
(0)      True
```

利用地理信息轮廓文件实现蒙版的示例脚本“mask_2.ncl”如下：

```
begin
  MASK_INSIDE = False      ;-- 定义控制开关:蒙版内部还是外部区域
  minlat =20               ;-- 构造示例样本参数和数据
  maxlat =60
  minlon = -125
  maxlon= -60
  nlat = 32                ;-- 纬度格点数
  nlon = 64                ;-- 经度格点数
  data =generate_2d_array (10, 10, 0., 100., 0, (/nlat, nlon/)) ;-- 随机数组
  data@_FillValue = -9999
;-- 构建网格点经纬度数组
  lat1d= fspan(minlat, maxlat, nlat)
```

```
  lon1d= fspan(minlon, maxlon, nlon)
  lat1d@units = "degrees_north"                ;-- 纬向
  lon1d@units = "degrees_east"                 ;-- 经向
;-- 添加数据数组的经纬度坐标属性信息
  data!0 = "lat"
  data!1 = "lon"
  data&lat = lat1d
  data&lon = lon1d
;-- 打开轮廓文件并读取经纬度数组
  dir = ncargpath ("data") + "/shp/"           ;-- 获得文件路径
  f= addfile (dir + "mrb.shp", "r")
  mrb_lon = f->x
  mrb_lat = f->y
  nmrb =dimsizes (mrb_lon)                     ;-- 计算顶点数
  min_mrb_lat =min(mrb_lat)                    ;-- 以下为估算轮廓线范围
  max_mrb_lat =max(mrb_lat)
  min_mrb_lon =min(mrb_lon)
  max_mrb_lon =max(mrb_lon)
;-- 实现蒙版效果在区域内还是区域外取决于这两者缺省值的赋值
  if (MASK_INSIDE) then
    data_mask = data                           ;-- 数据区
  else
;-- 非数据区缺省值
    data_mask =new (dimsizes (data), typeof (data), data@_FillValue)
    copy_VarCoords (data, data_mask)           ;-- 复制坐标信息
  end if
;-- 技巧:估算轮廓线的大致经纬度范围,加速 gc_inout 的运算速度
  ilt_mn =ind (min_mrb_lat .gt. lat1d)         ;-- 小于轮廓线最小纬度值的索引
  ilt_mx =ind (max_mrb_lat .lt. lat1d)
  iln_mn =ind (min_mrb_lon .gt. lon1d)
  iln_mx =ind (max_mrb_lon .lt. lon1d)
  ilt1= ilt_mn(dimsizes (ilt_mn)-1)            ;-- 纬度起始判断点
  iln1= iln_mn(dimsizes (iln_mn)-1)            ;-- 经度起始判断点
```

```
  ilt2= ilt_mx(0)                          ;-- 纬度终止判断点
  iln2= iln_mx(0)                          ;-- 经度终止判断点
  if (MASK_INSIDE) then                    ;-- 蒙版区域外放入缺省值
    do ilt = ilt1, ilt2
      do iln = iln1, iln2
        if (gc_inout (lat1d(ilt), lon1d(iln), mrb_lat, mrb_lon)) then
          data_mask(ilt, iln) = data_mask@_FillValue
        end if
      end do
    end do
  else                                     ;-- 非蒙版区域放入数据
    do ilt = ilt1, ilt2
      do iln = iln1, iln2
        if (gc_inout (lat1d(ilt), lon1d(iln), mrb_lat, mrb_lon)) then
          data_mask(ilt, iln) = data(ilt, iln)
        end if
      end do
    end do
  end if
  wks = gsn_open_wks ("x11", "mask2")
  res= True
  res@gsnMaximize = True
  res@gsnDraw = False                      ;-- 暂不绘制
  res@gsnFrame = False                     ;-- 暂不输出
  res@gsnAddCyclic = False
  res@mpDataBaseVersion = "MediumRes"
;-- 定义地图显示范围
  res@mpMinLatF = minlat
  res@mpMaxLatF = maxlat
  res@mpMinLonF = minlon
  res@mpMaxLonF = maxlon
  res@tiMainString = "Full data with Mississippi River Basin outlined"
```

```
;-- 绘制等值线
  map_data =gsn_csm_contour_map (wks, data, res)
;-- 轮廓曲线图形设置
  lnres = True
  lnres@gsLineColor = "blue"
  lnres@gsLineThicknessF = 2.0
;-- 绘制轮廓曲线
  mrb_line =gsn_add_polyline (wks, map_data, mrb_lon, mrb_lat, lnres)
;-- 绘制并输出第一幅图
  draw (map_data)
  frame (wks)
;-- 绘制并输出第二幅图
  res@tiMainString = "Masked data with Mississippi River Basin outlined"
  map_mask =gsn_csm_contour_map (wks, data_mask, res)
  mrb_line_mask =gsn_add_polyline (wks, map_mask, mrb_lon, mrb_lat,\
lnres)
  draw (map_mask)
  frame (wks)
;-- 仅绘制蒙版区域经纬度格点
  delete (res@gsnAddCyclic)    ;-- 不删除会提示警告(无作用设置)
  res@tiMainString = "Area where lat/lon values were masked"
  map =gsn_csm_map (wks, res)
;-- 蒙版区格点经纬度二维数组
  lat2d =conform_dims ((/nlat, nlon/), lat1d, 0)
  lon2d =conform_dims ((/nlat, nlon/), lon1d, 1)
  lat2d@_FillValue = -9999
  lon2d@_FillValue = -9999
  lat_markers =ndtooned(where(ismissing(data_mask), lat2d, l at2d@_FillValue))
  lon_markers =ndtooned(where(ismissing(data_mask), lon2d, \
                lon2d@_FillValue))
;-- 设置标记符号图形属性
  mkres = True
  mkres@gsMarkerIndex = 16      ;-- 标记符号(点)
```

```
  mkres@gsMarkerSizeF = 0.003
  latlon_markers = gsn_add_polymarker (wks, map, lon_markers, \
                                       lat_markers, mkres)
  mrb_line_map= gsn_add_polyline (wks, map, mrb_lon, mrb_lat, lnres)
  draw (map)
  frame (wks)
end
```

3 幅图形对比显示效果如图 7.12 所示。

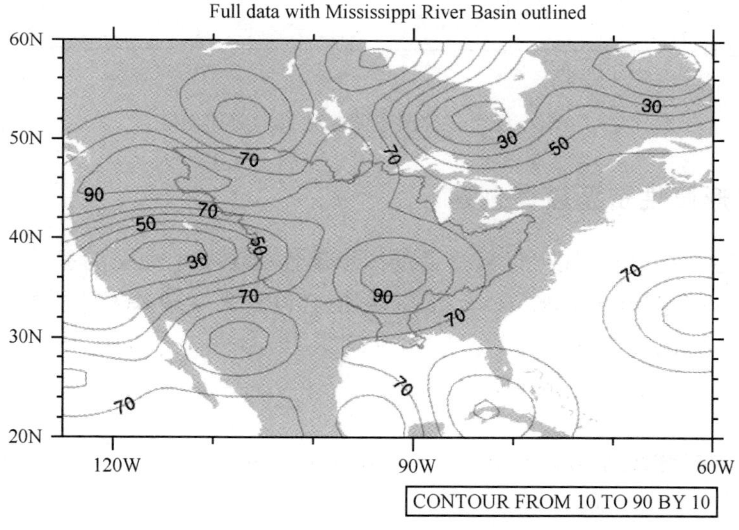

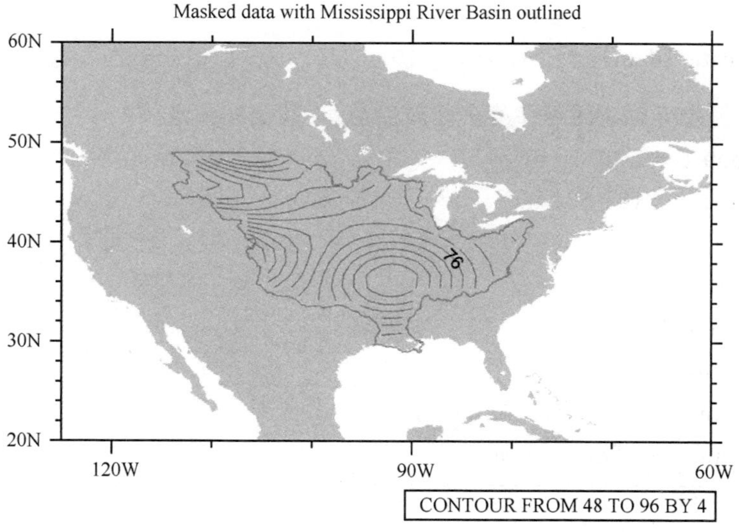

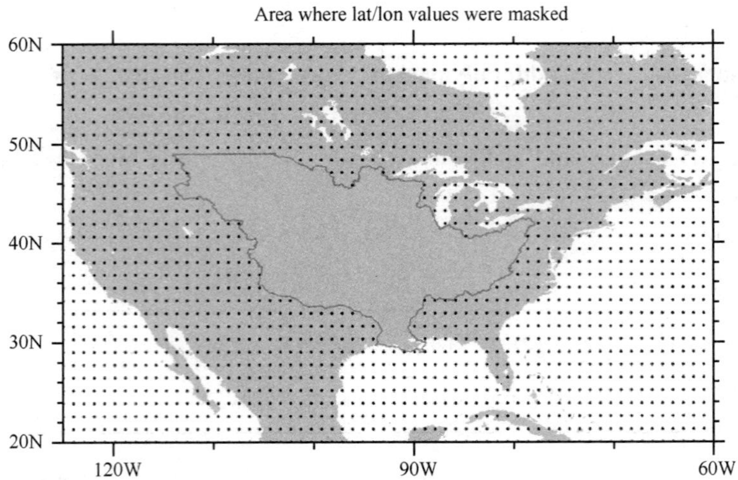

图 7.12　三种图形蒙版效果的对比图

7.9.3　图形属性资源设置创建

除了上述方法，用户还可以直接借助图形属性资源类中地图的参数项"@mpFillAreaSpecifiers"和"mpMaskAreaSpecifiers"配合设置来实现基于地图的蒙版效果。

示例脚本"mask_3.ncl"如下：

```
begin
;-- 构造示例二维数组(minimum = -10,maximum = 110)
  nx = 40
  ny = 40
  z= generate_2d_array (15, 15, -10., 110., 0, (/ny, nx/))
;-- 构造示例数组对应的经纬度坐标属性信息(假定非洲范围)
  lat= fspan (-35, 38, ny)
  lon= fspan (-18, 52, nx)
  z!0 = "lat"
  z!1 = "lon"
  z&lat = lat
  z&lon = lon
  z&lat@units = "degrees_north"
  z&lon@units = "degrees_east"
```

```
;-- 分别确定需要填色和蒙版的地理区域
  fill_specs = (/"water", "land"/)    ;-- 填色水体和陆地
;-- 蒙版地图区域列表(调用 NCL 提供的地图)
  mask_specs = (/ "algeria","angola","angola-exclave-called-cabinda",\
                 "benin","botswana","burundi","cameroon",\
                 "central-african-republic","chad","congo","djibouti",\
                 "egypt","equatorial-guinea","ethiopia","gabon","gambia",\
                 "ghana","guinea","guinea-bissau","ivory-coast","kenya",\
                 "lesotho","liberia","libya","madagascar","malawi","mali",\
                 "mauritania","mauritius","morocco","mozambique","namibia",\
                 "niger","nigeria","rwanda","senegal","sierra-leone","somalia",\
                 "south-africa","sudan","swaziland","tanzania","togo","tunisia",\
                 "uganda","upper-volta","western-sahara","zaire","zambia",\
                 "zimbabwe"/)
;-- 绘图部分
  wks =gsn_open_wks ("x11", "mask3")
  color_map = (/(/1.00,1.00,1.00/),(/0.00,0.00,0.00/),
               (/0.70,0.70,0.70/),(/0.75,0.50,1.00/),\
               (/0.50,0.00,1.00/),(/0.00,0.00,1.00/), \
               (/0.00,0.50,1.00/),(/0.00,1.00,1.00/),\
               (/0.00,1.00,0.60/),(/0.00,1.00,0.00/),\
               (/0.70,1.00,0.00/),(/1.00,1.00,0.00/), \
               (/1.00,0.75,0.00/),(/1.00,0.38,0.38/),\
               (/1.00,0.00,0.38/),(/1.00,0.00,0.00/)/)
  gsn_define_colormap (wks, color_map)
;-- 图形属性设置
  res = True
  res@gsnMaximize = True
  res@gsnAddCyclic = False

  res@cnFillOn = True
  res@cnFillColors = (/3,4,5,6,8,9,10,11,12,13,14,15/)
```

```
  res@cnFillDrawOrder = "Predraw"
  res@cnLineDrawOrder = "Predraw"

  res@mpProjection = "Orthographic"
  res@mpEllipticalBoundary = True
  res@mpCenterLatF = 20.0
  res@mpCenterLonF = 14.0

  res@mpGridAndLimbOn = True
  res@mpGridSpacingF = 10
  res@mpGridLineColor = 2
  res@mpGridLineThicknessF = 1.1
  res@mpGridMaskMode = "MaskLand"

  res@mpFillBoundarySets = "NoBoundaries"       ;-- 关闭地区边界
  res@mpFillAreaSpecifiers = fill_specs         ;-- 地图列表:水体和陆地
  res@mpSpecifiedFillColors = (/7, 2/)          ;-- 两种颜色

;-- 设置图形属性实现蒙版效果
  res@mpAreaMaskingOn = 1                       ;-- 打开地图蒙版
  res@mpMaskAreaSpecifiers = mask_specs         ;-- 蒙版区域列表:非洲

;-- 标示条属性设置
  res@lbOrientation = "Vertical"
  res@lbBoxCount = 14
  res@lbLabelFont = "Helvetica-bold"
  res@lbLabelAlignment = "BoxCenters"
  res@lbLabelStrings = (/"Ocean","Land","< 0","0~~10","10~~20",\
                         "20~~30", "30~~40","40~~50","50~~60",\
                         "60~~70","70~~80","80~~90","90~~100",\
                         "> 100"/)
  res@lbFillColors = (/7, 2, 3, 4, 5, 6, 8, 9, 10, 11, 12, 13, 14, 15/)

;-- 绘制等值线填充图
  contour = gsn_csm_contour_map (wks, z, res)
end
```

图形显示效果如图 7.13 所示(灰度图)。

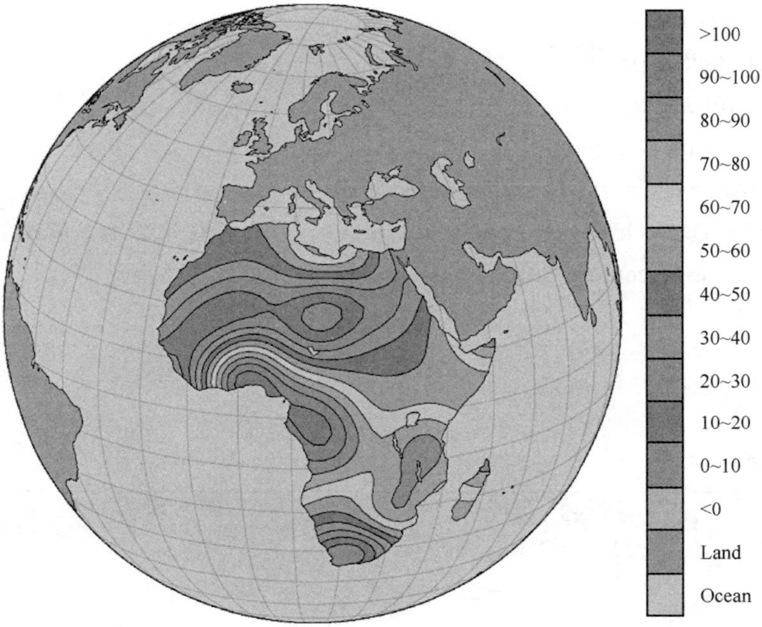

图 7.13　利用地图类参数项设置的图形蒙版效果图

7.9.4　控制图层的绘制顺序创建

NCL 语言的图形属性资源中控制绘图顺序的参数项一般提供三个选项，即："PreDraw""Draw"和"PostDraw"。因此，可以根据这三个特性产生先画、再画和最后画的图层叠加效果，从而实现类似的图形蒙版效果。

对地图和等值线绘制顺序控制的蒙版效果的示例脚本"mask_4. ncl"如下：

```
begin
;-- 读取 netCDF 数据文件
  in =addfile ("atmos. nc", "r")
  ts = in->TS(0, :, :)

;-- 绘图
  wks =gsn_open_wks ("x11", "mask4")
  cmap =read_colormap_file ("BlAqGrYeOrRe")

  res = True
```

```
  res@cnFillOn = True                              ;-- 填色图
  res@cnLinesOn = False
  res@lbLabelStride = 4
  res@cnFillPalette = cmap(10:96, :)
  res@cnLevelSpacingF = 3
  res@tiMainString = "Draw land ON TOP of contours"
  res@cnFillDrawOrder = "Predraw"                  ;-- 控制先绘制等值线填充
  plot =gsn_csm_contour_map (wks, ts, res)         ;-- 最后绘制地图
end
```

显示效果如图 7.14 所示。

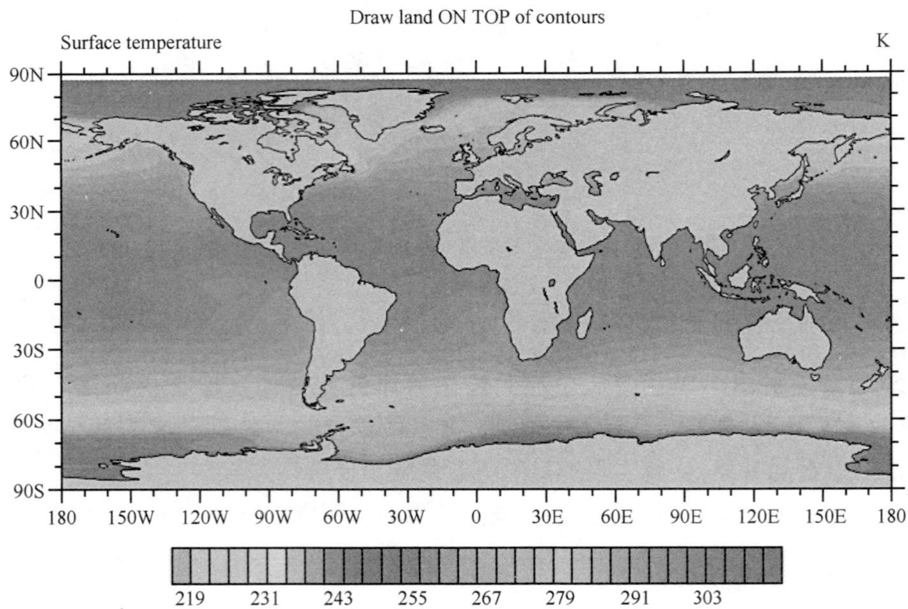

图 7.14 利用图层绘制顺序创建的图形蒙版效果

7.10 天气符号(weather symbols)绘制

站点模型的地面观测数据绘制通常涉及一些特殊天气符号的使用，NCL 语言同样提供了基于 WMO/NOAA 定义的 50 位字符串电码(数组形式)解码方式的站点观测模型图的绘制(表 7.7)。

表 7.7　50 位字符串电码的解码方式

字符串数组索引	指示信息
character 0 = i_R	指示降水数据
character 1 = i_X	指示天气数据和站点类型
character 2 = h	低云高度
character 3～4 = VV	能见度(一位小数,英里)
character 5 = N	总云量
character 6～7 = dd	风向
character8～9 = ff	风速(节)
character10 = “1”	控制字符位,控制 11～14 位
character11 = s_n	温度符号(正或负)
character12～14 = TTT	气温
character15 = “2”	控制字符位,控制 16～19 位
character16 = s_n	温度符号(正或负)
character17～19 = T_d	露点温度
character20 = “3”	控制字符位,控制 21～24 位
character21～24 = PO	站点气压
character25 = “4”	控制字符位,控制 26～29 位
character26～29 = PPPP	海平面气压
character30 = “5”	控制字符位,控制 31～34 位
character31 = a	变压特征
character32～34 = ppp	3 小时变压
character35 = “6”	控制字符位,控制 36～39 位
character36～38 = RRR	降水量
character39 = t_R	降水持续时间
character40 = “7”	控制字符位,控制 41～44 位
character41～42 = ww	当前天气现象
character43 = W_1	过去显著天气现象
character44 = W_2	过去第二个显著天气现象
character45 = “8”	控制字符位,控制 46～49 位
character46 = N_h	晴空占比
character47 = C_L	云型,低云
character48 = C_M	云型,中云
character49 = C_H	云型,高云

标准的站点模型观测数据绘图的示例脚本“weather_symbols. ncl”如下：

```
load "$NCARG_ROOT/lib/ncarg/nclscripts/csm/gsn_code.ncl"
begin
  cmap = (/                          \
          (/ 1., 1., 1. /),          \   ;-- 颜色索引 0 为 white
          (/ 0., 0., 0. /)           \   ;-- 颜色索引 1 为 black
      /)

  wks = gsn_open_wks("x11","weather_sym")
  gsn_define_colormap(wks, cmap)

;-- 绘制自编的 50 位字符串电码站点模型数据图
  imdat = "11212833201001120000300004014752028601117706086792"

  wmsetp("wbs", 0.20)                     ;-- 风杆轴大小控制(即站点模型大小)
  wmstnm(wks, 0.5, 0.5, imdat)            ;-- 绘制站点模型数据

  frame(wks)                              ;-- 输出图形
end
```

站点模型数据绘图效果如图 7.15 所示。

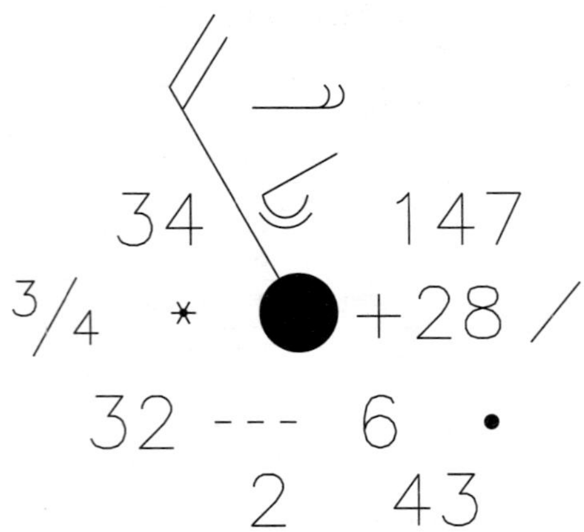

图 7.15 标准站点观测数据模型图

参考文献

陈栋,黄荣辉,陈际龙,2015.我国夏季暴雨气候学的研究进展与科学问题[J].气候与环境研究,**20**(4):477-490.

陈栋,陈际龙,黄荣辉,等,2016.中国东部夏季暴雨的年代际跃变及其大尺度环流背景[J].大气科学,**40**(3):581-590.

黄嘉佑,2016.气象统计分析与预报方法(第四版)[M].北京:气象出版社.

刘卫国,蔡旭晖,2013.计算机程序设计基础教程:FORTRAN95(第3版)[M].北京:北京邮电大学出版社.

穆松宁,2012.海一陆一气常规数据说明手册[M].北京:北京理工大学出版社.

朱禾,2011.GrADS绘图实用手册[M].北京:气象出版社.

张智星,2002.MATLAB程序设计与应用[M].北京:清华大学出版社.

Huang G,Liu Y,Huang R H. 2011. The interannual variability of summer rainfall in the Arid and Semiarid Regions of Northern China and its association with the Northern Hemisphere Circum-global Teleconnection[J]. Advances in Atmospheric Sciences, **28**(2):257-268.

Huang R H, Liu Y, Feng T,2013. Interdecadal change of summer precipitation over Eastern China around the late-1990s and associated circulation anomalies, internal dynamical causes[J]. Chinese Science Bulletin, **58**(12):1339-1349.

Huang P,2014. Regional response of annual-mean tropical rainfall to global warming[J]. Atmos Sci Lett, **15**:103-109.

Huang P, Chen D, 2017. Enlarged asymmetry of tropical Pacific rainfall anomalies induced by El Niño and La Niña under global warming[J]. Journal of Climate, **30**(4):1327-1343.

Huang P,Xie S P,Hu K,et al, 2013. Patterns of the seasonal response of tropical rainfall to global warming[J]. Nature Geoscience, **6**(5):357-361.

Oliphant T E, 2007. Python for scientific computing[J]. Computing in Science & Engineering, **9**(3):10-20.

Taylor K E,Stouffer R J,Meehl G A, 2012. An overview of CMIP5 and the experiment design[J]. Bull Amer Meteor Soc, **93**(4):485-498.

UCAR/NCAR/CISL/VETS,2017. The NCAR Command Language (Version 6.4.0) [Z]. Boulder, Colorado: http://dx.doi.org/10.5065/D6WD3XH5.

Zhao G, Huang G, Wu R, et al,2015. A new upper-level circulation index for the East Asian summer monsoon variability[J]. Journal of Climate, **28**(24): 9977-9996.

附录 A　常见错误信息

用户在使用 NCL 语言的过程中避免出现错误或者警告信息的第一准则：

谨记看清正在使用的数据！

通过命令行输入命令查看数据信息的三种方式：

(1)**ncl_filedump** <*数据文件名*>

(2)**ncdump-h** <*数据文件名*>　　→　需要 gcc 或 gfortran 支持

(3)**cdo infov** <*数据文件名*>　　→　需要 CDO 支持

此外，还可以在脚本中添加变量信息查看函数"printVarSummary"获得变量及其数组的维信息，如下：

printVarSummary <*变量名称*>

(1)常见的程序语言错误信息提示和解释

错误信息：fatal:Subscript out of range, error in subscript #0

原因：数组下标边界超出范围(注意：NCL 语言中数组下标从 0 开始)。

示例：x = (/1, 2, 3, 4, 5/)

print(x(5))　　;-- 只有 5 个元素，但打印第 6 个

解决方式：通过调试函数"print"和"printVarSummary"确认数组引用下标在范围之内。

错误信息：fatal: Subscript out of range, error in subscript #1

原因：多维数组引用中第二维的下标引用边界超出范围(注意：NCL 语言中数组下标引用的索引号从 0 开始且由左至右，因此"#1"代表第二维下标)。

示例：x = **random_uniform**(−100, 100,(/10, 20, 30/))

print(x(5, 20, 5))　　;-- 第二维下标引用"20"超出范围(无 21 列)

解决方式：同上，但为多维数组时需要确定每一维的引用范围。

错误信息：fatal:Number of subscripts on right-hand-side do not match number of dimensions of variable: (4), Subscripts used: (3)

原因：赋值号右边数组不匹配变量的数组维数。

示例：x = **random_uniform**(−50, 50, (/5, 32, 64/))　　;-- 三维数组

y = x(0, :, :, :)　　;-- 三维数组却引用了 4 个下标

解决方式：检查确定数组引用时的下标符号数目。

错误信息:fatal:Assignment type mismatch, right hand side can't be coerced to type of left hand side

原因:变量重新赋值时类型或维数不匹配,右边无法强制赋值给左边的类型。

示例:x = 5

x = "Now I'm a string" ;-- 右边字符串无法赋值给左边整型变量

解决方式:使用重赋值符号":="或者先删除原变量。

错误信息:fatal:syntax error: possibly an undefined procedure

原因:引用的函数或者过程不存在。

示例:x = 5

prnt(x) ;-- 函数名输入错误

解决方式:检查输入的函数名或者过程名称,确认使用该函数或过程是否需要加载对应的函数库。

错误信息:fatal:syntax error: function fspan expects 3 arguments, got 2

原因:符号错误,函数"fspan"需要 3 个参数但只获得 2 个。

示例:x = **fspan**(0, 10) ;-- 需要 3 个参数

解决方式:检查函数或者过程的使用声明,可查阅使用文档。

错误信息:fatal:syntax error: line -1

原因:符号错误,存在未闭合的程序块,例如:"begin"未加"end"或"if"却没"end if"。

示例:if (x.lt.0) **then**

x = 5 ;-- 缺失结构"end if"

解决方式:养成良好的代码书写习惯并配合代码编辑器工作,保证程序体的完整和程序块的闭合。

错误信息:fatal:Dimension sizes of left hand side and right hand side of assignment do not match

原因:数组赋值时左边和右边的元素数不匹配。

示例:x = (/1, 2, 3, 4/)

y = (/1, 2, 3, 4, 5/)

x = y ;-- y 数组 5 个元素却赋值给 x 数组 4 个元素

解决方式:检查并确定赋值左右两边数组的大小一致。

错误信息:fatal:The result of the conditional expression yields a missing value. NCL can not determine branch, see ismissing function

原因:使用条件语句“if”时出现判断值缺失,无法决定选择分支。

示例:
```
x = new(1, float)
if (x.eq.5) then          ;-- 判断出错
  print("x is 5")
end if
```

解决方式:使用函数“ismissing”避免出现缺省值的情况。
```
x = new(1, float)
if(.not.ismissing(x).and.x.eq.5) then
  print("x is 5")
end if
```

错误信息:fatal:Variable (x1) is undefined

原因:引用的变量不存在。

示例:
```
x = 5
print(x5)       ;-- 变量名错误
```

解决方式:检查变量名的拼写。

错误信息:warning:Attempt to reference attribute (FillValue) which is undefined

原因:引用不存在的变量属性信息。

示例:
```
x = new(1, float)
print(x@FillValue)        ;-- 实为@_FillValue
```

解决方式:检查属性信息项的拼写,注意大小写。

错误信息:Argument 0 of the current function or procedure was coerced to the appropriate type and thus will not change if the function or procedure modifies its value

原因:调用函数或过程使用了错误的参数项赋值类型,常出现在参数项需要字符串值却赋予数值型数据。

示例:
```
x = 12.34
str = str_split(x, ".")        ;-- 需要字符串,而 x 为浮点型数值
```

解决方式:使用类型强制转换函数完成参数项赋值。
```
x =tostr(12.34)
str =str_split(x, ".")
```

(2)常见的绘图语言错误信息提示和解释

错误信息: **gsn_csm_contour_map: Fatal: the input data array must be 1D or 2D fatal:Illegal right-hand side type for assignment**

原因: 调用绘图函数时变量要求为一维或者二维数组,但右边的赋值数组可能超过了二维数组(>2D)。

示例:
```
T(time, lev, lat, lon)          ;-- 四维数组
tsurf = T(0, :, :, :)
plot = gsn_csm_contour_map(wks, tsurf, res)   ;-- 需要二维数组变量
```

解决方式: 检查绘图变量数组,确定维数信息。
```
tsurf = T(0, 0, :, :)           ;-- 选择第一个时间第一个层次
```

错误信息: **gsn_add_cyclic: Warning: The range of your longitude data is not 360. You may want to set gsnAddCyclic to False to avoid a warning message from the Spline function.**

原因: 绘图数据的经度没有 360 度,为了避免样条函数警告信息请设置图形属性资源中的全球经度闭合开关为关闭。

解决方式: 设置正确的图形属性资源类参数项取值。
```
res@gsnAddCyclic = False       ;-- 默认为 True
```

错误信息: **is_valid_lat_ycoord: Warning: The units attribute of the Y coordinate array is not set to one of the allowable units values (i. e. 'degrees_north'). Your latitude labels may not be correct.**
is_valid_lat_xcoord: Warning: The units attribute of the X coordinate array is not set to one of the allowable units values (i. e. 'degrees_east'). Your longitude labels may not be correct.

原因: 经度和纬度没有正确的单位。

解决方式: 检查绘图数组变量的经纬度数组的维单位和维坐标是否设置正确。
```
lat@units = "degrees_north"
lon@units = "degrees_east"
```

错误信息: **warning: ScalarFieldSetValues: 2d coordinate array sfXArray has an incorrect dimension size: defaulting sfXArray**
warning: ScalarFieldSetValues: 2d coordinate array sfYArray has an incorrect dimension size: defaulting sfYArray

原因:如果不是全球格点场,一般来说,当使用高级绘图函数“gsn_csm_xxxx”时未设置图形属性资源参数项“gsnAddCyclic”(默认为 True)。

示例:res@sfXArray = lon ;-- 经度范围 < 360 度

res@sfYArray = lat

解决方式:设置为非全球格点再进行插值。

res@gsnAddCyclic = False

错误信息:warning:tmXBStride is not a valid resource in ex07-1_xy at this time

原因:图形属性资源类名拼写错误导致选择的绘图函数无响应。

示例 1:res@tmXBStride = 2 ;-- 底部 x 轴刻度间隔(无此名参数项)

解决方式 1:检查参数项是否存在或者名称是否拼写正确(注意大小写)。

res@tmXBLabelStride = 2

示例 2:res@xyLineColor = "grey"

plot =**gsn_csm_contour_map**(wks, t, res) ;-- 参数项适用选择错误

解决方式 1:用于设置 XY 折线图的参数项无法作用于等值线图。

res@cnLineColor = "grey" ;-- 等值线图使用类@cn

附录B 地图投影类型

改变地图投影类型时，设置图形属性资源类"@mpProjection"的参数选项，例如：

res = True

res@mpProjection = "Mollweide" ；注意拼写时的大小写

Aitoff 正方位投影(或埃托夫投影)

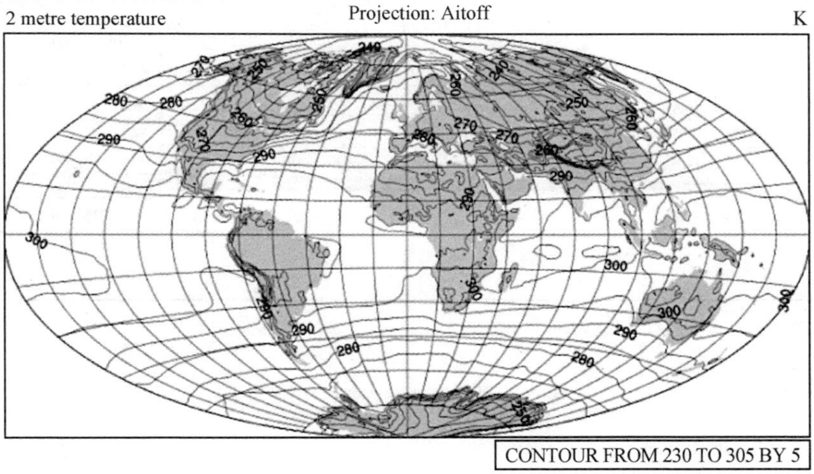

等距正方位投影

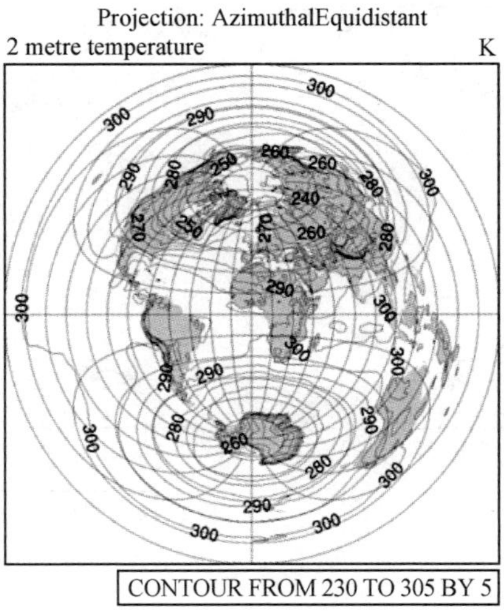

等面积圆柱投影

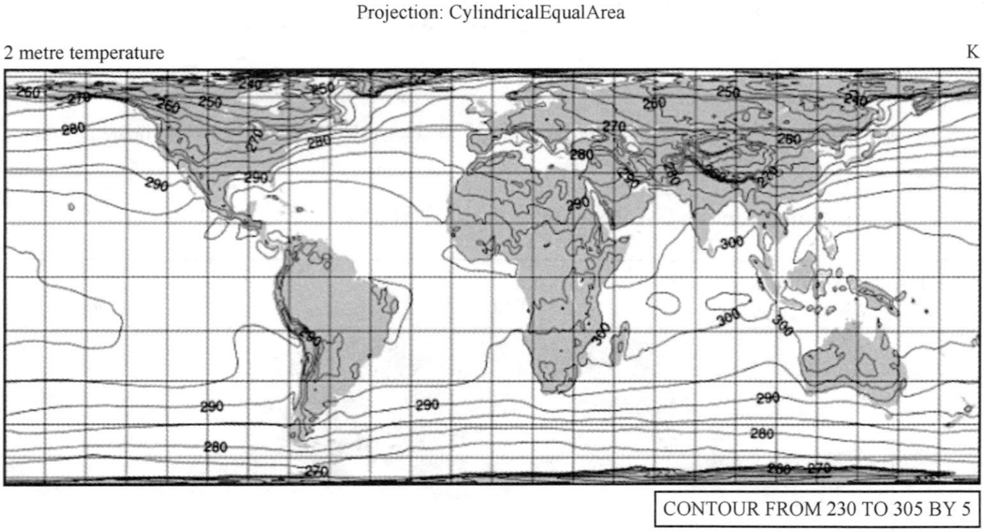

等距圆柱投影

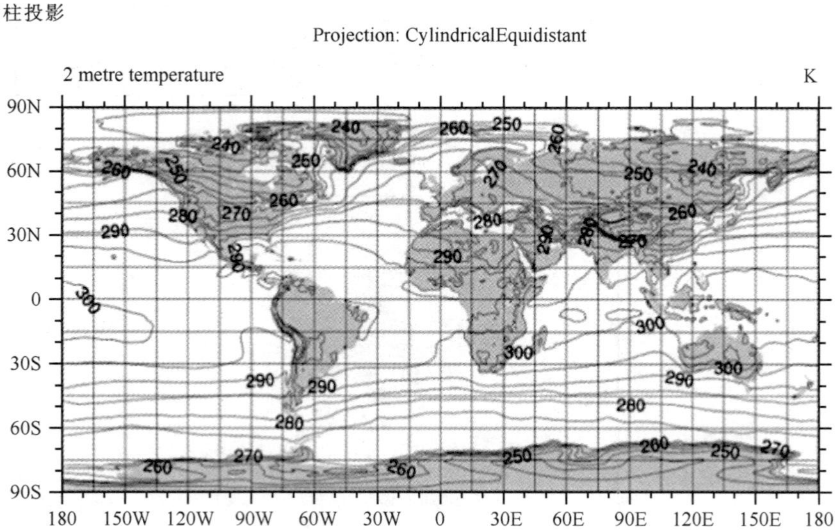

日晷投影

Projection: Gnomonic

2 metre temperature K

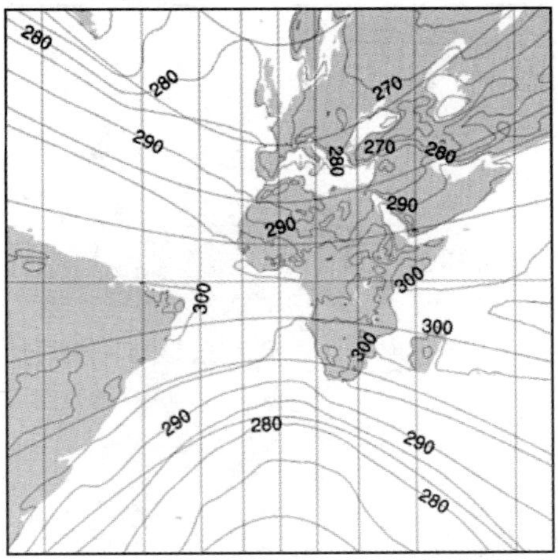

CONTOUR FROM 230 TO 305 BY 5

Hammer(哈默)投影

Projection: Hammer

2 metre temperature K

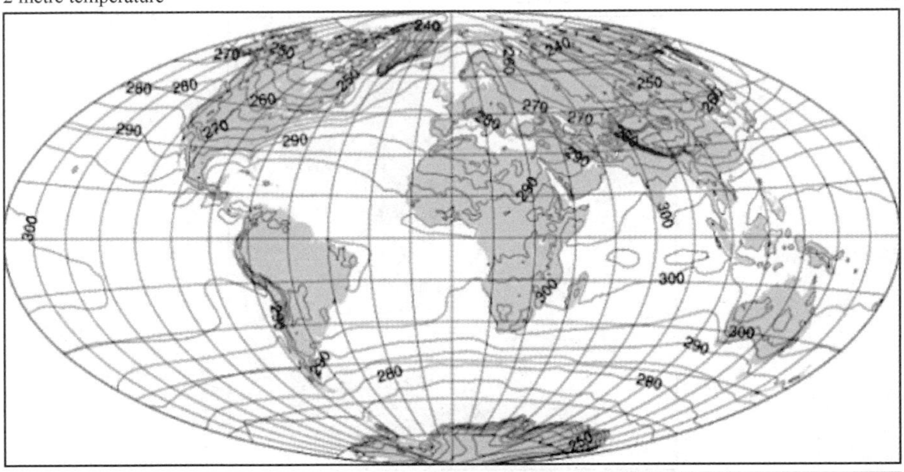

CONTOUR FROM 230 TO 305 BY 5

兰勃特正形投影

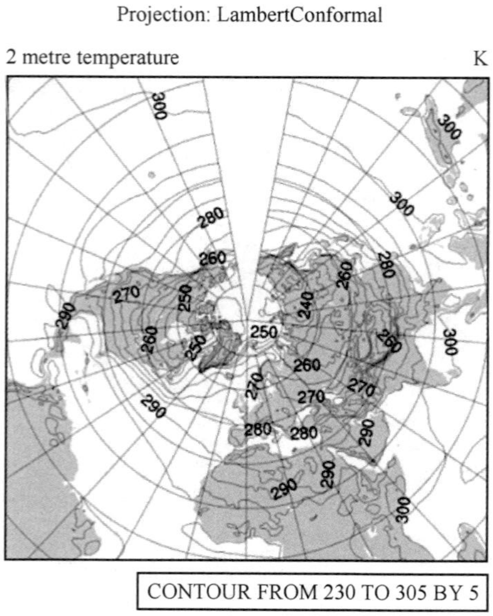

兰勃特等面积投影

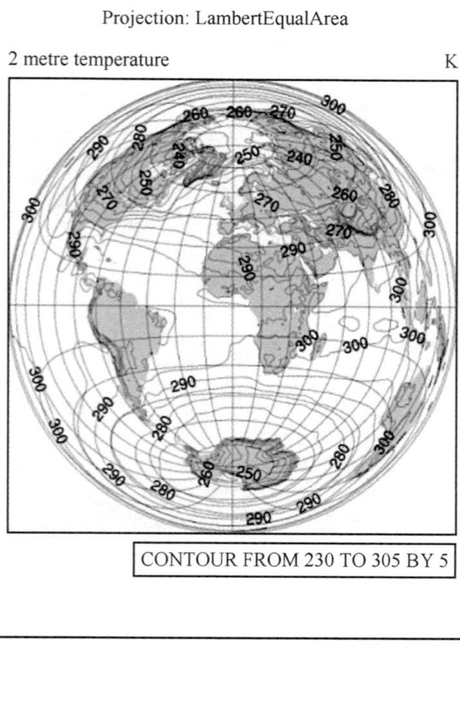

墨卡托投影

Projection: Mercator

2 metre temperature K

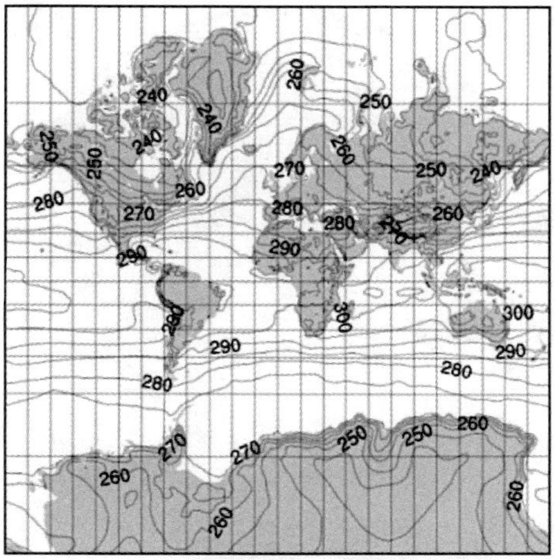

CONTOUR FROM 230 TO 305 BY 5

摩尔外德投影

Projection: Mollweide

2 metre temperature K

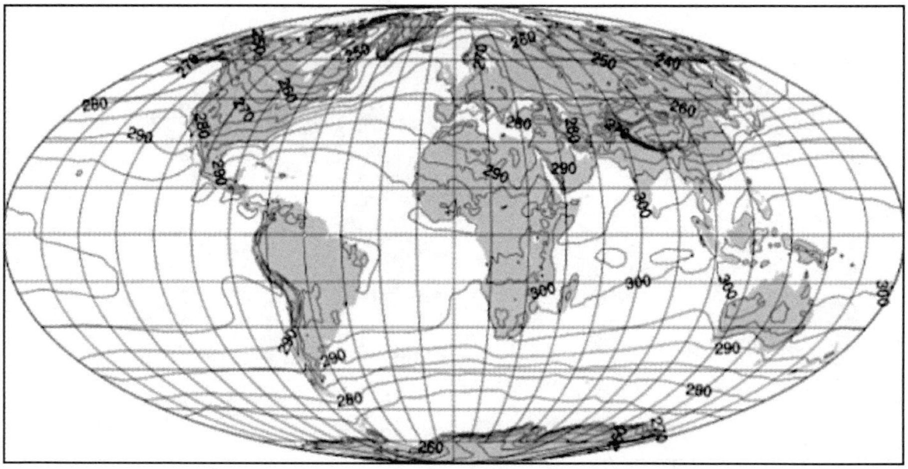

CONTOUR FROM 230 TO 305 BY 5

正射投影

Projection: Orthographic

2 metre temperature K

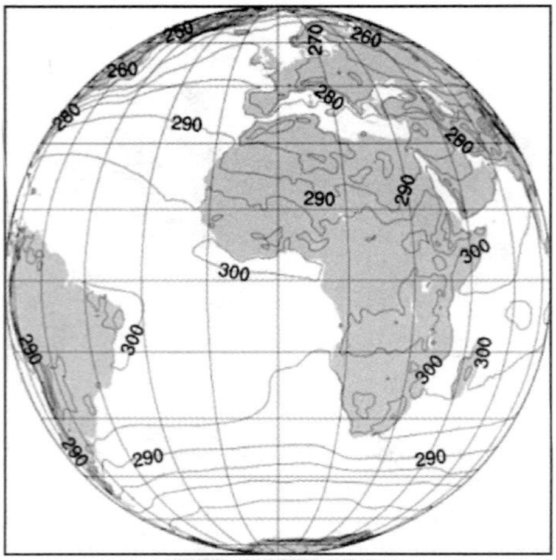

CONTOUR FROM 230 TO 305 BY 5

伪摩尔外德投影

Projection: PseudoMollweide

2 metre temperature K

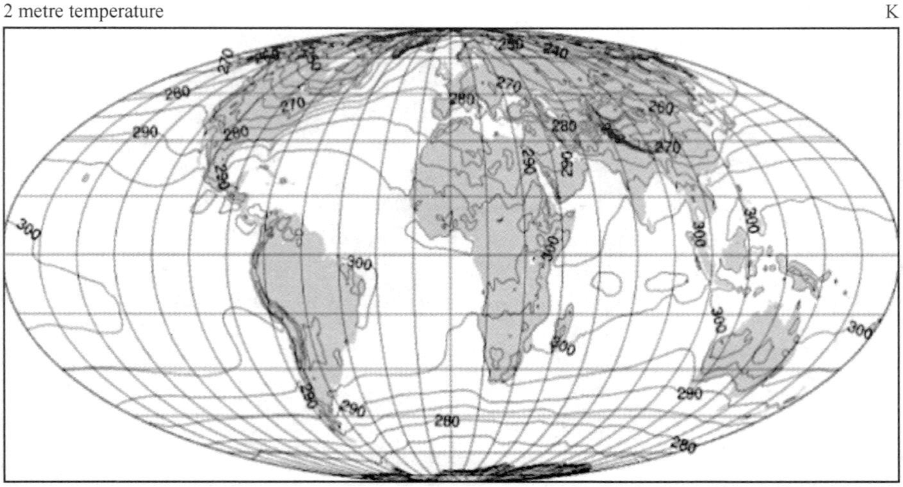

CONTOUR FROM 230 TO 305 BY 5

罗宾逊投影

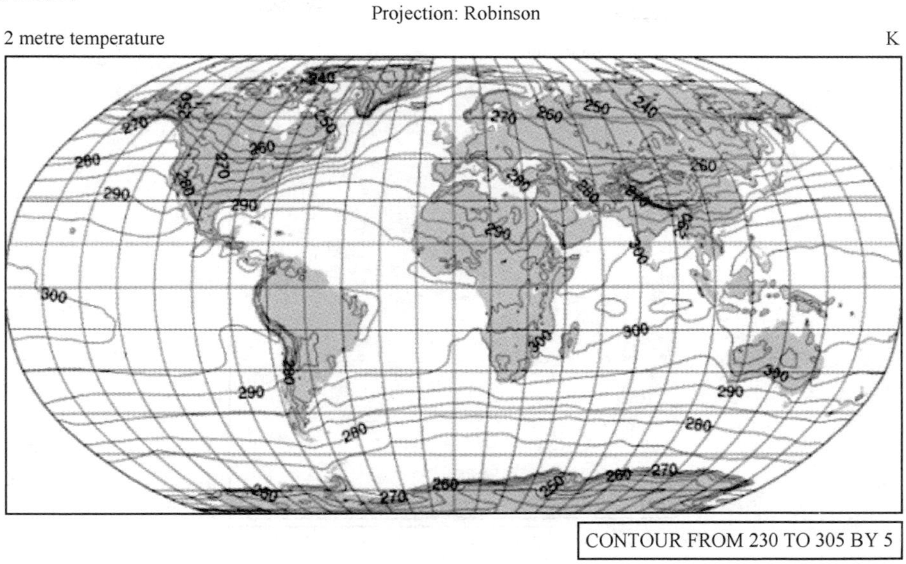

旋转墨卡托投影

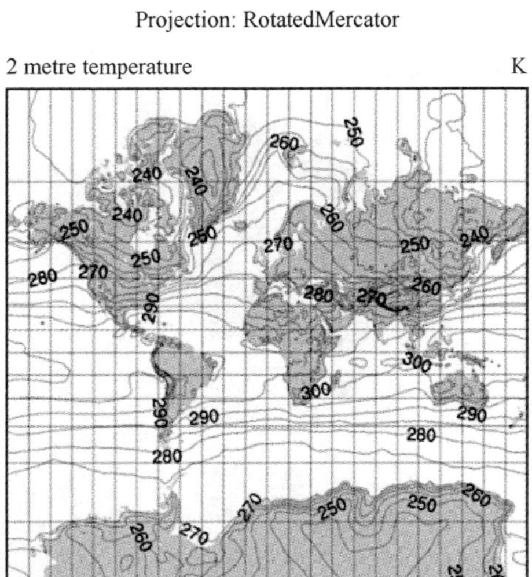

卫星投影

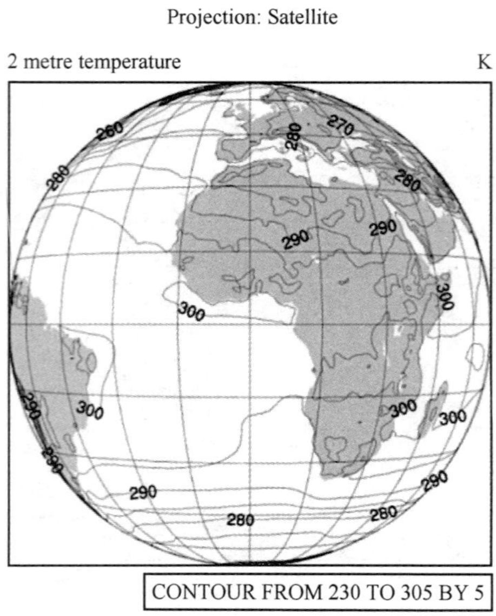
Projection: Satellite
2 metre temperature
K
CONTOUR FROM 230 TO 305 BY 5

平射投影

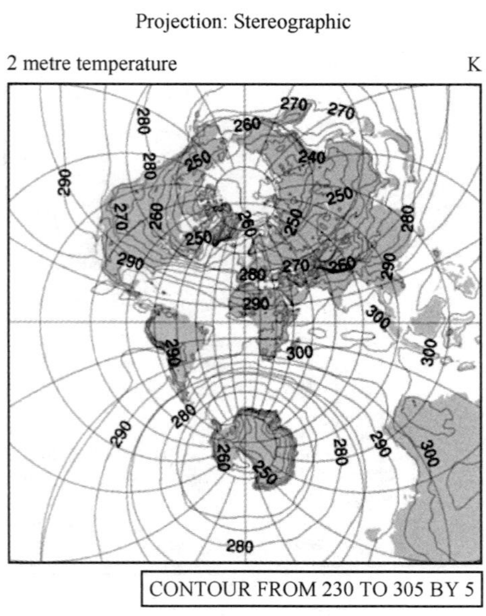
Projection: Stereographic
2 metre temperature
K
CONTOUR FROM 230 TO 305 BY 5

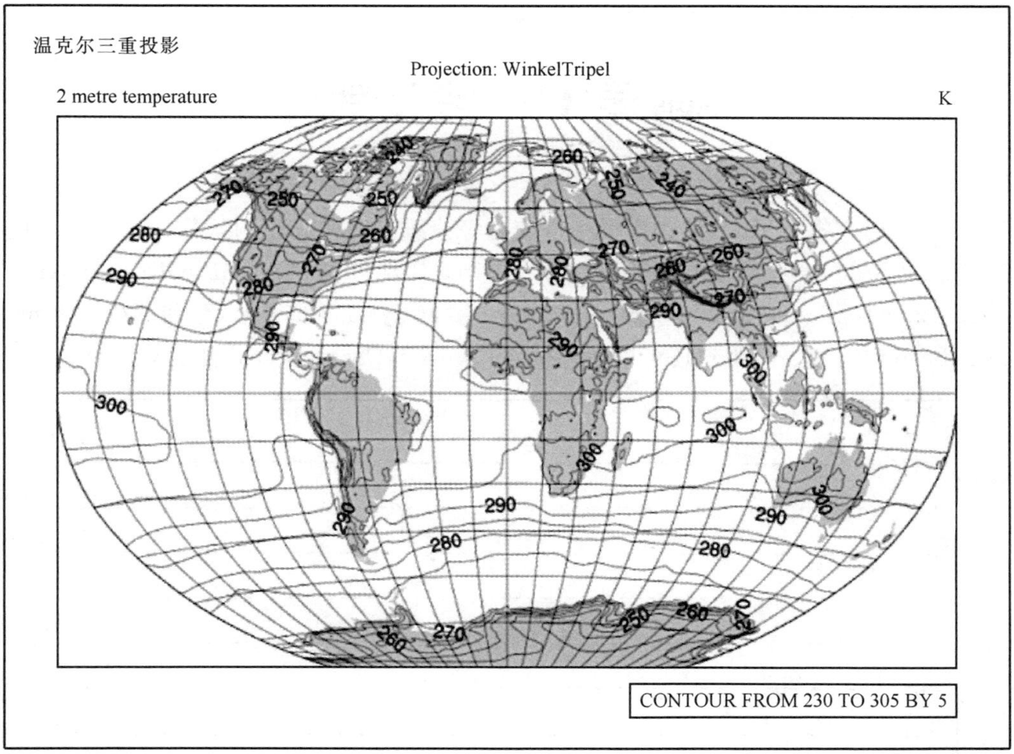

图 B.1　NCL 语言提供的地图投影类型

附录 C　线型表

NCL 语言提供了 18 种线型供用户使用等值线或多线段绘制函数时选择相应的图形属性资源类的参数项使用(见图 C.1),主要包括:"@cnLineDashPattern""@cnLineDashPatterns""@xyDashPattern""@xyDashPatterns"和"@gsLineDashPattern"。此外,用户还可以使用函数"NhlNewDashPattern"自定义线型。

图 C.1　NCL 语言提供的绘图线型

附录 D 填充样式表

18 种填充样式可用于等值线和多边形填色函数(见图 D.1),相关的图形属性资源类包括:"@gsFillIndex""@cnFillPattern"和"@cnFillPatterns"。

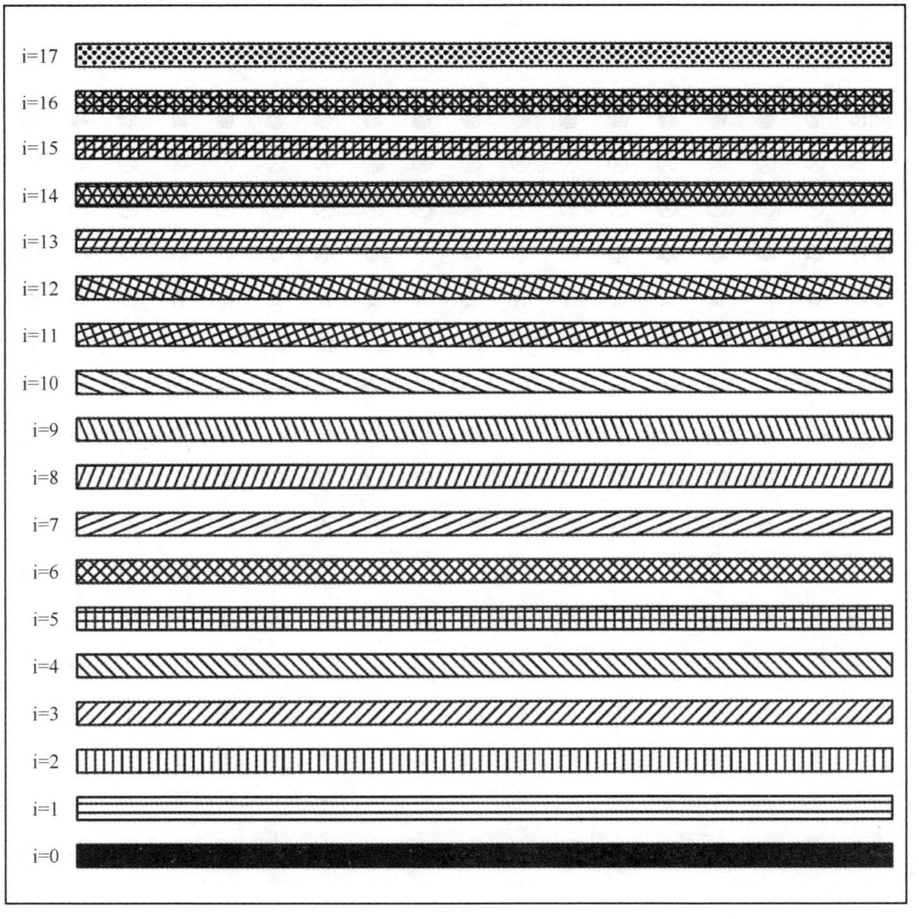

图 D.1 NCL 语言提供的绘图填充样式

附录 E　标记符号表

17 种标记符号可以通过图形属性资源类“@gsMarkerIndex”进行选择设置(见图 E.1),默认情况下为星号。此外,用户也可通过函数“NhlNewMarker”自定义标记符号。

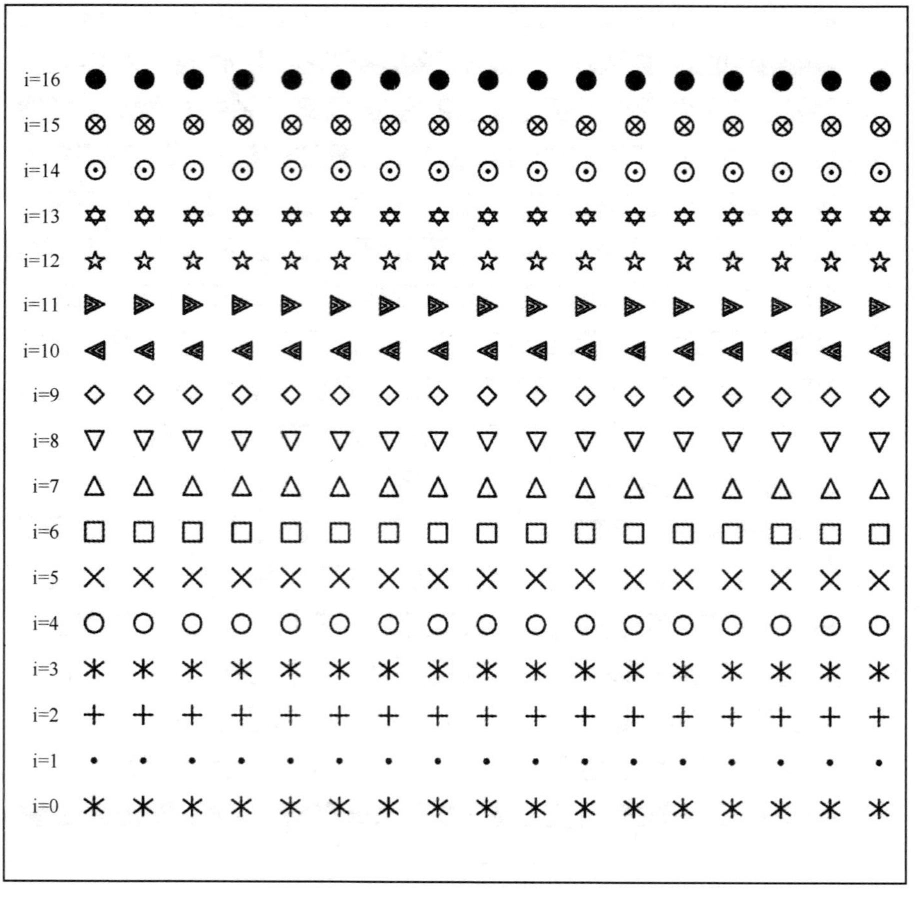

图 E.1　NCL 语言提供的绘图标记符号

附录 F　重要的内建函数和过程

NCL 语言提供了大量的内建函数和过程并通过实例给出了详尽的解释，详见：
字母排序：http://ncl.ucar.edu/Document/Functions/list_alpha.shtml　（**61**）
分类：　http://ncl.ucar.edu/Document/Functions/　（**62**）

(**61**)　　(**62**)

一些重要的函数和过程如表 F.1 所示。

表 F.1　常用的重要内建函数和过程总览

函数或过程	功能
addfile	打开或者创建支持格式的数据文件
addfiles	创建多数据文件的引用列表
all/any	假如全部或任一输入的评估值为真时返回结果为真
cd_calendar	将混合的 Julian/Gregorian 日期转换为 UT 日期
conform	使当前数组转换为另一数组的结构
delete	删除变量、属性信息和坐标变量
dimsizes	返回输入变量的数组维大小
exit	强制脚本退出
fileexists	检查任一 UNIX 文件是否存在
fspan	创建等步长浮点型数组
ind	返回逻辑值为真的索引
ismissing	假如输入的元素中包含缺省值则返回真
ispan	创建等步长整形数组
new	创建 NCL 变量数组
num	计算输入的真值总数
print	变量或表达式的屏幕输出

续表

函数或过程	功能
printVarSummary	变量信息总览屏幕输出
spintf	转换浮点或双精度数值为格式字符串
sprinti	转换整型数值为格式字符串
system	执行系统命令行命令
systemfunc	执行命令行命令并返回输出
typeof	返回输入变量的数据类型
unique_string	以输入字符串为前缀返回独立字符串序列
where	执行基于条件性的数组赋值

附录 G 重要的图形属性资源

这里，按照绘图的主题列出了一些常用的图形属性资源，但并不详尽。列表项中出现的“动态”设置项表示 NCL 语言将自动根据实际情况确定默认值。

如果需要获得详细的图形属性资源信息可参看：

http://www.ncl.ucar.edu/Document/Graphics/Resources/ **(63)**

坐标轴(表 G.1)：http://www.ncl.ucar.edu/Document/Graphics/Resources/tr.shtml **(64)**

(63) **(64)**

表 G.1 坐标轴

名称(Name)	函数(Function)	默认值(Default)	示例(Example)
trYReverse **trXReverse**	Reverse x or y axis	False	True
trYMinF trXMinF	Set minimum of x or y axis	0.0	3
trYMaxF trXMaxF	Set maximum of x or y axis	1.0	900
trYLog trXLog	Turn on/off log axis	False	True

等值线(表 G.2)：http://www.ncl.ucar.edu/Document/Graphics/Resources/cn.shtml **(65)**

(65)

表 G.2 等值线

名称(Name)	函数(Function)	默认值(Default)	示例(Example)
cnFillOn	Turn on/off filled contours	False	True
cnFillPalette	Set color map	None	“rainbow”
cnFillOpacityF	Specifies fill opacity	1.0	0.5
cnLinesOn	Turn on/off contour lines	True	False
cnFillMode	Set type of contour fill	“AreaFill”	“RasterFill”
cnLevelSelectionMode	Control contour levels	“AutomaticLevels”	“ExplicitLevels” “ManualLevels”

续表

名称(Name)	函数(Function)	默认值(Default)	示例(Example)
cnMinLevelValF **cnMaxLevelValF**	Set minimum/maximum contour level	Dynamic	5 55
cnLevelSpacingF	Set contour spacing	Dynamic	2
cnLevels	Set contour levels when cnLevelSelectionMode is "ExplicitLevels"	Dynamic	(/3,5,7,10,13/)
cnLineThicknessF	Set thickness of contour lines	1.0	2.0
cnFillPatterns	Set pattern fills	"SolidFill"	(/1, 3, －1/) －1 is transparent
cnInfoLabelOn	Turn on/off the contour info label	True	False

标示样条(表 G.3): http://www.ncl.ucar.edu/Document/Graphics/Resources/lb.shtml　(**66**)

(66)

表 G.3　标示样条

名称(Name)	函数(Function)	默认值(Default)	示例(Example)
cnFillOn	Turn on/off filled contours	False	True
cnFillMode	Set type of contour fill	"AreaFill"	"RasterFill"
cnLabelBarEndStyle	Set style for end labels	"IncludeOuterBoxes"	"ExcludeOuterBoxes"
lbLabelBarOn	Turn on/off the labelbar	True for gsn_csm interfaces	False
lbOrientation	Set orientation of labelbar	"horizontal" for gsn_csm interfaces	"vertical"
lbLabelAutoStride	Automatically pick nice labelbar label stride	False	True
lbTitleOn	Turn on/off a labelbar title	False	True
lbTitleString	Set labelbar title	Null	"m/s"
lbLabelAlignment	Set where the labelbar label is oriented wrt to the color boxes	"ExternalEdges"	"BoxCenters"
pmLabelBarOrthogonal-PosF	Moves the labelbar orthogonally to its position. For a horizontal labelbar, this is up and down.	N/A	－0.03

续表

名称(Name)	函数(Function)	默认值(Default)	示例(Example)
pmLabelBarParallelPosF	Moves the labelbar perpendicularly to its position. For a vertical labelbar, this is left and right.	N/A	−0.01
pmLabelBarWidthF	Set the width of the labelbar	Set for the user in the gsn_csm interfaces	
pmLabelBarHeightF	Set the height of the labelbar	Set for the user in the gsn_csm interface	

GSN(表 G.4): http://www.ncl.ucar.edu/Document/Graphics/Resources/gsn.shtml **(67)**

(67)

表 G.4 高级绘图

名称(Name)	函数(Function)	默认值(Default)	示例(Example)
gsnAddCyclic	Turn on/off the addition of a cyclic point to the longitude coordinate values	True for data that has 1D coordinate variables	False
gsnDraw	Draw the plot	True	False
gsnFrame	Advance the frame (page)	True	False
gsnCenterString	Set center string above the plot	N/A	"string here"
gsnLeftString	Set left string above the plot	long_name (if exists) in gsn_csm interfaces	"Salinity"
gsnRightString	Set right string above the plot	units (if exists) in gsn_csm interfaces	"ppm"
gsnMaximize	Maximize the plot and rotate to landscape if necessary	False	True
gsnSpreadColors	Span full range of color map	False	True
gsnSpreadColorStart	Begin color map at particular index	2	46
gsnSpreadColorEnd	End color map at particular index	ncolors-1	89
gsnScalarContour	Force vector/scalar gsn_csm interfaces to draw vectors over the scalar field	False	True

续表

名称(Name)	函数(Function)	默认值(Default)	示例(Example)
gsnXYBarChart	Changes an xy-line into a bar chart	False	True
gsnXRefLine	Add a vertical reference line to a plot	None	1.0
gsnXRefLineColor	Change color of X reference line	Foreground color	"green"
gsnYRefLine	Add a horizontal reference line to a plot	None	0.0
gsnYRefLineColor	Change color of Y reference line	Foreground color	"blue"
gsnPanelLabelBar	Turn on/off a common label-bar in a panel plot	False	True
gsnPanelFigureStrings	Add a series of strings to the upper left corner of each plot in a panel plot	N/A	(/"a", "b", "c"/)

图例(表 G.5): http://ncl.ucar.edu/Document/Graphics/Resources/lg.shtml **(68)**

(68)

表 G.5 图例

名称(Name)	函数(Function)	默认值(Default)	示例(Example)
pmLegendWidthF	Set width of a legend	Dynamic	0.6
pmLegendHeightF	Set height of a legend	dynamic	0.3
lgTitleOn	Turn on a legend title	False	True
lgTitleString	Set title string	N/A	"Profiles"
lgOrientation	Set orientation of the legend	"horizontal"	"vertical"
lgPerimOn	Turn on/off the legend	True	False
xyExplicitLegendLabels	Change default legend labels	N/A	(/"line1", "line2", "line3"/)
pmLegendOrthogonalPosF	Adjust the legend orthogonally	N/A	−0.03
pmLegendParallelPosF	Adjust the legend perpendicularly	N/A	0.2

XY 曲线(表 G.6): http://www.ncl.ucar.edu/Document/Graphics/Resources/xy.shtml **(69)**

(69)

表 G.6　XY 曲线

名称(Name)	函数(Function)	默认值(Default)	示例(Example)
xyDashPatterns	Set line pattern	Solid	(/0, 2/) (/"solid", "dash"/)
xyLineThicknesses	Set the line thicknesses	1.0	(/2.0,3.0,4.0/)
xyLineColors	Set line color	Foreground color	(/"red", "green"/)
xyMarkLineModes	Set wheter lines contain markers, lines, or both markers and lines	"Lines"	"Markers" "MarkLines"
xyMarkers	Set marker styles	Asterisk	5
xyMarkerColor	Set marker color	Foreground color	"green"
xyMarkerSizeF	Set marker size	0.01	0.03

地图(表 G.7): http://www.ncl.ucar.edu/Document/Graphics/Resources/mp.shtml　**(70)**

表 G.7　地图　**(70)**

名称(Name)	函数(Function)	默认值(Default)	示例(Example)
mpLimitMode	Determine how a map is zoomed in	Depends on theprojection	"LatLon" "Corners"
mpMinLatF **mpMaxLatF**	Set the minimum ormaximum latitude for map zoom	Dynamic	30. 60.
mpMinLonF **mpMaxLonF**	Set the minimumor maximum longitude for map zoom	Dynamic	−70. 89.
mpFillOn	Turn on/off map fill	True for gsn_csm	False
mpCenterLonF	Set center longitude of projection	0	120.
mpDataBaseVersion	Set map database resolution	"LowRes"	"MediumRes" "HighRes" (must be downloaded extra)
mpLandFillColor	Set color of land areas	"gray" for gsn_csm interfaces	"brown"
mpOceanFillColor	Set color of ocean areas	"transparent"	"SkyBlue"
mpInlandWaterFillColor	Set color of inland water areas	"transparent"	"blue"
mpOutlineOn	Turn on/off the map outlines	True	False
mpOutlineBoundarySets	Set various continental outlines on and off	"Geophysical"	"GeophysicalAnd USStates"

续表

名称(Name)	函数(Function)	默认值(Default)	示例(Example)
mpGeophysicalLineThicknessesF	Set line thickness of map outlines	1.0	2.0
mpGeophysicalLineColor	Set color of map outlines	Foreground color	"red"
mpUSStateLineColor	Set color of US state boundaries	foreground	"blue"

多线段、多边形、标记符号(表 G.8)：http://www.ncl.ucar.edu/Document/Graphics/Resources/gs.shtml （**71**）

(71)

表 G.8 多线段、多边形、标记符号

名称(Name)	函数(Function)	默认值(Default)	示例(Example)
gsFillColor	Set fill color for inside of polygon	Transparent	"red"
gsEdgeColor	Set color of the outline oa a polygon	None	"black"
gsEdgesOn	Turn on/off polygon edge	False	True
gsLineColor	Set polyline color	Foreground color	"orange"
gsLineThicknessF	Set polyline thickness	1.0	2.0
gsMarkerIndex	Set marker style	Asterisk (*)	5
gsMarkerColor	Set marker color	Foreground color	"purple"
gsMarkerSizeF	Set marker size	0.007	0.014